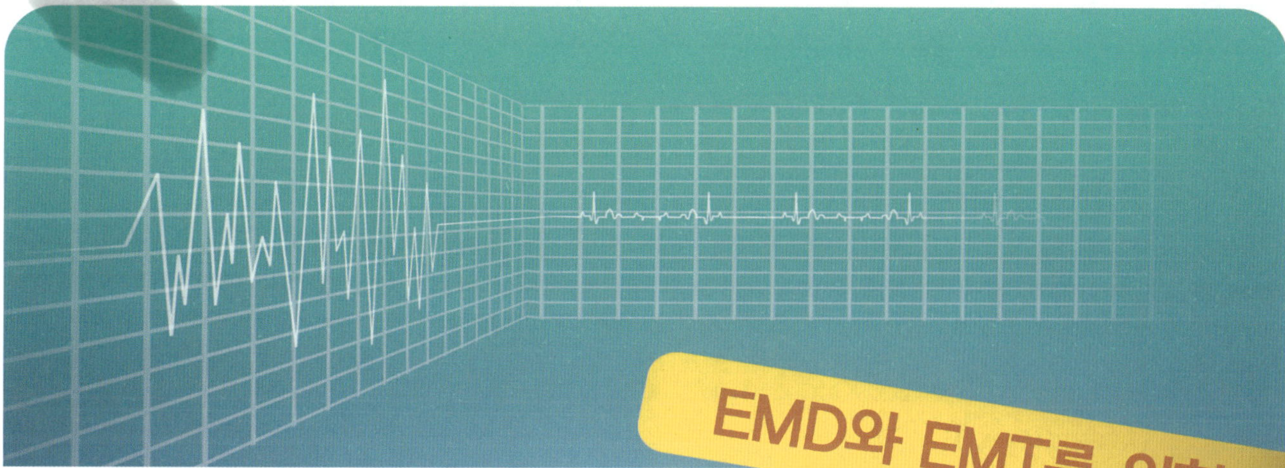

EMD와 EMT를 위한

응급통신과 구급신고 접수·출동시스템

| 유기운 저 |

군자출판사

EMD와 EMT를 위한
응급통신과 구급신고 접수 · 출동 시스템

첫째판 1쇄 인쇄 | 2011년 9월 15일
첫째판 1쇄 발행 | 2011년 9월 25일

지 은 이 유기운
발 행 인 장주연
편집디자인 강미란
표지디자인 김경희
발 행 처 군자출판사
등 록 제 4-139호(1991. 6. 24)

본 사 (110-717) 서울특별시 종로구 인의동 112-1 동원회관 BD 6층
Tel. (02) 762-9194/5 Fax. (02) 764-0209
대구지점 Tel. (053) 428-2748 Fax. (053) 428-2749
광주지점 Tel. (062) 228-0252 Fax. (062) 228-0251
부산지점 Tel. (051) 893-8989 Fax. (051) 893-8986

www.koonja.co.kr

*파본은 교환하여 드립니다.
*검인은 저자와의 합의 하에 생략합니다.

ISBN 978-89-6278-455-8

정가 28,000원

사랑하는 부모님 그리고 아내 정희에게

저자소개

유 기 운

www.waterfire119@hanmail.net

원광대학교 졸업

1994년 서울소방입문

2000년부터 은평, 종로, 도봉, 중부소방서 구급대원

2급 응급구조사

미국 EMT-Basic

1급 응급구조사

서울보건대(현 을지대학교)응급구조학과 졸업

을지대학교 대학원(응급의료전공)재학 중

서울소방 응급구조사 공부모임 119파라메딕 플러스 회원

119 파라메딕 플러스 독일 프랑크푸르트 중앙소방서 방문(2011. 7. 4)

머리말

뉴욕의 두 마천루가 무너진 그 해 나는 미국에 있었다. 세계 역사의 전환점으로 기록될 그 땅에서 EMT 연수를 받고 있었던 것이다. 그리고 그 때 미국 파라메딕과 함께 현장실습을 하게 되었고, 그 첫째 날, 두 번째 출동에서 내 인생의 전환점이 된 경험, 정확히 말하면 "목격"을 하게 되었다. 두 가지를 결심했다. 파라메딕과 같은 실력에 이론을 갖춘 구급전문가가 되자. 그리고 구급관련 책을 쓰자.

구급대원으로 일한지 이제 12년. 내 꿈은 아직도 진행형이다. 전문가라고 하기엔 내 자신이 너무 부끄럽다. 그러나 그라운드 제로(Ground Zero)에서 시작한 나의 탑 쌓기를, 좌절한 적은 많았어도 포기한 적은 없다. 격일제로 일하면서 3년간 응급구조학과를 다녔고 좀 더 나아지려고 지금도 몸부림을 치고 있다. 그렇다 이 책은 나의 몸부림이요, 목마른 자가 판 우물에서 나온 결실이다.

몇 년 전부터 현장 응급처치의 고품질을 외치는 목소리가 점점 크게 들린다. 사방으로 메아리쳤으면 좋겠다. 그러나 어디 환자 처치의 시작이 현장에서부터이던가? 119는 신고로 시작하고 현장에서 완성된다. 당연히 구급신고접수·출동시스템이 좋아야 그 결과도 좋다. 은행의 번호표 뽑아주는 그런 시스템으로는 응급처치가 고품질이 될 수 없다.

이 책은 크게 두 부분, 응급통신과 구급신고 접수·출동 시스템으로 구성되어 있다. 응급통신은 상황실에서 일하는 EMD나 현장의 EMT 그리고 신고자 사이의 "소통" 방법론이다. 시스템은 그 방법론을 담는 그릇이고 한정된 구급자원을 효율적으로 활용할 수 있도록 해준다.

많이 부족하지만 이 책이 응급처치 전문가를 꿈꾸는 모든 이들에게 친구같은 멘토가 되었으면 좋겠다. 그곳이 119 상황실이든 현장이든 또는 1339이든 말이다. 그리고 앞으로 우리 119 상황실에 우선출동시스템이 도입될 때 이 책이 등대가 되기를 소망한다. 무엇보다 헤아릴 수 없이 많은 구급현장에서 묵묵히 책임을 다하는 나의 구급 동지들의 어깨가 이 책으로 가벼워졌으면 좋겠다.

보통사람보다 약간 능력이 떨어지는 내가 이 책을 완성하기까지 도움주신 분들이 참 많다. 원광대학교 철학과 김성관선생님의 가르침은 잊을 수 없다. 을지대학교 응급구조학과 유순규, 최혜경, 엄태환, 백홍석(현 대전대 응급구조학과)교수님께도 감사의 말씀을 전하고 싶다. 또 이 분야를 선구적으로 연구하신 서울대병원 신상도선생님, MPDS 원서를 주시며 격려해주신 응급의학전문의 안기옥, 이의중 선생님 역시 큰 도움을 주신 분들이다.

2011년 9월 9일

영원한 EMT 유 기 운

목 차

1부

EMD와 EMT를 위한 응급통신

01장

병원 전 119 응급통신의 개요

21세기 인간의 삶은 복잡하다. 우리를 둘러싼 공동체 환경과 자연 환경은 그 변화의 속도와 진폭이 매우 빠르고 크다. 인간의 삶은 다양성과 함께 예측이 불가능하게 되었다. 그만큼 현대인은 위험에 노출되어 있다. 각종 질병과 사건, 사고, 자연 재해, 테러 등은 한 개인의 건강과 생명, 나아가 사회공동체와 국가 공동체를 언제라도 위험에 빠뜨릴 수 있다. 이런 위험으로부터 공동체와 그 구성원을 보호하는 사회적 방패가 필요하다. 119와 응급의료시스템이 이런 사회적 공공안전망(Public Safety Net)이다.

이 책에서는 앞으로 응급의료시스템의 한 축으로서 119 상황실에서 근무하는 응급상황관리자(EMD)[1]에 대해 중점적으로 다루려고 한다. 응급상황관리자에게 가장 필요한 것은 소통의 능력이다. 여기서의 소통은 일방 향 소통이 아닌 쌍방향 소통을 말한다. 정말 응급상황관리자는 소통의 귀재가 되어야 한다. 사실 응급상황관리자에게만 소통이 중요한 것은 아니다. 나와 나 자신, 인간과 인간, 인간과 환경사이에도 소통은 중요하다. 이렇게 소통을 폭넓게 의미 짓는다면 소통이 꼭 말을, 언어만을 매개로 이루어진다고 한정할 순 없겠다. 어딘가 막히는 문제, 하다못해 변기나 하수구가 막혀도 우리의 일상생활은 불편하다. 한 개인이 자신과 소통을 못하면 소외의 문제가 발생한다. 우리 몸도 그렇다. 장 폐색증이나 변비도 우리 몸, 순환에 문제가 생겨 발생한 질병이 아니던가! 관상동맥 증후군이나 뇌졸중, 심근경색도 뚫려 있어야 할 곳이 막혀 그렇게 심각한 질병으로 악화된 것이다. 사람이 모여 사는 인간세상도 그렇다. 가정도 사회도 소통에 문제가 생기면 그 비용을 치르게 된다. 응급상황관리자는 자신이 소통의 달인이면서 막힌 곳도 뚫어주는 역할도 한다.

사실, 병원 전 응급의료현장은 때론 전쟁터이기도 하다. 죽느냐 사느냐, 생사가 걸린 현장이 바로 이곳이다. 심근경색이나 뇌졸중은 제때 뚫어주지 못하면 심각한 후유증을 남기거나 목숨을 잃기도 하는 질병이다. 그런데 이런 환자들에 대한 치료가 꼭 현장 구급대원이나 병원 응급실에서만 이루어지는 것은 아니다. 의학적 측면에서의 치료야 당연히 그렇지만 응급의료체계에 속한 구성원들 사이에 소통이 원활하지 못하면 이런 환자들에 대한 치료가 적절하게 이루어 지지 못한다

서울 종합 방재센터 상황실

서울 소재 소방서 상황실.
서울의 경우 모든 119신고 접수 및 출동은 서울 종합 방재센터를 중심으로 이루어진다.
이제 일선 소방서 상황실은 방재센터의 보조적인 역할을 수행할 뿐이다.

는 점에서 응급상황관리자 역시 환자 치료에 참여하는 의료인이라고 하겠다. 수많은 질병환자와 화재, 교통사고를 비롯한 각종 사고가 하루도 빠짐없이 119에 접수된다. 이렇게 119에 들어오는 신고가 소통되는 과정을 보자.

119 도움이 필요한 누군가가 119에 신고를 한다.

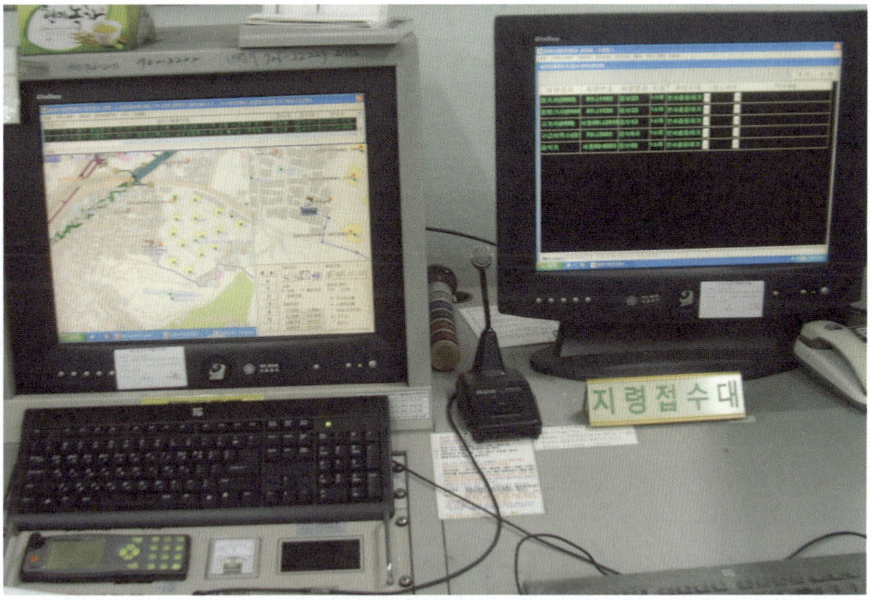

119 안전센터 출동 및 차량동태 시스템

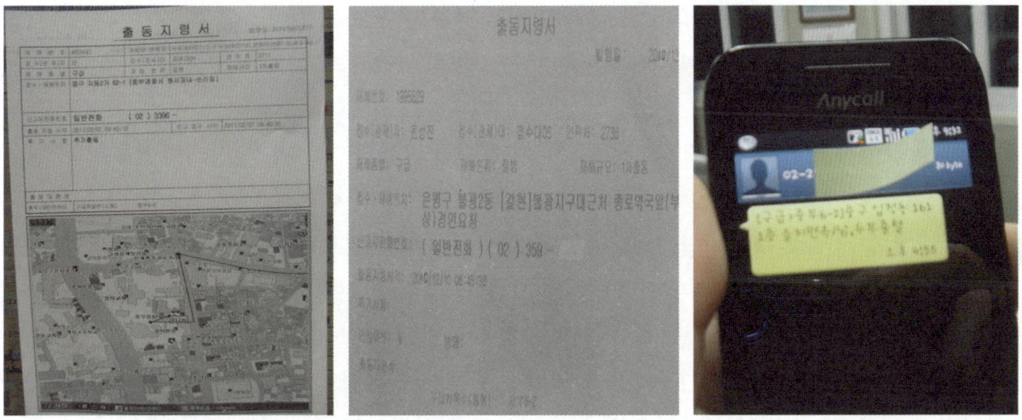

안전센터 출동시스템에 출력되는 2개의 출동지령서와 구급 휴대전화 출동 문자.
신고자 휴대전화에도 구급대가 출동 중이라는 문자안내가 전송된다.

이 신고를 접수한 119 응급상황관리자는 신고자에게 신고 내용을 파악하게 되고, 그 내용에 따라 신고범주(natural code)가 결정되고 몇 가지 핵심질문 사항을 포함한 문답이 서로 오고가게 된다. 미국의 경우에는 일반응급처치(BLS)구급차가 출동할 사안인지 전문응급처치(ALS)구급차가 출동할 사안인지 아니면 둘 다 출동시켜야 하는지에 대한 결정이 신고 접수 90초 내에 이루어진다.

우리나라는 아직 단일 출동체계(one tierd system), 즉 구급대가 일반과 전문으로 구분되어 있지 않고 동일 수준의 구급대로 운영되고 있어 미국처럼 ALS와 BLS로 구분하여 출동을 하지는 않고 있다.[2)] 신고자와의 문답으로 파악한 환자 상태에 맞게 응급상황관리자가 신고자에게 구급대 현장 도착 전 의료안내를 하기도 한다. 신고접수 단계에서는 이렇게 다양한 소통이 이루어지지만, 그래도 그 주된 내용은 119에 신고한 이유와 환자 상태나 위치(주소)등을 파악하여 응급의료체계, 특히 병원 전 119구급대가 가동되는 첫 단계로 보면 된다. 이렇게 신고를 접수하고 나서 응급상황관리자는 도움이 필요한 현장에 가장 가까이 있는 구급대에게 출동 지시를 내리게 된다. 출동지시는 주로 출동방송, 출동지령시스템을 통한 출동지령서하달, 구급대 휴대폰에 문자메시지 전송으로 이루어진다.

환자 이송을 마치고 귀소 중인 구급대에 대한 출동 지시는 무전기를 통해서 하지만 출동 대기 중인 구급대에게는 그렇게 출동 지시가 내려간다. 이렇게 출동 지시가 내려오면 구급대원들이 현장에 출동한다. 이 과정에서 현장대원은 응급상황관리자와 주로 무전을 통한 소통을 하게 된다. 현장으로 가면서 구급대원들은 신고자와는 휴대폰을 통해서 소통을 한다. 주로 환자 상태나 병력, 위치 등을 재확인한다. 현장에 도착해서 시행되는 환자 처치도 직접 얼굴을 맞댄 소통의 일종이라고 하겠다. 그리고 병원 응급실에서 의료진에게 환자를 인계하는 최종 단계의 소통이 이루어진다. 물론 한 건의 구급 신고가 마무리되는 과정에서 소통이 항상 이렇게만 진행되지는 않는다. 때론 의사와 출동 구급대원 사이에 의료지도를 매개로 한 소통도 있겠고, 응급상황관리자나 출동 구급대원이 신고자에게 환자를 응급처치 하도록 설명하는 것도 소통이라고 볼 수 있다. 화재, 구조, 경찰, 가스회사 등 응급의료체계에 지원 기능을 하는 조직과의 소통이 필요한 출동 역시 종종 있기 때문에 다른 조직 구성원과도 소통을 하게 된다.

지금까지 설명한 병원 전 119 구급통신의 특징 및 전개 과정과 그 내용을 정리하면 다음과 같다.

119구급통신이 모두 위와 같은 단계에 따라 순차적으로 이루어지는 것은 아니다. 보통은 1단계에서 4단계 순서로 진행되지만 서로 복합적으로 이루어지기도 하고, 상황에 따라 의료지도를 위한 통신이 각 단계사이에서 진행된다. 즉, 환자가 의식과 호흡이 없는 경우에는 신고 접수를 받은 EMD가 신고자에게 심폐소생술 지도를 하는 경우를 생각해 볼 수 있고, 당뇨 환자의 신고를 받았는데 저혈당이 의심이 되면 지도 의사가 출동 대원들에게 현장에 도착해서 혈당을 검사하고 저혈당이면 정맥로(IV)를 확보해서 포도당을 투여하도록 의료지도를 미리 내려줄 수도 있다. 물론,

119구급통신의 특징

- 응급상황발생을 전제로 한 응급통신이다.
- 직접적이고 신속한 정보파악을 목적으로 묻고 답하는 문답(Interrogation)식으로 이루어지는 통신이다.
- 통신 당사자 모두에게 스트레스를 준다.
- 통신에 시간적 제약이 따른다.
- 신속한 상황파악 및 정보 환류가 중요하다.
- 주로 전화나 무전을 통해 이루어진다.
- 약어 및 전문용어가 많이 쓰인다.

119 구급통신의 전개과정 및 통신내용

단계	통신 당사자	방 식	통신내용
1	신고자와 EMD	전화통화 (telecommunication)	1. 도움요청과 내용파악 2. 도착 전 응급처치안내
2	EMD와 EMT	1. 출동방송 2. 출동지령시스템을 통한 출동지령서하달 3. 구급대휴대폰 문자메시지 4. 무전통신 (radio-communication)	1. 출동범주 2. 환자상태 3. 병력 4. 위치, 전화번호 등 5. 도착 전 응급처치안내
3	EMT와 신고자	전화통화	1. 환자상태 2. 병력 3. 위치 등 재확인
4	EMT와 병원의료진	1. 도착 전 전화통화 2. 원격 화상전송 (visual telemedicine)	환자상태나 처치 내용 등
	EMT와 의료지도팀	무전/전화/원격 화상전송	환자처치관련
	EMD, EMT와 지원팀(화재,구조,경찰,가스,전기 등)	무전이나 전화	현장상황 및 지원요청내용

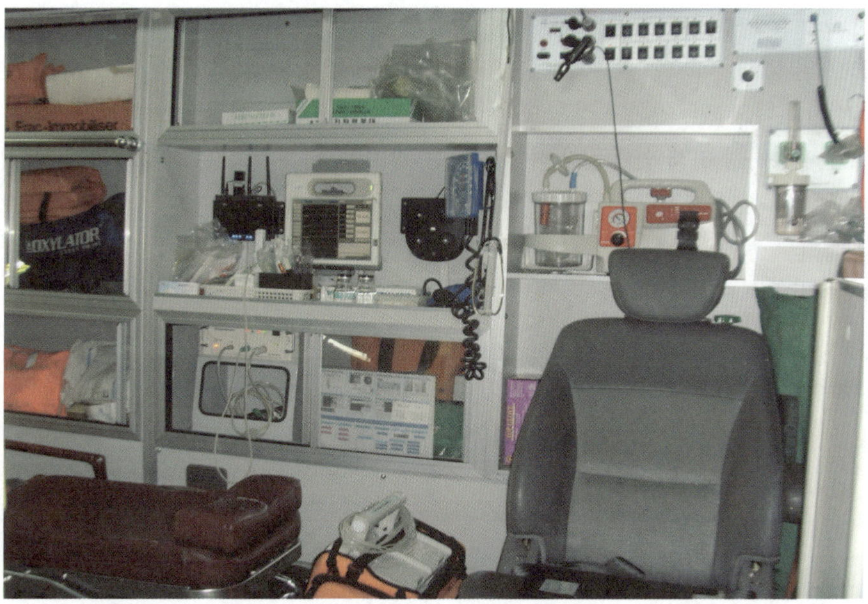

119 구급차 내 원격화상 시스템

구급차 MDT와 길 찾기 내비게이션

출동 위치와 출동 내용을 확인하고 있다

환자 처치와 관련한 의료지도 요청은 현장에서 구급대원이 상황실 지도의사에게 요청하는 경우가 일반적이지만, 신고접수 단계부터 환자 평가를 하고 그에 따라 의료지도를 먼저 지시하는 적극적 형태의 의료지도 역시 가능하다고 하겠다. 화재나 구조, 경찰, 가스, 전력회사와 EMD간에 또는 EMT간에 통신이 필요한 경우도 있다. 이처럼 119 구급통신은 종으로 횡으로 연결되는 특징이 있다.

119구급통신을 화재나 1339 응급의료 정보센터의 통신과 비교해보면 몇 가지 점에서 차이가 난다. 화재 출동은 신고접수 단계에서 이루어지는 통신의 양, 즉 상황실과 신고자간의 전화통화의 양은 많지 않다. 화재 신고가 들어오면 신고자로부터 화재발생위치, 화재종류나 양상, 인명피해여부나 그 가능성 등을 간단히 파악하고 출동지시를 내리게 된다. 때론 그 파악 중에 출동지시를 먼저 내린다. 화재 통신은 오히려 시간이 지나면서 즉, 현장 진압 활동 중에 통신이 주로 이루어지는 것을 볼 수 있다. 이때도 상황실과 현장간의 통신보다는 화재 진압활동에 임하는 각 진압대 사이의 무전교신이 주를 이룬다. 화재 현장에 출동하는 진압대원이 신고자와 직접 통화를 하는 경우는 거의 없다. 더구나 출동 중에는 더욱 그렇다. 화재 발생 초기 정보는 상황실을 통해서 현장으로 전파된다. 다만, 지휘차 상황요원이나 화재조사 요원이 현장에 도착해서 발화위치나 필요한 정보를 파악하기 위해 연락을 취하는 경우는 많지만, 화재 통신은 상황실과 현장 진압대, 현

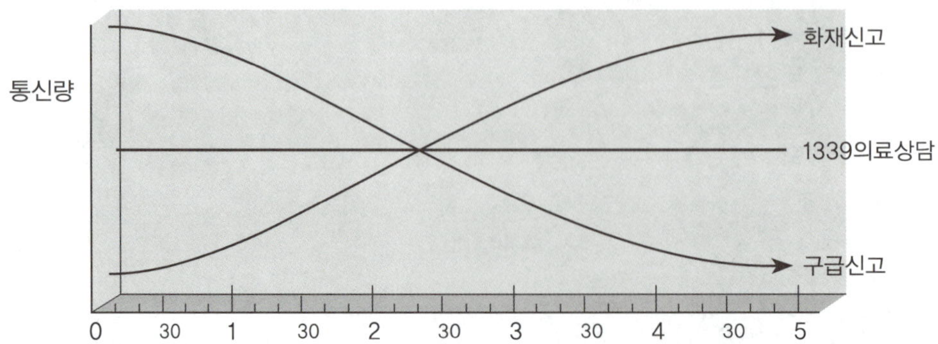

화재 · 구급(119)과 의료상담(1339)의 통신량 비교

화재응급통신과 구급응급통신 및 응급의료정보센터(1339)통신의 비교			
	화재응급통신	구급응급통신	1339통신
통신 당사자	주로 화재진압대원 사이에 이루어진다.	주로 신고자와 EMD, EMT 사이에	주로 상담 요청자와 상담원 사이
통신수단	무전통신	주로 전화통화	전화통화
통신의 양	신고접수<출동 중 <현장 진압활동 중	신고접수와 출동 중 >현장 활동	변화 없이 일정함
통신내용	화재 진압관련	4가지 핵심질문과 환자 주 호소 등	의료관련 전반적인 내용 및 병원정보

장진압대와 현장진압대 사이에 이루어지는 경우가 대부분이다. 이에 반해 구급출동은 신고접수 단계에서, 주로 신고자와의 통신이 이루어지고 현장과 병원 이송 중에는 줄어드는 양상을 보인다. 통신 방식도 화재 통신은 주로 무전교신을 통해서 이루어지지만 구급통신은 주로 핸드폰을 통해서 신고자와 EMD, 신고자와 EMT간에 이루어지는 양상을 띤다.

한편, 1339 응급의료 정보센터는 의료 상담이 주된 역할이기 때문에 그 양이 일정하게 유지되는 특징이 있고 그 방식도 상담자와의 전화 통화가 대부분을 차지한다. 사실 119 상황실과 1339 응급의료 정보센터는 병원으로 말하면 응급실과 입원 병실 차이 정도로 설명될 수 있겠다. 둘 사이의 가장 큰 차이는 무엇보다 시간에 대한 압박감이 다르다는데 있다. 119 상황실은 짧은 시간 내에 , 말하자면 환자 의식 상태나 호흡여부, 주 호소(chief complaints)등 꼭 필요한 정보를 파악해서 구급대를 출동시켜야 하지만, 1339는 말 그대로 의료상담이기 때문에 시간에 대한 압박은 덜하다고 하겠다.

EMD 응급통신은 응급의료시스템(EMS) 전체를 관할하는 통신으로서 전체 EMS자원의 할당과 조정을 목표로 하는 넓은 범위의 통신이다. 이에 반해 출동 중인 EMT가 행하는 응급통신은 현재 출동 지시를 받고 출동 중인 1건의 응급상황이 대상인 통신으로 그 범위가 좁다. EMD 응급통신은 할당과 조정이라는 그 특성상 우선출동시스템(Priority Dispatching System)과 밀접하게 연관

EMD 응급통신과 EMT 응급통신 비교		
	EMD 응급통신	EMT 응급통신
통신의 범위	응급의료시스템(EMS) 전체	출동 중인 응급상황이 대상
통신 단계	EMS 체계의 최초 반응자로서 1차 응급통신	출동 중에 EMD 및 신고자와 통신이 이루어지는 2차 응급통신
우선출동 시스템과의 관련성	우선출동시스템 활용으로 밀접한 관련성	우선출동에 따른 EMD의 역할에 영향
출동지침서 (protocol)의 영향	출동지침서에 규정된 질문내용에 근거한다.	직접적이지는 않다.

되어 그 시스템 활용이 중요하다. 이에 반해 EMT 응급통신은 우선출동에 따른 EMD의 역할에 영향을 받는다. 양쪽 모두에게 응급통신의 구체적인 술기가 요구되는 점은 같다고 하겠다.

EMD 응급통신은 EMS 체계의 최초 반응자로서 EMD가 신고자와 처음으로 접촉하는 1차 응급통신인 반면, EMT 응급통신은 출동 중에 EMD 및 신고자와 통신이 이루어지는 2차 응급통신으로서 1차 응급통신의 내용을 바탕으로 이루어지는 통신이라 하겠다.

119신고 접수에서부터 환자 처치 및 병원 이송까지 구급 업무가 이루어지는 과정에서 EMD와 EMT가 수행하는 임무와 역할을 살펴보면 다음과 같다. EMD는 환자 처치에 있어서 통신에 그 업무의 중심이 있는 반면, EMT는 환자 처치가 주 임무라고 하겠다. 그러나 EMD 역시 환자를 직접 처치는 하지 않지만 신고자와의 통화를 통해서 간접적인 환자처치에 참여하고 있으며 현장에 출동하는 EMT도 출동 중 신고자와의 통신이 그 업무에서 차치하는 비중이 적지 않다고 하겠다.

아래에서 볼 수 있듯이 EMD와 EMT의 역할은 서로 완전하게 분리되어 있기보다는 서로 비슷한 점이 적지 않다. 아울러 한 EMS 체계의 구성요소인 EMD와 EMT는 다른 EMS의 구성요소, 특히 응급의학 전문의와 밀접한 관계가 있다. 의료지도, 질 평가나 질 관리, 환자 상태에 대한 추가 검사, 사례연구 등이 그렇다. 다음 표에 언급된 EMD의 역할은 나중에 자세하게 다룰 우선출동시스템, 특히 미국의 MPDS를 바탕으로 분류한 것임을 미리 밝혀둔다.

정보통신의 발전에 따라 응급통신 방식에도 많은 변화가 있었고 앞으로도 그 변화 추이는 계속될 것이다. 사실 119 응급통신, 특히 구급통신에서 만큼은 그 특성상 통신 전개과정 중에서 1단계

환자처치에 있어서 EMD와 EMT의 역할 비교

EMD	EMT
• 신고접수 • 도입부질문(Case Entry Interrogation) • 핵심질문(Four Commandments) • 필요시 즉각 출동(Immediate Dispatch) • 구급대 도착 전 신고자에 대한 의료안내 (Pre-Arrival Instructions) • 환자 주 증상에 따른 핵심질문 (Key Question interrogation) • 환자 증상에 따른 출동범주결정 • 구급출동지시 • 출동 지시 후 신고자에 대한 의료지도 (Post-Dispatch Instructions) • 사례연구(Case Review) • 질 평가 및 질 향상(QA/QI)에 참여 • 구급신고 접수와 출동지시 전 과정에 대한 분석 및 개선을 위한 질 관리	• 환자접촉 • 1차 환자평가 • 생체징후(Vital Signs)측정 • 의료지도 요청 • ABC(기도, 호흡, 순환)유지 • 2차 환자평가 • 환자 진단 및 처치 • 환자 상태에 대한 추가 검사 (ECG, X-Ray, 혈액검사 등) • 환자 상태에 따른 치료 • 질병률 및 사망률조사에 참여 • 질 평가 및 질 향상(QA/QI)에 참여 • 사례연구를 위한 전문 연구회 조직 및 참여

와 3단계 통신이 통신의 양과 중요성면에서 도드라진다고 하겠다. 그렇게 된 이유는 휴대전화의 보급과 일반화에 힘입은 바 크다. 휴대전화의 일반화는 응급통신의 양상마저 바꿔 놓았다고 해도 과언이 아니다.

응급의료 시스템이 먼저 발달한 미국의 경우를 보면 응급통신에서 EMD의 역할은 절대적이었다. EMD는 신고자와 출동 구급대, 병원, 화재, 구조 등 지원팀 등을 하나로 엮는 바퀴살 역할을 해왔던 것이다. 응급의료시스템을 구성하는 각 주체가 EMD를 통해서 서로 연결되고 정보를 교환했던 것이다. 이때 연결의 매개체는 당연 무전통신(radio-communication)이었다. 이것을 달리 생각하면, 출동 구급대원은 현장에 도착해서 자신이 처치할 환자나 그 신고자(가족이나 친구, 이웃 등)와 직접 통신을 할 수 없었다는 말이다. 오직 신고를 접수한 EMD를 통해서만 환자 상태나 병력, 주 호소(chief complaint), 주소 또는 환자 위치, 현장 안전여부 등 모든 필요한 정보를 얻었던 것이다. 그런데 휴대전화가 일반화되면서 출동대원과 신고자 또는 환자 간에도 이런 정보 교환이 가능해졌다. 어느 나라든 구급출동 지시를 받고 구급대가 현장에 도착하기 전 까지는 아무리 빨라도 몇 분이 소요되기 마련이다. 구급대원(EMT)는 현장에 도착하기 전까지 그 몇 분 동안에 휴대전화로 신고자와의 통화를 통해서 상황실로부터 받은 정보를 다시 확인하기도 하고 환자 상태 변화나 추이를 묻고 그에 따라 필요한 장비를 미리 준비하기도 하면서 현장에서 무슨 처치를 할지 머릿속에 그려 볼 수도 있다. 어디 그뿐인가, 현장 활동과 관련한 신고자의 도움을 이끌어 낼 수도 있다. 즉, 신고자에게 환자 응급처치, 아직 의식이 있는 저혈당 환자에게 설탕물을 먹이도록 하거나 약물 과다 복용 환자의 복용 약물과 그 양을 추정할 수 있는 약병이나 캡슐을 미리 찾아 놓도록 하는 것처럼 도착 전 의료안내를 할 수도 있고, 집 찾기가 복잡한 동네에서는 신고자에게 집 앞에 미리 나와 구급대를 안내토록해서 시간을 절약할 수도 있다. 휴대전화가 일반화되기 전에는 모두 EMD가 했던 역할들이다. 무전통신이 곤란한 상황에서도 휴대전화는 위력을 발휘한다. 병원 이송을 거부하는 정신질환자를 잘 달래서 이송할 때, 무전으로 어느 정신병원으로 이송한다고 했다고 해보자. 이런 무전 내용을 그 환자가 들으면 민감해지거나 난폭해져 구급이송이 곤란해지기도 하기 때문에 휴대전화가 무전 통신의 좋은 대안이 된다. 구급출동이 많거나 화재나 대량재난 발생으로 무전 교신이 빈번해져도, 긴 통신이 필요한 경우에도 휴대전화는 유용하다. 이렇게 휴대전화는 응급통신에서 쓰임새가 다양하다. 분명, 휴대전화는 구급통신의 신경망을 다양하고 굵게 연결하는데 1등 공신의 역할을 한다고 하겠다. 앞에서 말했지만 EMD와 EMT의 역할에도 변화가 생겼다. 그 업무 영역의 경계의 벽이 허물어지면서 EMD가 EMT의 역할을 하기도 하고 또 그 반대의 경우도 점점 늘고 있다.

앞으로 우선출동(Priority Dispatch)과 관련해서 우선출동시스템(CBD와 MPDS)을 중점적으로 소개할 것이다. 우리나라에서도 병원 전 119응급의료 시스템 개선의 주요 화두가 바로 이 시스템이기 때문이다. 우선출동시스템에서도 EMD의 역할은 중요하다. 그런데 미국에서 만든 이 시스템이 우리 몸에 꼭 맞는 옷인지에 대해서는 아직 의문이다. 응급의료시스템이 다르고 도시 구조나 생활방식 등이 모두 다르기 때문이다. 그리고 휴대전화의 보급에 따라 EMD와 EMT의 역할변화도 한 몫을 한다고 생각한다. CBD와 MPDS에서의 EMD의 역할을 자세히 다루면서 한국적 현실에 맞는 한국형 우선출동시스템에 대해 다시 한 번 고민해봤으면 한다. 미국심장협회(AHA) 소아/영아 CPR 가이드라인은 2분간 CPR을 하고 응급의료체계에 신고하라고 했지만 우리나라 대한심폐소생협회에서는 바로 신고를 하고 CPR을 하도록 하고 있다.[3] 우리나라에서는 휴대전화가 그만큼 일반화되었기 때문이다.

우리가 가지 않는 길을 가야할 때, 앞선 누군가의 발자국이 길잡이가 되지만 우리의 방향과 보폭을 고려해서 가야한다. 분명한 점은 119 상황실의 개선이 절실히 필요한 때가 되었다는 사실이다.

이번 장에서는 119 응급통신을 거시적 차원에서 소개했지만, 이 책의 목적은 EMD와 EMT의 역할에 초점을 맞춘 응급통신이다. 그래서 응급통신 1단계와 3단계, 즉 신고자와의 소통이 중요한 주제라 하겠다. 단순히 무전기 사용법이나 일반적인 통신 요령만을 알려주는데 목적이 있는 것이 아니라, 응급상황에 처한 인간 심리를 이해하고 그런 상황에서 환자 상태에 대한 정보를 파악해서 환자를 처치하고 나아가 생명을 구하는데 일조하는 응급통신 원리소개가 더 큰 목적이다.

---

1) EMD(Emergency Medical Dispatcher)은 아직 우리에게 낯선 용어이다. 현재 상황실에서 119신고를 접수하는 사람들은 주로 상황요원 또는 상황실직원이라고 불린다. 과거에는 전화상담원이나 전화접수자(call taker)라는 용어가 쓰이기도 했지만 이제 더 이상 사용하지 않는다. 지금처럼 상황실 근무자의 적극적인 역할이 요구되는 시대에 전화접수자는 구시대 낡은 명칭이라고 본다. 전화상담원도 텔레마케터나 카드회사의 상담원 등과 구별이 되지 않는다는 점에서 적절한 용어는 아니다. EMD라는 개념이 활발하게 소개되는 지금은 응급통신관리자라는 명칭이 주로 사용되고 있는 듯하다. 주로 전화나 무전으로 그 업무를 수행한다는 점에서 응급통신관리자라는 명칭도 무난하다고 본다. 그런데 통신이란 그 업무를 수행하는 매개체에 불과하다. EMD는 응급상황을 통신을 통해서 조정하고 관리한다. 이렇게 EMD의 역할을 좀 더 적극적으로 해석한다는 측면에서, 이 책에서는 응급상황관리자라는 용어를 사용하고자 한다. 다만, 이 책에서는 응급상황관리자를 EMD라는 용어로 주로 사용했다는 점, 미리 밝혀둔다. 물론 EMD는 앞으로 소개 할 MPDS에서 주로 쓰이는 용어이다. 그리고 또 다른 구급출동지시체계인 CBD에서는 EMD라는 용어 대신에 Dispatcher(상황접수자, 출동 지시자)를 사용하고 있다. 두 개의 서로 다른 용어를 어떻게 우리말로 옮길 것이냐의 문제를 별도로 하면 사실 두 용어가 가지고 있는 상황접수자에 대한 의미나 역할은 크게 다르지 않다고 본다. 따라서 CBD를 설명할 때에도 Dispatcher대신 EMD를 우선하여 사용할 것이다.

2) 우리나라의 병원 전 응급의료체계는 환자의 중증도에 관계없이 일률적인 한 가지 출동체계(single tiered system)이며, 중증환자와 경증환자에게 하향 평준화된 획일적인 서비스를 제공하고 있음. 대부분의 선진국은 다중 출동체계(multi tiered ambulance service)를 채택하여 비 응급환자 발생시 BLS만 출동하고 중증 응급환자 발생시에는 BLS, ALS, 필요한 경우 헬기가 함께 출동하는 서비스체계임.

「병원 전 응급의료체계 기반강화를 위한 연구」62쪽. 소방방재청, 서울대학교 병원. 2009년.

3) 응급의료체계 연락 : 연령에 관계없이 전화우선(call first)

성인에서 발생한 비외상성 심정지의 주요 원인은 심실세동이며, 심실세동의 가장 효과적인 치료는 제세동이다. 따라서 일반적으로 심정지가 의심되는 성인을 발견하면 목격자는 응급의료체계(119)에 전화연락을 함으로써, 제세동기가 현장에 빨리 도착할 수 있도록 한다(전화우선). 반면, 영아나 소아에서는 기도나 환기의 문제로 인한 일차성 호흡정지가 심정지의 가장 흔한 원인이다. 따라서 일반적으로 소아에서는 2분간 심폐소생술을 먼저 시행한 다음 응급의료체계에 신고하도록 권장하고 있다(심폐소생술우선). 반면, 우리나라는 이동전화 보급률이 83%에 달하며, 현재는 전국 소방서에 119 위치 정보시스템 체계가 확립되어 있다. 따라서 우리나라에서는 구조자가 응급의료체계에 연락을 하기 위하여 환자의 곁을 떠날 필요가 없으며, 전화를 하면 구조자의 위치를 119구급대에서 파악 할 수 있다. 또한 우리나라는 인구밀도가 높기 때문에 심정지가 발생한 사람을 다수의 일반인이 발견할 가능성이 높다. 휴대전화의 높은 보급률, 다수의 목격자를 고려하면 응급의료체계의 연락과 심폐소생술을 전, 후의 순서 개념으로 구분할 필요가 없다. 이와 더불어 일반인에게 현장에서 "전화우선", "심폐소생술우선" 등의 개념을 별도로 교육하기가 어렵다는 점, 심정지가 발생한 현장에서 심정지의 원인이 심인성인지 호흡성인지를 추정하기가 어렵다는 점, 2분이 지나서 신고함으로서 병원 도착까지의 시간이 지연될 수 있다는 점을 고려하여 이 가이드라인에서는 심정지 환자의 연령에 관계없이 목격자는 119에 전화신고를 먼저 한 후에 심폐소생술을 시작(전화우선)하도록 권장한다.
2006 공용 심폐소생술 가이드라인 BLS/ACLS. 중앙응급의료센터 · 대한심폐소생협회. 17-18쪽.

이 내용을 이렇게 자세하게 소개하는 이유는 앞으로 CBD나 MPDS을 우리나라에 도입할 때, 우리 실정에 맞도록 우선출동시스템을 변형하는데 있어 좋은 참고 사례가 된다고 보기 때문이다. 앞으로 CBD와 MPDS에 대한 소개와 함께 이런 문제도 같이 고찰하고자 한다.

02장 병원 전 EMS 최전선의 최초반응자 EMD

1. EMD(Emergency Medical Dispatcher)의 탄생

전화가 일반화되기 이전 소방서마다 화재감시 망루가 있었다. 일종의 상황실이었던 셈이다. 이렇게 망루에서 근무하는 사람이나 과거 야경꾼은 오늘날 전화접수자(call taker)나 상황 접수자에 해당한다고 하겠다. 오늘날처럼 현대화된 모습은 아니지만 상황실 근무자들이 하던 역할을 수행하던 사람들이 있었던 것이다. 지금도 상황실이 없는 119나 911는 상상조차 할 수 없다. 상황실은 그 시스템을 유지하는 두뇌요, 눈이기 때문이다. 그런데 이곳에서 근무하는 직원들에 대한 생각이나 그 역할에 대한 기대가 처음부터 확고하게 확립되어 있었던 것은 아니었다. 지난 몇 십년의 세월만 돌이켜봐도, 공공안전 분야에서 일한다는 책임자들의 경우에도 그 상당수가 신고 접수 직원은 그저 전화 받고 단추만 누를줄 알면 된다고 생각했다. 말 그대로 아무나 할 수 있는 일이라 생각했던 것이다. 상황실과 그 직원들에 대한 존중은 찾아보기 어려웠다. 그런데 그 신고접수 직원들에 대한 생각이, 엄밀히 말하면 그 역할의 중요성이 새롭게 조명되면서 변화가 찾아왔다. 전화 접수자(call taker), 또는 상황 접수자의 역할에 대한 개념이 확장되고 확립되는 과정에서 EMD의 탄생배경을 찾아볼 수 있다. 아쉽지만, 응급상황관리자(EMD)의 기원은 미국에서 찾을 수밖에 없다.

부상자를 병원이 아닌 현장에서 처치하고 병원으로 이송하던 시작은 적어도 나폴레옹전쟁 때 그 기원을 찾을 수 있다고 하지만, 현대적인 응급의료서비스(Emergency Medical Services-EMS)는 1960년대부터 제공되기 시작했다.

다들 알고 있듯이 응급의학과 관련이 있는 조직은 체계적이다. 응급의료 체계를 통해 환자가 치료 받는 과정을 보면, 그들이 처음 만나게 되는 사람은 대체로 병원 전 응급 의료 종사자인 일반 응급구조사(2급)와 전문 응급구조사인 Paramedic이다. 그 다음 응급실에서 병원 직원인 간호사와 의사를 보게 된다. 그런데 응급 환자를 처치하는 모습, 소리, 활동이 이루어지는 이런 과정에 포함되어 있으면서도 그 과정과 철저하게 격리되어 있는 사람들이 있었다. 바로 응급상황관리자(EMD)들이 그들이다. 응급상황관리자들이 따로 떨어져 있었던 이유는 바로 이들은 응급의료팀의 일원이 아니라는 생각이 너무나 오랫동안 당연시되어왔기 때문이다. 60년대 말부터 시작되어 응급의료체계(EMS)가 현대화되었을 때조차도 소위, 경보실 또는 무전실에서 근무하는 사람들의 능력 향상은 여전히 간과되었다. 있다면, 이들에 대한 여전한 헐뜯기와 오해뿐이었다. 다행히 시간이 흐르면서 변화가 생겼다. 차츰 응급상황관리자를 응급의료 제공 체계(EMS)의 맨 처음, 즉 창끝으로 인식하게 된 것이다. 응급상황관리자들은 그들 자신만의 특별한 방법으로 해야 할 일과 돕는 법을 아는 사람들이 되었다. 이제 이들은 응급처치가 이루어지는 고리에서 취약한 연결고리가 아니라, 우리 사회가 투자할 가치가 있는 서비스의 핵심이 되었다. 사실 EMD가 이렇게 응급의료체계의 일원으로 인정받게 되기까지는 오랜 세월이 필요했다. 그러나 응급상황관리자(EMD)라는 개념의 형성에도 그에 못지않게 오랜 시간이 걸렸다.

응급구조사(EMT)와 Paramedic 프로그램이 미국 전역에 걸쳐 시행되고 빠르게 발전하던 1970년대 초반 무렵, 구급출동 과정에 대한 논의가 산발적이나마 시작되었다. 그러다가 상황실에 Paramedic이 막 근무를 시작하던 1974년, 애리조나 피닉스소방서 소속 빌 툰(Bill Toon)이라는 Paramedic이 아이가 숨을 못 쉰다는 신고를 받고 그 엄마에게 응급처치를 하도록 해서 아이를 살려낸 사실이 언론에 크게 보도되었다. 그때만 해도 지금처럼 상황실 근무자들이 참고할 지침서도 없던 시절이라 빌 툰은 임기응변으로 말하자면, 구급대 도착 전 응급처치 안내를 했던 것이다. 그러다 1977년 유타주 솔트레이크시의 제프 클라우슨(Jeff Clawson)이 출동 지령자가 사용할 지침서를 개발하기 시작한다. 이 지침서는 우선출동 지시체계라고 알려지면서 다음해부터 시 전체 소방서에 보급되었다. 이 지침서는 크게 세 가지로 이루어져 있는데, 핵심질문사항이 포함된 신고자와의 문답항목과 구급대 도착 전 의료안내라고 하는 전화 응급처치 그리고 환자의 중증도에 따라 출동 단계를 결정할 기준과 어떤 신고에 경광등을 켜고 사이렌을 울리면서 출동해야 하는지 등에 관한 내용이 그것이다. 제프 클라우슨의 이런 노력에 힘입어 우선출동지시체계는 오늘날 출동프로그램을 구성하는 소프트웨어와 하드웨어 모두에서 국제 표준의 지위를 획득해가고 있다. 우선출동이라는 학문분야에서 언제나 선두 역할을 해온 유타주는 의학적 검증을 거친 출동 지침서를 공식적으로 사용하고 응급상황관리자(EMD) 인증 과정을 처음으로 마련한 미국 최초의 주가 되었다. 이때가 1983년 이었다. 1986년에는 응급우선출동 분야에도 컴퓨터의 바람이 거세게 불어 컴퓨터 출동 지침서에 따라 우선 출동을 시행하는 시대가 열리게 되었다. 2년 후에는 응급출동의 원리(Jeff Clawson과 Dernocoeur 공저)라는 제목의 EMD교육 교재가 세상에 나오게 된다. 이런 과정을 거치면서 마침내 1990년쯤에 이르러 미국 전역에 걸쳐 훈련받은 응급상황관리자(EMD)가 상황실 근무자의 표준으로 자리 잡게 되었다. 이렇게 20년의 세월을 거치면서 구급대가 필요한 사람에게, 적시에, 가장 좋은 방법으로 그 상황에 적합한 구급대를 출동시키고 그 구급대가 도착하기 전에 올바른 응급처치를 안내하는 일련의 모든 과정에 헌신하는 EMD가 탄생했던 것이다.

2. EMD를 둘러싼 오해와 진실

앞에서 언급한 대로 응급상황관리자라는 개념이 처음부터 신뢰를 받았던 것은 아니었다. 오늘날 꽤 많은 나라에서 응급의료의 처치와 실행에 있어 EMD가 표준으로 자리 잡을 만큼 성장하기까지는 건설적인 의심의 눈초리를 거치면서 그 밑바탕을 다져왔다고 할 수 있다. 이런 발전 과정을 돌이켜보면 그 초기에 발전의 걸림돌로 작용했던 여러 가지 오해가 여러 번 논의되었고 마침내 잠잠해지는 과정이 있었다.

응급상황관리자에 관한 가장 일반적인 9가지 오해를 살펴보고자 한다. 사실 다음 9가지는 응급상황관리자에 대한 오해라기보다는 과거 상황실 근무자들, 즉 단지 신고만 받는 소극적 역할에 머물던 전화접수자에 대한 오해라는 말이 더 맞겠다. 아울러 응급상황신고자에 대한 오해이면서 그 해결 과정에 대한 오해이기도 하다. 어쨌든 이런 오해를 극복하고 새로운 상황관리자의 모습을 확립해가던 과정이 바로 EMD의 형성과정이라고 하겠다. 아직도 EMD의 역할에 대한 회의적인 생각이 남아있는 사람에게는 그 변화에 저항하는 아직 남은 낡은 생각을 털어내는데 도움이 될 것이다. 물론 이런 오해는 EMD에만 한정되어 있지 않다. 이 책 중반쯤에서 다룰 우선출동(Priority Dispatch)시스템, 그 중에서도 특히 MPDS 즉 Medical Priority Dispatch System과도 밀접하게 연결되어 있기 때문에 미리 공부한다는 마음으로 가볍게 읽기 바란다. 다만 EMD나 MPDS 역시 미국에서 만들어지고 형성된 시스템이기 때문에 이런 오해의 배경역시 미국이라는 점, 다시 밝혀둔다.

EMD에 대한 오해	
1	응급 상황에 당황한 신고자는 응급처치를 설명해줘도 그대로 하지 못한다.
2	신고자는 응급상황관리자에게 알려줘야 할 정보가 무엇인지 모른다.
3	신고 접수자는 신고전화 받기도 벅차기 때문에 이것저것 물어보고 Protocol를 뒤져 그 상황에 맞는 응급처치를 설명을 해줄 만큼 한가하지 않다.
4	신고 접수자에게 응급처치에 대한 전문성은 중요하지 않다.
5	신고 접수자가 전화로 알려주는 정보는 환자에게 도움이 되지도 않고 오히려 해가 될 수도 있다.
6	현장에는 언제나 되도록 많은 구급대가 출동할수록 좋다.
7	출동이 가능한 구급대가 한꺼번에 출동하지 않거나, 사이렌을 울리면서 긴급출동 하지 않으면 위험하다.
8	응급상황관리자의 업무는 표준 지침서가 있고 훈련만 받으면 충분히 해낼 수 있다.
9	출동지시 Protocol은 누가 만들어도 상관없다.

오해 1 응급 상황에 당황한 신고자는 응급처치를 설명해줘도 그대로 하지 못한다.

사실 구급신고 처리과정과 관련하여 여러 가지 오해가 있다고 할 수 있는데, 그 중 가장 일반적으로 퍼져있는 생각이 바로 응급 상황에 처한 신고자는 너무 흥분 상태에 있어 협조가 안 된다는 생각이 아닐까 싶다. 이는 정말 터무니없는 생각이다. 신고자 대부분은 침착하다. 사실, 신고자의 96%는 응급상황관리자와 협조하는데 아무 문제가 없다. 물론 개중에는 응급상황관리자가 먼저 그들을 진정시키고 그 상황에서 자신들이 해야 할 일에 집중하도록 도와줘야할 사람도 분명 있지만 응급상황관리자는 위기 대처 전문가로서 그런 사람들을 그렇게 하도록 돕는 대화기법과 활용방법을 잘 알고 있어야 한다. 그래서 응급 상황에 너무 놀란 신고자에게 무엇을 하도록 말해줘도 그렇게 하지 못한다는 오해는 모닥불에 둘러 앉아 여러 사람의 이야기를 붙여 전혀 다른 이야기를 만드는 것과 같다. 모닥불에 쭉 둘러 않은 여러 사람들이 각자 겪은 재미있거나 이상했던 가장 극단적인 경험들을 모아 터무니없는 이야기를 만드는 것처럼 말이다. 응급 통신과정에서 신고자들이 너무 히스테릭하다는 오해도 이렇게 만들어 진 건 아닐까? 특별히 급박했거나 유별나거나 기억에 남을 만한 신고만 모아서 말을 만든다면 너무 한쪽으로 기울어진 편견이라고 생각한다. 전문가라면 누구나 자신의 일이 아무나 할 수 있는 쉽고 평범한 일이라고 인정하고 싶지 않을 것이다. 특히, 응급상황관리자라면 더욱 그렇다고 믿고 싶다.

응급상황에 처한 사람으로부터 협조를 받기란 불가능하다는 인식을 어렵지만 가능하다는 생각으로 바꾸는데 활용된 통계 몇 가지를 살펴보자. 물론 미국의 통계이고 우리나라에 그대로 적용하기에는 조금 무리가 있을 것 같다.

1984년에 솔트레이크 소방서의 구급출동 검토 위원회에서 구급 신고를 임의로 뽑아 분석을 해 보았더니 신고자의 단 4%만이 아주 극도의 흥분상태에 있었다고 한다. 이 자료를 유타 주의 어떤 응급상황관리자 교육 강사가 검토해 보았는데 그 결과가 크게 다르지 않았다고 한다. 1986년에 아이젠버크와 몇 사람이 미국 퍼시픽 노스웨스트 상황실에 접수 된 신고 640건을 간단한 감정 척도(emotional scale)를 이용해서 신고자의 감정 상태를 분석했다. 감정의 척도는 정상적인 대화가 가능한 정도를 나타내는 1점에서부터 흥분 정도가 심한 5점까지 5단계였다.

신고자의 심리상태를 나타내는 감정척도	
통제 불능으로 대화가 불가능한 히스테리 상태	5점
비협조적, 들으려고 하지 않고 일방적인 고함	4점
어느 정도 화를 내지만 협조는 가능	3점
불안해하지만 협조적	2점
정상적인 대화가능	1점

퍼시픽 노스웨스트 상황실에 접수된 640건의 신고자를 감정척도를 이용하여 분석한 결과, 심정지 상황이 아닌 신고자 146명의 평균 감정 척도 값은 1.4였고 심정지 환자를 신고한 494명의 그것도 2.1에 불과했다.

응급상황관리자 학교에서는 지속적인 업무 향상을 위한 사례분석에 이와 비슷한 척도를 적용,

신고의 시작부터 끝까지 신고자가 어떤 감정 상태였고 얼마나 협조적이었는지를 분석하여 교육에 활용하고 있다.

제프 클라우슨과 로버트 싱클레어(Robert Sinclair)는 이 정서 상태와 협조 점수(an Emotional Content and Cooperation Score ECCS)를 토대로 6,400건의 사례를 분석, "응급통신에 있어서 신고자의 정서 상태와 협조 점수 -병원 전 처치"라는 연구 결과를 2000년에 발표한 바 있다. 6,400건의 사례 중에 3,019건은 브리티시컬럼비아 지역의 자료였다. 총체적인 ECCS는 1.05였다.

1. 환자 자신이 신고한 경우 — ECCS는 1.02 (277명)
2. 환자와 가까운 사람이 신고한 경우 — ECCS는 1.07 (1941명)
3. 환자나 사고를 목격한 제 3자가 신고한 경우 — ECCS는 1.02 (511명)
4. 경찰 등 공공조직에 소속된 사람이 신고한 경우 — ECCS는 1.0 (290명)

뉴욕 먼로카운티에서 접수한 3,430건의 신고를 분석한 결과 역시 이와 아주 유사했다. 그런데 신고자 대부분의 ECCS 점수가 1점을 약간 넘은 정도임을 보고, 그냥 넘길 수 없는 중요한 의문이 떠올랐다. "누가 더 침착한가? 신고자인가 신고 접수자인가?"

그리고 신고자가 너무 흥분해 있을 거라는 이 오해에서 우리는 상황 접수자 역시 응급의 정도를 결정함에 있어 감정에 치우칠 수 있다는 추론을 할 수 있다. 이런 생각은 신고자가 흥분해 있을수록 그 상황이 응급일 거라는 잘못된 개념에 의해 더 강화되어 왔다.

사실 응급상황관리자가 이런 생각을 일종의 규칙처럼 적용해버리면 스스로 지뢰밭에 들어가는 것과 같다. 신고자의 감정 상태에 영향을 미치는 또 다른 요소는 바로 응급상황관리자의 태도이다.

브리티시컬럼비아에서 접수한 3,019건의 신고를 심정지와 관련이 있다고 생각할 만한 신고(우선출동체계 지침 9에 해당 -MPDS Protocol 9)와 그 밖의 신고로 분류해서 분석해 보았는데, 우선출동체계 지침 9에 해당하는 심정지 신고는 358건으로 ECCS 점수가 평균 1.22이고 심정지 상황이 아닌 나머지 2,661건의 신고의 평균 점수는 1.03이었다.

다시 한 번 말하지만, 먼로카운티의 3,430건의 신고에서도 이와 아주 비슷한 결과가 나왔다. 이렇게 신고자 집단(the caller party)과 신고 내용에 따른 ECCS 점수와의 관련성을 확인할 수는 있었지만 전반적으로 점수 자체가 낮기 때문에 점수 차이에 따른 차이점을 끄집어 낼만한 실제적인 실익은 적었다. 사소한 것에 너무 흥분한 신고자가 있는 반면 감당키 어려운 상황에서 아주 침착하게 신고하는 사람도 있기 마련이다. 하지만 대부분의 신고자는 911에 도움을 요청하면서 그런 침착성을 잃지 않았다.

구급차를 출동시키는데 있어 통일된 기준이 없다면, 수화기로 전해지는 신고자의 음성이 얼마나 다급한지에 따라 응급 상황 여부를 결정하는 사람이 있는 반면, 본능적으로 결정은 내렸지만 그 상황에서 그런 결정을 내린 이유를 제대로 설명하지 못하는 사람도 있을 것이다. 자료만 놓고 본다면 미국의 911신고자 대부분은 아주 침착하다고 할 수 있겠다. 그러나 신고자의 감정 상태가 어떻던 상황 접수자는 파악한 정보와 환자의 일차적인 증상에 근거해서 구급대를 출동시켜야지 신고자의 감정에 좌우되어서는 안 된다는 점, 우리나 미국이나 다를 바 없을 것이다.

오해 2 신고자는 신고접수자, 즉 응급상황관리자에게 어떤 정보를 제공해야 하는지 모른다.

사실 신고자 대부분은 응급상황관리자에게 어떤 정보가 필요한지, 100%는 아니더라도 최소한 어느 정도는 알고 있다. 전 세계 수백 개 상황실의 사례를 분석한 결과, 신고자 태반은 응급상황관리자가 우선 출동 순위를 결정하는데 필요한 정보를 충분히 제공 가능하다는 사실을 보여주었다. 신고할 때 환자 옆에 있지도 않았지만 응급상황관리자에게 충분한 정보를 제공한 사람들도 있었고, 특히 이런 경우(the third-party situations)에서 정보가 불충분했던 이유는 신고자가 그 상황과 환자 상태를 잘 몰랐기 때문이 아니라 오히려 응급상황관리자가 질문을 제대로 하지 못했던데 그 원인이 있었다. 말 그대로, 질문을 제대로 해야 정확한 답변을 얻을 수 있지 않겠는가?

이런 문제점을 제대로 보여주는 아주 교훈적인 사례가 몇 년 전 미국에서 있었다.

사례

〈응급통신 실패사례〉

상황요원: 911입니다. 어떤 응급상황입니까?

신고자 : 지금 당장 구급차를 패션 플레이스 몰로 보내주세요!

상황요원: 무슨 문제가 있나요?

신고자 : (짧은 한숨) 아! 전 의사가 아니라서 그 사람이 뭣 때문에 그런지 잘 모르겠어요.

상황요원: (약간 더 긴 한숨) 그럼, 그 사람이 질병 인식표 같은 뭐 그런 것을 가지고 있나요?

신고자 : 이봐요? 전 의사가 아니라니까요!

상황요원: (묻기를 포기하고) 알겠습니다. 모르신다 말이죠?

신고자 : 몇 번이나 말해요. 의사가 아니라고요.

상황요원: (컴퓨터에 상황을 입력하고 구급대를 출동시킨다) 예! 출동합니다.

[수화기에 어렴풋이 들리던 소리가 컴퓨터 입력이 끝나자 점점 확실하게 들린다. 하나, 둘, 셋, 넷, 다섯, 후... 하나, 둘, 셋, 넷, 다섯, 후... 하나, 둘.. 이때서야 응급상황관리자가 다급하게 외친다.]

이게 무슨 소리죠? 뭘 세는 소리인가요? 무엇을 하고 있는 소리입니까?

신고자 : (담담하게) 아! 지금 CPR 하고 있는데요?

상황요원: 무슨 일인지 모르신다고 하셨잖아요?

신고자 : 예! 전 의사가 아니라서 뭣 때문에 그런지 모른다고요!

대형 쇼핑몰 안전요원이 신고한 이 사례는 상황 요원이 정확한 질문을 하지 않으면 문제가 발생 할 수 있다는 사실을 잘 보여준다. 이 신고에서 응급상황관리자가 실제로 알고자 했던 것과 그 질문을 받은 신고자의 생각사이에는 어떤 차이가 있었을까? 상황 요원은 단지 발생한 상황만을 파악코자 했지만 신고자는 그 사람에게 심정지가 발생한 이유(뇌졸중, 심장발작, 경련, 약물 과용 등)를 묻는다고 생각했기 때문이다. 전쟁터에서 통신이 두절된 것이나 마찬가지지다.

신고자 대부분은 그 환자에 관해 무언가를 알고 있는 사람이다. 조사 결과만을 놓고 본다면, 미국의 경우 신고자 70%이상이 환자 자신이거나 그 가족 또는 동료였다. 이들을 통해 정보도 파악하고 도움을 받기도 한다. 나머지 30%에 달하는 신고자(환자와 같이 있지 않거나 타인)에게는 더 세심한 주의가 필요하고 큰 도움을 기대하기 어렵지만, 이들에게 아주 중요한 정보를 얻을 때도 있다. 신고자의 이런 역할을 알지 못하거나 불신하는 응급상황관리자 때문에 이들이 도울 기회마저 갖지 못한다면 안 될 것이다.

응급조직이 그 취지에 맞게 운영되기 위해서는 출동 우선순위에 따른 EMS자원, 즉 구급자원에 대한 합리적 배분이 중요하고 바로 그 결정은 필수 질문 사항에 대한 신고자의 답변을 토대로 이루어진다. 그리고 신고자가 침착하거나 침착해져서 응급상황관리자의 지시에 따라 구급대가 현장에 도착 할 때까지 응급처치를 해 준다면 아주 이상적이다. 요즘은 실제로 이렇게 해줄 수 있는 신고자도 적지 않다.

우리나라의 경우에도 실제 접수된 신고를 검토해보면 그 신고 내용이 아주 다양한데, 특히 protocal 32: 미상의 문제(누가 쓰러져 있음)같은 경우에는 그 접수 목록을 응급상황관리자가 옮겨 적기에도 벅찰 만큼 천차만별이다.

오해 3 신고 접수자는 신고전화 받기도 벅차기 때문에 이것저것 물어보고 Protocol를 뒤져 그 상황에 맞는 응급처치를 설명을 해줄 만큼 한가하지 않다.

사실 사실 초보 응급상황관리자라면 이것저것 물어보는데 귀중한 시간을 낭비해야하냐고 불평부터 해댈지 모르겠다. 우선출동 과정은 분명 응급상황관리자에게 더 많은 것을 요구하지만 임무에 필요한 정보를 얻는데 걸리는 시간은 지금까지 해왔던 들쭉날쭉한 방식보다 오히려 단축되거나 같았다. 사실, 단 1초라도 아껴 최대한 신속하게 정보를 파악해야하는 신고는 그리 많지 않다. 1988년 LA에서 우선출동시스템을 시행하기 전과 후, 신고접수에 걸리는 시간이 어떻게 다른지 꼼꼼하게 측정해봤는데 시스템을 적용 안했을 때 걸린 평균 시간은 72초였다고 한다. 신고 처리 평균 시간은 우선출동시스템 적용 초기에는 80초까지 올랐지만 한 주도 못되어 전체 평균 시간이 다시 72초로 줄었다고 한다. 구급대 출동과 출동 구급대에게 추가 정보를 제공하고 그들이 현장에 도착할 때까지 신고자에게 의료안내를 실시했는데도 걸린 시간이 그렇다. 신고 한 건을 처리하는데 걸린 전체 평균 시간은 전과 같았지만 훨씬 유용하고 정확한 정보를 파악하게 되었다. 신고자에게 질문하는 시간이 실제 줄었다는 사실은 추가 평가를 통해 밝혀졌는데 신고자에게 CPR을 설명하거나 응급처치 안내를 한 경우에도 시간이 더 걸리지는 않았기 때문이다. 그리고 조직 운영자에게 아주 중요한 문제인 근무자 수를 봐도, 우선출동시스템을 적용한 신고 처리에 더 많은 응급상황관리자가 필요한 것도 아니었다. 여러모로 이 시스템은 조직의 대응시간을 줄여준다. 응급상황관리자가 핵심질문(key questions)을 통하여 취합한 정보를 토대로 응급 정도를 결정하고 구급대를 일반/전문으로 구분하여 출동시키기 때문이다.

여기서 잊지 말아야할 점이 하나있는데, 항상 질문을 다 한 다음에 출동 지시를 내리는 것은 아니라는 사실이다. 우선출동 지침에 보면 출동을 시키는 경우가 크게 두 가지 범주로 나뉘어 있다. 첫 번째는 환자의 호흡이 없거나 호흡이 있는지 없는지 확실히 구분할 수 없는 경우로서 그런 응급상황에서는 초기에 이를 인지하자마자 바로 먼저 구급대를 출동시켜야한다. 최고의 EMS 시스템은 이런 상황에서 빛을 발한다. 그리고 추가정보 파악, 정보전달, 도착 전 응급처치안내 등이 이루어져야한다.

두 번째는, 신고 대부분이 해당되는 경우로서 첫 번째와의 차이는 구급대를 출동시키기 전에 객관적인 응급정도가 먼저 분류되어야한다는 점이다.

"허접한 질문을 하는 시간이나 핵심을 파악하는 질문이나 걸리는 시간은 같다" 라는 말은 응급상황관리자가 마음속에 새겨둘만한 격언이다. 질문을 제대로 해야 올바른 정보를 얻는다.

오해 4 신고 접수자에게 응급처치에 대한 전문성은 중요하지 않다.

사실 응급처치 전문지식이야말로 응급상황관리자에게 정말 중요하다. 응급상황관리자의 역할에 대한 새로운 표준이 정립되기 전부터 있어온 "전화만 받으면 되는 사람들이 응급처치까지 알아야 합니까?" 라는 이런 오해는 이제 거의 사라진 옛말이 되었다.

1989년 미국의 EMS 전국 의사회(NAEMSP)에서 이 문제를 직접 다룬바있다.

응급상황관리자의 주 업무는 신고를 받는 일인데, 그 신고의 응급정도를 판단하여 우선출동업무를 제대로 수행하려면 상황 발생 유형과 환자의 의학적 상태에 정통해야한다. 당연히 응급상황관리자의 교육 과정은 이런 업무 특성에 부합되어야하고 현장에서 일하는 구급대원에게 초점을 둔 교육과 같아서는 안 된다. 그 이유는 응급상황관리자에게 필요한 지식과 업무 능력의 대부분은 현장 응급처치가 아닌 출동과 관련이 있기 때문이다. 교육 내용이 응급구조사 양성 과정에 들어있는 그것과 실제적인 차이가 나는 것은 당연하다. 마찬가지로 응급구조사 양성 과정에는 응급통신관련 교육 내용이 부족하다. 이 과정에는 응급상황관리자 교육에 반드시 필요한 필수 과목들이 들어있지 않다. 교육 내용과 중점을 두는 분야 역시 응급 관련 다른 직종이나 1339같은 조직에서 일하는 사람들에게 필요한 내용과는 상당히 다르다.

미국에서는 응급상황관리자 훈련이라는 생소한 교육을 위해 이전에 없던 위원회를 만들었다고 한다. 의사소통기법과 병원 전 응급처치나 의학 교육 등 다양한 훈련을 시켜야 하고 각각의 역할을 하나의 기능으로 묶어야하는 이유에서였다. 상황실에서 일하는 사람이라면 누구나 이런 훈련을 받아야한다. 그리고 이 훈련에는 이들이 지금까지 출동 구급대원들에게 해왔던 것과는 차원이 다른 내용과 술기가 포함되어야 한다.

이전에 어떤 훈련을 받았건, 어떤 경력이 있건, 응급상황관리자로 일할 사람은 반드시 EMD교육을 받고 자격인증을 받아야 한다.

응급상황관리자에 대한 교육은 한 번으로 끝나서는 안 된다. 그 업무 특성에 맞는 교육이 지속적으로 이루어져야한다. 그리고 이런 과정을 질 관리(quality management)와 연결해야한다. 즉, 응급상황관리자가 그 업무를 제대로 수행하고 있는지 평가하고 이를 자신의 업무에 다시 반영시키는 과정이 필요하다. 아울러 이런 교육과 훈련내용을 실제 업무에 적용시킬 수 있도록 권한 역시 확실히 부여해야한다.

그리고 또 하나 중요한 점이 있다. 그 업무 수행에 핵심이라 할 업무 지침(protocol)을 응급상황관리자가 제대로 알고 있고 사용하고 있는지에 초점을 맞추어 재교육이 이루어져야한다는 점이다.

오해 5 신고 접수자가 전화로 알려주는 정보는 환자에게 도움이 되지도 않고 오히려 해가 될 수도 있다.

사실 처음부터 가장 넓게 퍼져있던 오해였지만 Jeff Clawson의 응급출동의 원리 초판이 출판되고 12년이 지난 지금에는 가장 철저하게 오해로 밝혀진 분야이다. 수 백 건, 아니 현재에는 아마 수천 건의 전화를 통한 응급처치가 우선출동시스템을 운영하는 적지 않은 상황실에서 하루도 빠짐없이 이루어지고 있다. 이제는 오히려 상황이 바뀌어 상황실을 상대로 한 꽤 많은 소송이 제기되는 실정인데, 이런 소송의 상당수는 응급상황관리자가 도착 전 응급처치 안내를 하지 않았다는, 이른바 변호사들이 유기(abandonment)라고 부르는 이유로 제기되고 있다. 그런데 대체로 이런 소송들은 우선출동시스템을 아직 시행하고 있지 않은 상황실과 관련이 있다. 실제로 미국과 캐나다 그리고 영국에서는 신고를 접수해서 구급대가 도착하기 전까지 응급상황관리자가 신고자에게 제공하는 모든 설명을 그 처치와 업무의 표준으로 받아들이고 있다. 미국 EMS 전국 의사회(NAEMSP)가 만든 응급상황관리자 지침서에는 환자의 처지를 고려한 두 가지 의견이 들어있는데, 도착 전 의료안내가 응급상황관리자 개개인의 의무라는 것과 훈련을 이수한 응급상황관리자가 의학적으로 공인된 응급처치를 전화상으로 하는 것은 안전할뿐더러 적지 않은 경우에 정신적으로도 도움이 된다는 내용이다.

오해 6 현장에는 언제나 되도록 많은 구급대가 출동할수록 좋다.

사실 응급상황이라고 해서 여러 대의 구급차가 항상 필요한 것은 아니다. 구급차를 무조건 많이 보내기 보다는 그 상황에 맞은 적절한 대응이 필요하다. 참새를 잡는데 대포까지 쏠 필요는 없지 않은가? 심각한 사고도 아니고 생명이 위급하지도 않은 상황임이 확실하다면 이런 식의 과잉대응은 하지 말아야한다. 우선순위에 따른 대응이야말로 우리의 소중하고 때론 부족하기조차 한 병원 전 응급자원을 합리적으로 운영하는 방법이다. 솔트레이크 소방서가 우선순위에 따른 상황대처를 처음 시행할 때 겪은 초창기 경험이 구급우선출동과 그 운영이라는 논문에 실려 있는데, 이에 따르면 전체 출동 차량이 무려 50%나 줄어들었고 우리가 "HOT"이라고 부르는 긴급출동 역시 절반으로 감소했다고 한다. 또한 신고 전화도 30% 감소했는데 이는 단순 이송만 필요한 비 응급 환자를 사설 구급업체에 넘겨주었기 때문이었다. 이런 결과는 솔트레이크 소방서에만 국한되지 않았다. 다른 상황실에서도 마찬가지였다고 한다.

결국, 우선 출동의 핵심 전제는 "한정된 자원으로 신고에 어떻게 대응 하는가"이다. 그리고 응급상황관리자의 사명은 다음 목표를 달성함으로써 구체화된다. 즉, 환자 상태에 적합한 최적의 구급대를 정확한 시간에 가장 효과적인 방법으로 출동시키고 출동한 구급대가 환자에게 도착할 때까지 신고자로 하여금 환자에게 필요한 도움을 줄 수 있도록 하는 것이다.

환자 상태에 상관없이, 무조건 많이, 무조건 빨리 출동시키는 것이 목표가 아니란 말이다.

묻지도 않고 따지지 않고 이송해주는 시대는 지났다.

오해 7 출동이 가능한 구급대가 한꺼번에 출동하지 않거나, 사이렌을 울리면서 긴급출동하지 않으면 위험하다.

사실 유감스럽지만 긴급출동에는 상당한 위험이 따른다. 미국의 경우 한 해도 거르지 않고 긴급출동과 이송 중에 수 천 건의 사고가 발생한다고 한다. 다치는 사람만 수 천 명에 달하고 목숨을 잃는 사람도 적지 않다. 1990년에는 EMD 학교에서 기금을 모아 미국에서 발생한 구급차 교통사고관련 자료를 수집한 적이 있었다. 그 자료에 따르면 조사에 기록된 298건의 구급차 교통사고 가운데 205건에서 사상자가 발생했는데 부상이 537명, 사망이 62명이었다.

구급차 출동 시 사이렌과 비상등 사용을 보장한 "응급처치우선법률"의 취지에 비추어 그 사이렌과 비상등은 바로 응급의료서비스와 구급출동에 맞게 보다 신중하게 사용할 필요가 있다. "무엇보다 안전이 우선이다." 긴급출동으로 줄이는 시간이라고 해봐야 환자 치료 결과에 영향을 줄 정도인 경우는 아주 드물다. 사실 응급의료체계가 반응하는 기본 원리는 대부분 화재와 같은 오랜 공공안전 정책을 실행해온 경험에서 온 것이다. 그러나 응급의료는 화재와 다르다. 화재는 대개 몇 초만 지나도 그 양상이 심각해진다. 당연히 화재는 다른 것으로 판명되기 전까지는 계속 불이 번지고 있는 것으로 간주해야한다. 그렇지만 구급 상황의 대부분은 시간이 지나면서 계속 악화되지는 않는다. 긴급으로 병원에 도착한 환자들 상당수는 검사와 치료를 받는데 한참을 기다려야 하는 경우도 다반사다. 이런데도 단 몇 초를 줄이기 위해 긴급출동을 한다는 것이 가치가 있다고 할 수 있을까? 물론 기도폐쇄, 호흡부전, 심정지나 대량 출혈처럼 응급상황인 경우야 단 몇 초라도 줄여야한다. 그러나 이런 응급 상황은 많지 않다. 우선출동 지침서에 따라 근무하는 응급상황관리자라면 긴급출동으로 단 몇 초, 몇 분을 줄여도 환자 상태에 차이가 없는 상황, 즉 만성 질환자, 상태에 변화가 없는 환자, 안정 상태인 환자, 증세가 호전되고 있는 환자 등을 제대로 구분할 것이다.

응급 상황이 아닌데도 출동할 때마다 사이렌과 비상등을 사용하는 것은 바람직하지 않다. 그렇게 사용하라고 구급차에 사이렌과 비상등을 달아놓은 건 아니다. 신고자에게 제대로 물어보면서 구급대 도착 전 응급처치 안내를 해준다면 경미한 부상이나 심지어 중증도의 부상을 당한 사람도 구급대가 설령 비 응급환자(이 책에서 "COLD"라고 부르는)에게 출동하듯 안전 수칙을 지키면서 출동해도 이들이 도착할 때까지 안전하게 기다릴 수 있다. 어느 정도 구급 지식에 정통한 EMD라면 위와 같은 상황을 충분히 파악하기 때문에 COLD에 해당하는 이런 환자 역시 응급실로 거의 대부분 이송된다. 그런데 비 응급환자 출동과 이송에 있어서도 안전이 담보되어야하고 구급대가 필요한 경우에만 타당하게 출동해야한다는 증거가 속속 드러나고 있어 이를 다음 기본 의사소통 기법에서 다루었다.

오해 8 응급상황관리자 업무는 표준 지침서가 있고 훈련만 받으면 충분히 해낼 수 있다.

사실 응급상황관리자가 우선출동 시스템대로만 한다면 올바른 구급 자원의 할당은 빈틈없이 이루어진다. 그러나 상당수 응급의료 조직의 관리자들이 철저한 실태파악이나 교육, 질 관리에 대한 노력 없이 어정쩡하고 어설픈 형태로 응급상황관리자를 운영해왔다는 점이 못내 아쉽다. 이 중에는 우선출동시스템을 운영하고 있노라고 떠들고 있지만 실상 지침서도 없이 신고에 즉흥적으로 대응을 하거나 훈련도 제대로 받지 않은 응급상황관리자들이 근무하고 있는 조직도 있는 실정이다. 어떤 조직들은 그 개념과 기본 원리를 충분히 이해하지도 못한 채 자원의 최적화만을 시도하기도 한다. 이것은 스스로 우선 출동을 실행하고 있다는 망상에 불과할 뿐이다. 출동관리가 엉망이면 구급출동과 환자처치에 치명적인 결과가 초래되기도 한다. 우선 출동의 가장 기본 개념은 바로 출동의 차별화, 바로 대응의 우선 순위화(response prioritization)에 있다. 상황실과 그 소속 응급상황관리자들이 본연의 임무를 제대로 수행하기 위해서는 신고자의 상황에 적합하게 미리 정해둔 지침서의 대응 절차를 동일하게 준수할 때 가능하다고 하겠다. 우선 출동을 뼈대만 추려 정의한다면 신고 상황에 적합한 구급대를, 환자에게만, 정확한 시간 내에, 올바른 방법으로 출동시키면서 그들이 도착하기 전 까지 신고자로 하여금 환자에게 필요한 처치를 해주도록 하는 시스템이라고 하겠다. 여기에서 응급상황관리자 본인과 무엇보다 그 상사들이 반드시 알아두어야 할 사항이 있는데, 바로 적합하고 올바르고 정확한 것이 무슨 의미인가이다. 상황에 적합한 구급대를 출동시킨다함은 응급환자에게는 전문 응급처치 구급대(ALS)를, 비 응급환자에게는 일반 구급대(BLS)를 출동시키는 등 환자 상태에 따라 출동 구급대의 수준을 달리 함을 의미한다. 정확한 시간이란 구급대가 현장에 도착하는데 얼마나 걸리는가 하는 문제이다. 예를 들이 심정지 환자와 환자 상태가 안정적인 만성질환자 신고가 접수되었다고 가정해보자. 심정지 환자의 경우는 우리에게 주어지 시간이 4-5분에 불과하다. 그 4-5분 내에 구급대가 현장에 도착해야 그 환자의 생존 가능성이 훨씬 높아진다. 그런데 만성질환자의 경우는 어떤가? 4-5분 내에 치명적인 상태에 이를 가능성은 심정지 환자에 비해 훨씬 낮다. 그런데도 만성질환자의 신고가 먼저 접수되었다고 구급서비스를 먼저 받아야할 이유는 없다. 이것은 공평도 정의도 아니다. 한정된 구급자원은 응급상황에 처한 사람에게 먼저 제공되어야한다. 10-20분 구급차를 기다려야하는 불편과 목숨을 같은 저울에 놓고 무게를 잴 수는 없다. 구급차는 또한 환자에게만 제공되어야한다. 신고만 접수되면 아무에게나 구급서비스가 제공되어야 한다면 이는 구급서비스의 과잉이고 그로 인한 공백은 누군가의 생명으로 채워질지 모른다. 그리고 출동의 올바른 방법이란 긴급정도에 따라 HOT과 COLD로 나눈 출동 형태를 말한다. 마지막으로 응급상황관리자의 역할은 구급대가 출동했다고 해서 끝나는 것은 아니라는 사실을 명심해야한다. 지침서대로 도착 전 의료안내와 출동

지시 후 일련의 역할을 정확하고 빈틈없이 수행해야한다. 우리는 지금 마음만 먹으면 의학 관련 지식을 얼마든지 찾아볼 수 있는 세상에 살고 있다. 그 지식이 상당한 사람도 주위에 얼마든지 있다. 그 뿐인가! 시민들은 이제 황금시간대에 방영되는 진짜 같은 의학드라마를 보고 드라마에서처럼 그런 구급서비스 받기를 원하기도 한다. 시민들의 기대치가 높아지는 이 시대에 우리 임무를 소홀히 했다가는 환자 처치가 엉망이었다는 비난과 심지어 고소까지 당할 수 있음을 잊지말아야한다. 우선출동시스템을 누구보다 더 철저하게 배워야할 사람들은 다름 아닌 그 도입과 관리에 권한을 가진 사람들이다. 이런 과정이 고되고 시간이 걸린다고 지름길로 통과하려고 해서는 안된다. 시민의 안전을 책임지고 있는 조직은 더욱 그렇다. 오직, 구급대 도착 전 응급처치안내와 환자 처치가 이루어지는 체계에 숨어있는 틈새를 찾아 메워갈 때 더 안전하고 효과적이며 효율적인 구급출동 시스템이 만들어질 것이다.

오해 9 출동지시 지침서(Protocol)는 누가 만들어도 상관없다.

사실 병을 치료하는 방법은 셀 수 없이 많고 정답도 없다는 말이 있던 때가 있었다. 그 방법들이 다 옳지도 않고 무엇이 더 나은 방법인지도 가려낼 수 없다면 어떻게 될까? 이 세상에 백만 명의 의사들이 있고 그 치료 방법이 백만 가지라면 얼마나 혼란스럽겠는가? 이런 혼란은 의사들이 환자 처치와 치료 방법을 표준화 시킨다면 사라질 것이다.

구급출동 지침서라면.. 어떨까 궁금하다. 먼저 신고 내용에 따라 전화 응대요령을 덧붙이고, EMD는 응급구조사여야 한다고 못 박아 지금 현재의 상황실 시스템과 짜 맞추면 될 것도 같다. 그러나 컴퓨터 기반 출동시스템(Computer-Aided Dispatch)을 자체 제작하던 상황실들, 911, 응급출동에 상당한 식견이 있는 사람들 모두 지침서 자체 제작을 그만 둔지 오래다. 누가 제세동기를 만들 줄 안다고 해서 자신만의 제세동기를 만들려고 하겠는가? 그럴 것 같지도 않고 그런 제세동기는 안전하지도 않다.

EMD 지침서에는 각 신고마다 서로 다른 모든 필수 요소들을 일정하고 똑 같게 반영한 처치 사항들이 반드시 반영되어 있어야 한다. EMD는 환자를 보지 않고도, 직접 처치하지 않고도 환자 상태에 큰 영향을 미칠 수 있고, 때론 그 생명을 구할 수도 있다. 지침서의 응급 처치는 이렇게 환자를 직접 보지 않고도 봐야하는 EMD의 눈으로 만들어져야한다. 그리고 그 지침서 내용은 현장에서 CPR 가이드라인이 바뀌면 새로운 가이드라인을 따르듯이, 의학과 소생과학의 변화에 발맞추어야한다. 지침서는 EMD가 분초를 다투는 상황에서 사용하기 때문에 논리적이고 체계적이어야 그 활용도가 높아질 것이다. 심정지(cardiac arrest)상황에서 EMD가 CPR을 모르는 신고자에게 CPR에 대해 설명하고 출동대원에게 필요한 정보를 제공하는 모습을 떠올려보자. 출동대원이나 EMD, 신고자 모두에게 엄청 스트레스가 심한 이런 상황에서, EMD가 체계적이고 간결하게 이 모든 역할을 할 수 있도록 지침서는 만들어져야 한다. 그리고 이렇게 만든 지침서는 내부 검증 절차를 반드시 거쳐야한다. 그리고 지침서에 관한 훈련과 지원에 관한 사항들 - 대응요령, 질 평가 및 향상 과정, 관련 규정에 관한 사항 등 - 역시 지침서와 응급 처치 내용에 부합되어야 한다.

3. EMS와 EMD

1) Emergency Medical Services (EMS)

EMS는 한 지역을 책임지고 있는 공공 안전 조직으로서 전문화된 의학 교육을 받은 사람들이 소속되어 있다. EMS는 그 원인이 무엇이든 의료 응급 상황이 발생하면 인적, 물적, 시설 자원을 동원하여 대처하는 조직으로 정의할 수 있다. EMS 조직은 응급의료에서 시민의 필요에 부응하기 위해 필요한 모든 것, 즉 법률, 공공에 대한 정보제공과 교육, 통신, 시설, 외상센터, 재활, 의료지도나 평가 등 복합적인 요소들이 합쳐져 있다. 따라서 그 핵심적인 요소들이 유기적으로 연결되고 효과적으로 작동되어야 그 시스템의 그 본래 취지가 살아난다고 하겠다. EMD의 역시 EMS에 소속되어 있기 때문에 EMS 조직에 대한 완벽한 이해야말로 EMD의 당연한 책무중의 하나라 하겠다.

2) EMD와 EMS의 비교

EMD는 특정한 의학 교육을 받고 응급상황 관리 및 구급출동 지시를 내리는 선진 형태의 상황관리자이다. EMD가 응급의료 교육을 받음으로써 응급의료체계의 구성원으로 인정받게 되었고 기본적인 출동 지시 말고도 여러 가지 역할을 수행할 수 있게 되었다. 이제 EMD는 지역 EMS 시스템의 한 구성원으로서 그 역할을 하고 있다.

EMD	EMS
출동지시의 선진화된 형태 특정 의료 교육이 필요함 EMS 시스템 소속 구성원	시스템 한 지역 내 응급의료 서비스에 포함된 모든 측면 예방과 재활과정을 모두 포괄함

3) EMS 시스템 내에서의 EMD의 역할

- EMD는 의료 도움이 필요한 신고자가 처음으로 접촉하는 사람이다.
  EMD를 최초반응자중의 최초반응자(First - First Responders)라고 부르는 이유는 이 때문이다.
- EMD는 도움이 필요한 시민과 그 지역 EMS 조직이 사용할 수 있는 동원 가능한 자원을 통신으로 서로 연결하는 중요한 고리이다.
- EMD는 신고자에게 응급처치가 필요한 사람을 돕도록 돕는 사람이다.

4. 업무의 유사성

다행히 EMD와 다른 EMS종사자 사이에는 비슷한 점이 더 많다. 사실 의사의 관리와 통제를 받는 EMD의 업무는 응급의료의 그것과 상당히 유사하다.

이미 비교를 통해서 보다 분명해졌지만 응급처치 하나하나가 서로 중복되기도 하고 관련성이 있다. 예를 들어 환자 1차 검사(the primary survey)를 할 때 현장에서 직접 처치를 하는 사람이든 EMD든 그 과정은 체계적이고 철저해야한다. 이런 초기 검진이나 검사로 알게 된 사항들이 확실한가하는 여부와는 상관없이 이런 과정을 대충하거나 생략해도 되는 사람은 아무도 없다. 이 환자 1차 검사가 EMD에게는 바로 구급출동 지령을 위한 1차 검사로서 4개의 황금률(the Four Commandments)에 해당한다. 그 중요성은 현장 1차 검사와 동일하다.

응급처치의 기본인 ABC에서 기도만 확인하고 호흡과 순환을 빠뜨린 엉성한 구급대원 마냥 EMD가 이 핵심질문 4가지를 반드시 확인하지 않는다면 정말 중요한 정보를 놓칠 위험이 도사린다. 4가지 황금율, 바로 핵심질문들은 EMD를 지키는 방패가 될 수도 있고 바로 지척에서 EMD를 물려고 호시탐탐 노리는 독사가 될 수도 있다. 응급구조사는 환자 처치, 현장 안전, 그에 따른 대응에 필요한 정보를 2차 검진을 통해 파악한다. 이렇게 정보를 수집하는 과정에서 빠뜨린 점이 생기면 엉뚱하게 반응을 하게 되고 당연히 환자처치도 제대로 하지 못하게 된다.

우리 스스로에게 자문해보자. 당신은 당신이나 가족이 병원 응급실에 갔는데, 의사가 문진이나 검진을 완벽하게 해주기를 바라는가, 대충 하기를 바라는가?

여기서 꼭 명심하자! EMD의 질문에 따라서는 신고자가 다른 답변을 하기도하고, 그래서 환자 평가가 전혀 다르게 나오고 그 결과 신고자에게 엉뚱한 처치를 지시 할 수도 있으며 출동 구급대원에게 틀린 정보를 전달할 가능성이 항상 있다는 사실을 반드시 명심해두자. EMD는 신고자가 묻지도 않았는데 말한 것을 가지고 넘겨짚어서는 안 된다. 주의 깊게 보지 않으면 눈에 잘 띄지 않는 법이 세상의 이치이다.

출동 지시에 필요한 사항들이 빠짐없이 기술된 지침서대로만 한다면 눈에 띄지 않던 것이 보일 것이다. 물론 지침서는 성경(The Bible)이 아니다. 수정이 필요해지면 바꿔야한다. EMD의 교육이란 사실 지침서대로 하라는 것이다. 그 내용을 변경하거나 임의적인 질문, 정보가 아니라 지침서에 나와 있는 질문과 내용대로 하라는 것이다.

5. 업무의 차이

EMD의 업무는 원격 통화, 즉 직접 상대를 보면서 하는 게 아니라 전화상으로 이루어진다. 물론 눈부시게 발전하는 통신기술을 보면 상대를 보면서 접수를 받고 의료지도를 하는 모습이 일상이 될 세상이 코앞이긴 하지만 아직은 미래의 일이다. 그리고 EMD의 상대는 대체로 환자 자신보다는 신고자인 가족이나 다른 사람들로 EMD가 이들과 서로 얼굴을 마주보면서 하는 일이 아니기 때문에 무엇보다 대화 술기가 아주 중요하다.

이런 한계에도 불구하고 EMD는 검증된 지침서에 따라 질문을 함으로서 필요한 정보를 얻고 그 상황에 적절한 구급대를 출동시키고 충분한 정보를 제공하는데 큰 어려움은 없다. 물론 이런 공간적인 물리적 구속 말고도 구급출동의 속성에 기인하는 시간의 제약이 있다. EMS에 속한 EMD가 단 60초 동안의 대화만으로 그 상황과 확정 진단은 아니지만 환자 상태에 대한 진단을 내려야하는 특성을 적절하게 나타내는 "60초의 딜레마"라는 말이 몇 년 전부터 사용되고 있다. 환자를 처치하려면 그에 앞서 정확한 진단과 평가가 선행되어야 하는데 그 진단과 평가를 60초 내에 마쳐야 하는 그것도 어쩌다 한 번이 아니라 지속적으로 그래야하는 응급의료 종사자는 의사건 간호사건 거의 없다. 그런데 왜 60초인가? 구급출동 결정과 이 60초 사이에 어떤 과학적 타당성이 있는 것도 아니라는 사실이 무척 당혹스럽다.

사실 60초는 꼭 지켜야하는 규칙도 아니고 절대적인 상한선도 아니다. 다만, 이 60초는 예외적인 경우를 제외한 대부분의 신고에서 추구하던 하나의 목표로서 준수되었을 뿐이다. 사실 구급출동을 시키는데 걸리는 시간을 60초가 되면 폭발하는 시한폭탄처럼 여길 필요까진 없다. 응급상황이라고 해도 대부분의 경우는 생명을 위독하던 아니던, 1-2초에 따라 눈에 띄게 상태가 악화되는 출동은 그렇게 많지 않다. 이점을 염두에 둔다면, 분초를 다투는 응급상황이 아닌 대다수 구급출동에는 75초 내지 90초가 훨씬 더 현실적인 목표라 하겠다. 이처럼 우리가 초단위로 시간을 따지는 이유는 단지 빠른 구급출동이 목표가 아니라 그것이 바로 올바른 구급 활동의 첫 시작이기 때문이다.

6. EMD의 딜레마

119나 112같은 응급신고는 공공기관의 민원상담이나 홈쇼핑, 카드회사의 고객 불만센터에 접수되는 전화와 그 성격이 전혀 다르다. 어떤 조직에 속해있던, 민원이나 고객의 불만 사항을 접수하는 직원이라면 한 사람의 고객에게 성의껏 귀 기우려주고 그 응대에 최선을 다해야한다. 물론 119신고 접수자인 EMD 역시, 신고자에 대한 기본 태도야 일반 조직의 담당자와 다르지 않다고 본다. 그럼 119신고는 어떤 특성이 있는가? 119신고는 하나하나 차례를 지켜가면서 접수되지 않는다. 119신고의 특성의 하나가 바로 예측할 수 없다는데 있지 않는가? 이런 비예측성에다 긴급성이 바로 119신고의 특성이다. 따라서 상담이나 불만 전화가 폭주할 때 고객이나 민원인을 몇 분, 또는 한참을 기다리게 하거나 다시 전화하도록 하는 일반 조직처럼 할 수 없다는데 딜레마가 생긴다. 신고가 계속 들어온다고 해서 신고를 받자마자, 바로 구급대를 출동시킬 수도 없다. 지금 신고자는 생명을 다투는 응급상황이 아니지만 다음 신고자는 3-4분 내에 구급서비스가 필요한 심정지 환자, 즉 Minutes is Life인 환자일 수 있기 때문이다. 물론 구급 자원에 한계가 없다면, 구급수요를 100% 충족시킬 수 있다면 이런 딜레마는 생기지 않는다. 그러나 세상에 그런 조직은 없다. 한 사람의 개인이든 조직이든 모두 한정된 자원을 가지고 그 존재 이유를 위해 그 자원을 그 중요도에 따라 배분하고 효과적으로 사용하고자 사투를 벌인다. 어쨌든 신고가 폭주하면 현재 접수중인 신고와 다음 신고사이에서 적절한 균형이 필요하다. 현재 신고가 중요한가? 전체 시스템이 원활하게 운영되도록 하는 것이 중요한가? 하는 문제는 쉽게 해결하기 어려운 난제임에 틀림없다. 한 사람의 신고를 접수받는 동안 EMD는 그 신고자 개인의 대변인이기도 하지만, 상황실이 원활하게 운영되도록, 즉 다음 신고자가 기다리지 않도록 하는 역할 역시 포기할 수 없다. 이런 중요한 원칙을 고수하면서 서로 충돌하는 가치 사이에서 균형을 잡으려면 EMD는 계속 이어지는 신고들의 우선순위를 효과적이고 안전하게 구별해서 처리해야한다. 그리고 이런 원칙은 개별적인 신고 하나를 접수하는 과정에도 그대로 적용된다고 하겠는데, 질문의 우선순위를 통해 필요한 정보를 얻는 방법 등이 그렇다. 그리고 이는 CBD와 MPDS와 같은 시스템과 출동지침서 그리고 EMD의 교육이 뒷받침 되어야 가능할 것이다.

7. 의료전문가로서의 EMD

신고 내용에 따라서는 더 걸리기도 하지만, 구급출동은 단 1분 남짓한 시간 내에 환자 평가와 결정이 내려진다. 다른 응급의료 분야에서는 있을 수 없는 일이다. 애석하지만 구급대원이나 응급의료 종사자들은 EMD을 응급의료의 한 일원으로서 여기지 않았었다. 그래서 EMD는 응급의료 전문가와 그냥 응급 관련 조직에 속한 사람 사이에서 어정쩡한 위치에 놓여있었다. 이처럼 EMD가 응급의료 전문가로 인정받기 어려웠던 이유 중의 하나는 바로 EMD의 역할과 그 일이 의료 행위인가에 대한 인식부족에 있었다. 병원 전 환자 처치 종사자 대부분은 공공조직과 응급의학 전문의에게 의료지도와 통제를 받는다. 이와 다르게 EMD는 대체로 소방서나 정보센터와 같은 조직에 속해있다. 그래서 EMD에 대한 의료통제와 관리가 부실한 곳이 적지 않다. 질 관리와 개선은 전혀 이루어지지 않고 EMD로서 인증마저 받지 않았던 것이다. 그러나 교육을 제대로 받은 EMD의 역할은 다른 의료 전문가가 환자에게 해주는 것과 유사한 지침서에 바탕을 두고 이루어진다. 단, 두 가지 점이 다르다. 하나는 환자와 직접 접촉하지 않는다는 점. 그리고 아주 짧게 주어진 시간 내에 결정을 내려야 한다는 점이 다르다.

8. 전문응급처치 전문가로서의 EMD

교육을 이수한 EMD은 기본응급처치 제공자정도로 여겨져 왔다. 이런 인식에 어떤 EMD가 자조적인 말투로 "맞습니다. 우린 응급처치 보조자죠 뭐!." 라고 말했던 기억이 난다. 그러나 EMD에 대한 이런 생각은 틀렸다라고 말하고 싶다. 그 교육 과정에서 가장 중요한 핵심 과정의 바탕은, 특히 우선 출동은 정말 전문응급처치 제공자로서의 역할이다. 그 역할은 잘 모르는 사람들이 이런 오해를 하는 까닭은 EMD가 CPR이나 하임리히법, 기도 유지 같은 기본적인 응급처치 업무만 하는 것처럼 보이기 때문이다. 물론 EMD는 이런 응급처치를 알아야한다. 그러나 내가 할 줄 아는 것과 내가 아는 것을 설명하는 것은 다르다. 응급 상황에서 그런 처치를 신고자가 할 수 있도록 지체 없이 알려주는 것이 쉬운가? 쉽지 않다.

사실 응급실 의사나 간호사가 배운 것에 토대를 두고 EMD 교과 과정 대부분이 이루어졌다. 출동 원칙의 하나로 가르치는 예를 한번 들어보자. 어린이나 젊은 사람이 심정지 상태라면 다른 원인으로 확인되기 전까진 먼저 기도폐쇄로 인한 심정지를 의심하도록 하는데, 이런 내용이 없는 응급구조사 교과서가 상당히 많다. 그래서 응급구조사들은 이 원칙을 응급실 의사에게 배웠다. EMD도 이 정도는 배워야 하기 때문에 그 교육과정에 파라메딕이나 응급의학 전문의들의 참여가 필요하다. 이런 ALS과정의 전문가 들이 강사로서 참여하지 않는 EMD교육 과정은 없다. 보이지 않는 환자를 자세하고 폭넓게 평가하고 신고자에게 막힘없이 처치 지시를 하려면 EMD는 ALS수준에서 정보를 얻고 생각해야 하기 때문이다. 그런데 EMD가 ALS수준의 지식이 있다면 지침서는 없어도 되지 않을까? 매일 반복되는 업무고 의사들도 정해진 지침서없이 일만 잘하지 않는가? 이렇게 말하고 싶다. 의사는 의료인이지만 사실 EMD는 의료인은 아니다. 의사는 직접 진찰과 치료를 하지만 EMD는 지침서에 따라 할 수 밖에 없다. 의사들은 법적으로 이런 의료행위를 하도록 법으로 규정되어 있고 그전에 의과대학에서 엄격한 교육을 마쳐야한다. 또 인턴, 레지던트 과정을 거쳐야한다. 경험이 풍부한 선배 의사에게 수 년 동안 지도도 받는다. 이렇게 1만 시간에 달하는 교육을 받은 초보의사나 인턴을 우리가 아마추어라고 부를 순 없다. 그럼에도 전문가인 그들 역시 환자를 보면서 환자 치료에 필요한 정보를 수시로 확인한다. 의사 가운 주머니에 그들이 틈나는 대로 확인하는 책들이 있지 않는가? 일종의 보조 뇌라고 할만하다. 시간에 쫓기는 상황에서 자신의 판단이나 처치가 맞는지 책을 보고 확인하는 것이다. 이런 포켓북이 그들에게는 지침서에 해당한다. 1급 응급구조사인 파라메딕는 천 시간에서 천오백 시간, 다른 응급구조사는 백오십 시간 내지 이백 시간 교육을 받는다. 현재 EMD에게 필요한 최소한의 교육 시간은 미국의 경우 24시간이다. 이렇게 보면 EMD에게 또 하나의 뇌, 즉 지친서가 필요한 이유는 자명해진나. 이런 보조 뇌가 용량이 꼭 커야할 필요는 없지만, 체계적이고, 의학적으로 타당하면서 최신 지식이 반영되어 있어야한다.

EMD나 다른 병원 전 응급처치 전문가, 즉 구급대원은 그 업무를 지침서에 바탕을 두고 행한다. 이런 지침서가 바로 EMD가 구급대 도착 전 응급처치 안내(Dispatch Life Support)를 할 때 지도의사로부터 그 업무에 대한 위임을 받는 근간이다.

이 지침서는 EMD의 다음과 같은 업무에 중요한 영향을 미친다.

- 구급 출동 지시와 관련된 기본 역할
- 환자와 그 상황에 대한 평가 기준의 표준화
- 획득한 정보를 활용하는데 집중토록 함
- 질문할 내용을 표준화시켜 EMD 개인의 편견 및 오류를 줄여줌

ㅇ 환자 상태에 대한 정확한 진단 및 확인 그리고 필수 처치 사항의 의학적 토대
ㅇ 환자 상태를 묻고 진단하는 과정을 최적화시켜 환자 평가에 드는 시간을 줄여줌
ㅇ 응급상황에서 신속하고도 체계적인 환자평가 및 처치가 가능토록 함.

의사나 간호사들도 소생술이 필요한 환자나 외상환자에게 활용하는 일종의 지침서가 있다. 심정지나 뇌졸중환자의 치료 알고리즘이 그 예로, 환자들을 문진하고 검사하고 치료하는 순서들이 적혀있어, 신속하면서도 체계적인 치료가 가능토록 도와준다.

9. EMD와 의료통제

응급상황관리자는 이제 응급의료체계의 당당한 일원으로서 소생의 고리(the chain of survival)의 전문적인 첫 번째 고리로 폭넓게 인정받고 있다. 그런 만큼 그에 대한 책임성 역시 더 많이 요구되고 있다. 이들이 응급상황에 처한 시민들과 매일 접촉하기 때문이기도 하고 시민들이 상황에 적합한 조치를 하도록 응급처치에 초점을 둔 정보의 제공이 필요하기 때문이기도 하다. 이런 이유에서 구급출동지시 과정은 의료통제의 주목을 받게 되었다. 그렇지만, 최근까지도 응급상황관리자에 대한 의사의 감독은 병원 전 처치의 다른 영역에 비해 상당히 뒤떨어져 있었다. 이런 발전과정과 어깨를 나란히 할 수 없었던 주된 이유는 응급상황관리자라는 실체가 그동안 가려져 눈에 띄지 않았기 때문이다.

응급상황관리자와 상황실에 대한 의료지도와 통제는 응급의료체계 소속 의사에게 주어진 책임 중 하나이다. 자기 부인의 출산을 돕도록 그 남편에게 전화로 응급처치를 지도하는 장면을 생각해보자. 또는 정확하면서 유용한 응급처치를 전화로 제공하는데 필요한 정보를 파악해서 전해주는 방법을 생각해보자. 상황이 허락한다면 응급상황관리자는 구급대원이 현장에 도착했을 때, 어떤 정보를 환자에게 알려줬는지 요약해서 대원들에게 얼굴을 보면서 말하듯 전달해야한다.

응급상황관리자는 미국만이 아니라 국제적 표준에 맞게 의학적 통제를 길잡이 삼아 그 임무를 수행해야한다. 응급처치를 중재할 기회가 증가하고 있기 때문에라도, 그 업무는 질 확인과 개선 과정의 일환으로서 똑바로 그리고 계속적으로 평가되어야한다.

10. 현장 대원과 EMD의 협력

이제 EMD를 의료 전문가로, 환자가 직접적인 처치를 받기 전에 환자를 처치하는 동료로 받아들일 때가 되었다고 본다. 물론 일정한 조건이 충족되어야 한다는 전제하에서 말이다. 즉, 그들이 그 업무를 제대로 해낼 수 있는 CBD나 MPDS와 같은 시스템, 지침서, 충분한 교육과 훈련이 우선되어야 한다. 구급출동 지시는 무조건 빠른 것보다 정확하게 하는 것이 더 중요하다. 바로 이 점

을 우리 모두 이해하고 받아들여야 한다. 지침서란 나에 대한 불신과 제재의 수단이고 단순히 나를 로봇취급하면서 의료인이 할 일이 아니라고 매도하기 보다는, 현장 대원과 EMD 모두에게 환자 평가와 진단을 신속하게 해주면서도 그 신뢰도를 높이는 유용한 도구라는 인식이 중요하다.

EMD의 전문화를 위해서는 외부의 도움이 필요하다. 외부 전문가는 다음과 같은 방법으로 EMD의 전문화를 촉진시킬 수 있다. 병원 전 처치에 관한 조사에 EMD를 포함시키고, 논문을 작성하거나 언론에 글을 쓸 때 응급의료의 한 축으로 EMD를 언급하는 방법, 의료 통제의 범주 안에 EMD를 포함시키기, 현장 대원과 EMD 업무에 대한 합리적 평가 등이 그것이다.

EMD 역시 자신의 업무가 전문직임을 인정받도록 스스로 노력해야한다. 지속적으로 교육에 참여함으로써 비교적 새로운 분야에 해당하는 이 분야 업무의 전문성을 쌓고 지침서의 인증과 재인증 과정에 발맞추어 시대에 뒤떨어지지 않도록 노력해야한다. 지침서의 갱신, 시민들의 불만이나 태도에 휘둘리기 보다는 진정한 구급 서비스의 지향, 신고가 접수되었을 때, 신고자가 극도로 불안해하거나 말하기 꺼리는 상황이든, 어떤 상황에서도 사람에 대한 깊은 존중의식을 유지하고 증명하는 조직, 이런 태도를 EMD 자신과 책임 있는 자리에 있는 사람들이 보인다면 결국에는 EMD가 응급의료 전문가로 인정받는 날이 오리라 확신한다.

EMD와 현장 구급대원과의 협력과 관련해서 꼭 덧붙이고 싶은 말이 있다. 또 다시 언급하기에는 너무 당연한 말이지만, 119신고 접수와 현장대원의 환자 평가 및 처치는 119의 응급상황 대응이라는 동일한 과정에 포함되어 있는 서로 다른 임무일 뿐, 따로 떼어놓고 생각할 수 없다. 당연히 EMD와 현장 구급대원은 서로 긴밀하게 연결되어 있어야 하고 또 협력해야 한다. EMD의 신고접수 및 출동지시는 환자처치에도 큰 영향을 미친다. 특히, 심정지나 다발성 외상처럼 응급처치가 신속하게 이루어져야 하는 생명이 위급한 상황에서라면 그 상황 전체를 조망하고 있는 EMD의 구급차 출동 지시 및 조정에 따라 현장대원이 처치한 환자의 결과에도 결정적인 차이가 생길 수 있다. 그럼에도 불구하고 우리 한국의 현실은 그렇지 못하다. 구급처치는 구급대원이 현장에 도착해서 직접 환자에게 해주는 것이고 상황실은 구급신고만 간단히 받고 출동지시만 빨리 내리면 된다는 생각이 여전하다. 그리고 출동지시를 받은 구급대에게는 언제나 신속한 구급차 출동을 강조한다. 그러나 응급상황이 발생한 현장에 가까운 구급대는 정작 비 응급환자를 이송중이고, 멀리 떨어진 다른 관할의 구급대가 출동지시를 받았다면 신속하게 차고를 벗어난다 한들 얼마나 대응시간을 줄 일수 있겠는가 말이다. 더구나 구급차가 빨리 차고를 출발했다고 해서 현장까지 금방 도착 할 수 있는 것도 아니다. 꽉 막힌 도로, 수 십 미터마다 걸리는 교통신호나 횡단보도, 복잡한 골목과 따닥따닥 붙어 있는 집들, 아직은 부족한 시민의식 등등, 구급대원이 현장으로 가는 길마다 지뢰와 같은 장애물이 곳곳에 도사리고 있다고 보면 된다. 결국 이런 식의 대응은 119와 같은 위기대응 기관이 하기에는 너무 아마추어와 같은 방식이다. 그렇다고 구급대가 무조건 응급상황이 발생하기만을 기다리고 있어야 한다는 의미는 아니다. 다만, 한정된 구급자원을 '인명구조 최우선' 이라는 119 최대 화두에 걸맞게 운영하고 있는지 반성해볼 필요는 있다. 방법을 찾아야 한다. 그 방법 중의 하나가 바로 우선출동지시체계, 즉 MPDS와 CBD을 운영할 EMD의 육성이라고 하겠다. MPDS와 CBD는 나중에 자세하게 소개할 것이다. 나는 여기서 EMD에 대한 네 번째 오해 '신고 접수자에게 응급처치에 대한 전문성은 중요하지 않다' 와 'EMD와 의료통제' 에서 언급된 것처럼 응급상황관리자가 꼭 구급대원일 필요는 없는지 짚어보고자 한다. 오늘날 미국에서는 응급상황관리자로서 EMT나 Paramedic같은 다양한 현장 경험이 꼭 있어야 한다는 생각이 더 이상 통용되는 것 같지는 않다. 특히 MPDS에서 그런 생각이 강하다. 그렇다면 우리도 구급대원이 아닌, 말하자면 소방관이라면 누구나 119 구급신고접수와 출동지시 업무를 제대로 해낼 수 있을까? 지금처럼 상황실 근무자에게 많은 것을 바라지 않고 단순 신고 접수와 출동지시만을 기대한다면 문제는 없을 것이다. 그러나 나는 현장 경험이 풍부한 EMT가 EMD업무를 더 잘해낼 수 있다고 확신한다.

Journal of Emergency Medical Services(JEMS) 1981년 2월호에 실린 제프 클라우슨의 논문 '우선출동 훈련(Dispatch Priority Training) : 취약한 고리 강화' 1)를 보면 이 문제와 관련해서 우리가 얻을 수 있는 교훈이 있다. 미국에서 우선출동시스템을 시작할 무렵, 상황요원 양성을 위해 교육프로그램을 만들어 교육을 시켰지만 교육을 마친 일반 직원은 물론이거니와 응급구조사교육과 상황요원 양성 교육을 모두 받은 몇 안 되는 상황요원마저 현장 경험이 없어 교육 받은 이론을 구급 출동에 접목시키지 못했다는 것이다. 이에 상황실 요원의 응급상황 대처 능력을 향상시킬 목적으로 출동이 먼저 필요한 상황을 카드로 만들어 활용하는 방법을 고안했고 이것을 자꾸 개선하다보니 오늘 날 컴퓨터 프로그램 형태(Pro-QA)의 지침서로 까지 발전하게 되었던 것이다. 이렇게 우선출동 시스템의 역사가 거의 40년 가까이 되는 미국에서야 EMD가 꼭 EMT나 Paramedic 같은 구급대원일 필요가 없을지 모른다. 이제 EMD에 대한 교육체계가 잘 만들어져 있고 EMD로 일하려면 자격증을 취득해야 할 뿐만 아니라 업무에는 컴퓨터 지침서가 활용되기 때문일 것이다. 그러나 우리의 실정은 미국과 같지 않다. 상황실 요원에 대한 교육 프로그램도 없을 뿐 아니라 우선출동시스템도, 지침서도 없는 실정이기 때문이다. 또한 2급으로 일하다 상황실에서 근무하거나 심지어 구급경험이 전혀 없는 사람이 상황실에서 근무하다보니 여러 문제가 발생하면서 현장과 상황실이 유기적인 협조체제를 갖추지 못하게 되었던 것이다. 이런 여러 가지 이유에서, 아직 우리나라는 상황실에 구급현장 경험이 있는 EMT, 특히 1급 응급구조사인 Paramedic이 근무를 해야 한다고 생각한다. 굳이 현장 경험이 많은 Paramedic이 상황실에서 근무하기를 바라는 이유에는 신고자와의 전화통화만으로도 현장상황이나 환자 상태에 대한 파악과 같은 전문적인 이유 말고도 또 다른 문제가 있다. 바로 구급대원의 열악한 근무여건이다. 병원 전 응급환자 이송을 도맡다시피 하는 119구급대의 근무 형태는 서울의 경우, 이제 겨우 3교대가 실시되었고, 다른 지역은 아직도 2교대 근무자가 더 많은 형편이다. 그러다보니 현장에서 오랫동안 혹사당한 구급대원 중에는 질병에 시달리기도 하고 여성 대원의 경우에는 출산을 앞둔 몸으로 출동을 해야 하는 게 우리의 현실이다. 상황실과 인적 교류가 부족한 형편에서 상황실과 현장이 동떨어져 서로 이해가 부족한 것은 물론이다. 이런 여건에서 상황실과 현장대원간의 인사교류가 일정하게 이루어진다면 현장에서 지친 구급대원에게 새로운 활력소가 될 것이다. 아울러 임신을 한 현장 여직원에게는 업무 부담을 줄여주면서 인적 활용을 높이는 효과가 있다고 본다. 또한 새로운 업무를 맡아

EMS 시스템 전체를 조망하면서 응급구조사로서의 능력을 향상시킬 기회도 될 것이다. 순환근무도 괜찮다고 생각한다. 일 년에 한 두 번은 일주일정도 상황실 직원은 자신이 맡고 있는 지역의 구급 출동업무를, 현장직원은 상황실에서 신고자 접수 및 출동지시 업무를 바꿔 한다면 서로에 대한 이해도 깊어지고 업무 협조도 수월해질 것이기 때문이다. 정기적인 인사교류든 일시적인 순환근무든 상황실과 현장직원의 근무인원을 비교하여 이와 같은 인사제도를 시행한다면 그리 큰 문제는 없다고 생각한다. 물론 상황실에 응급구조사가 근무한다고 해서 바로 상황실의 위기대응 능력이 향상되지는 않을 것이다. 여전히 시스템과 교육은 필요하기 때문이다. EMD에게 필요한 교과목과 교육은 분명 현장 구급대원의 그것과는 사뭇 다르기 때문에 EMD로서 일하려면 현장 경험이 많은 구급대원이라도 반드시 EMD 교육을 받아야 할 것이다.

11. 상황실 변화의 걸림돌과 새로운 시대

상황실이 발전하는데 가장 큰 걸림돌은 대부분의 경우, 바로 그 변화를 향한 첫 발을 떼기가 힘들다는 점이다. 협력과 조정이 정말 절실히 요구되는 연결고리가 취약한 계층적 조직에서 변화가 일어나려면 조직 내 상하 모두에게 아낌없는 지원과 하고자 하는 의지가 넘쳐야한다. 변화보다는 지금 이대로가 좋다고 생각한다면, 특히 결정권을 가진 사람들이 그렇게 생각한다면 이처럼 힘이 빠지는 일은 없다. 그러나 상황실을 자원을 아끼고 효과적으로 운용할 그런 조직으로 변모시키고자 하는 혁신가나 변화의 새 물결은 완고한 관료조직 마저도 EMD에 대한 사고방식을 변화시켜왔다. 구급출동을 국제적 표준에 맞추고자 하는 인식이 점차 확산되면서 우선출동 시스템을 실행하고자 하는 주장이 점점 더 힘을 얻어가고 있다. "기저귀가 젖은 아기만이 변화를 좋아하는 유일한 사람이다."라는 말이 있다. 변화에는 노력과 열정과 헌신이 필요하다. 반면에 현상유지는 얼마나 편한가? 뭔가 새로운 것이 기존의 것을 허무는 과정이라면 변화에 대한 저항은 더욱 거세다. 신고가 들어오면 그냥 구급차만 출동시키면 되지 무슨 정보가 필요한가? 응급과 비응급의 구분이 왜 필요한가? 전화로 어떻게 응급과 비응급을 판단내릴 수 있는가? 또 이것저것 꼬치꼬치 캐묻는다는 시민들의 항의는 어떻게 할 것인가? 우선 구급차만 출동시키면 상황실과 직원들의 역할은 다 한 것이고 나머지는 출동대원들이 알아서 할 일이라는 바로 이런 생각들이 상황실 변화의 걸림돌은 아닌지 자문해 볼일이다. 그래서 변화에 따르는 귀찮고 힘든 측면을 최소화하는 쪽에 무게중심을 두는 쪽이 그 성공을 위해 더 현실적이고 효과적이지 않을까 싶다.

변화에 성공하려면 우리 인간이 얼마나 습관에 사로잡혀 사는 존재인지 직시할 필요가 있다. 현재 상황실 요원들이 신고자의 주소나 위치, 전화번호나 다시 확인하고 전화를 끊는다면 새로운 습관을 반드시 배워 익혀야한다. 변화를 가로막는 또 다른 걸림돌은 바로 두려움이다. 낡은 시스템을 그대로 두는 것이 조직에 최선의 대안인가 여부에 상관없이 시대에 뒤떨어진 지금 시스템에 익숙해져 있다면 변화보다는 그 현상유지가 훨씬 더 쉬워진다. 교육은 변화 과정을 최대한 수용토록 한다. 우선출동이 최고의 시스템임을 확신한다면 변화에 반대하는 사람들에게 그 이점과 그렇게 하지 않았을 때 발생할 위험에 대해 알려야한다. 조직내에 이런 변화를 지지하는 분위기가 형성되어 있다면, 특히 그 지지자가 변화에 대한 결정권을 가진 사람이라면 변화는 급물결을 탈 것이다. 다행히 우리나라에도 우선출동 시스템에 대한 인식이 점차 확산되면서, 이 시스템을 상황실에 도입하는 방안이 진행되고 있다. 이제는 더 이상 상황실이 음지에서 묵묵히 일하는 현장대원들에게 제약이 되어서는 안 된다. 한때는 병이 있거나 다친 직원들을 모아놓는 곳 정도로 상황실을 여겼던 때도 있었지만, 이제는 상황실 근무가 전문성을 인정받고 일하고 싶은 곳이 되어야 한다.

앞에서 누누이 언급한 응급정도에 따른 선별적 구급출동이 구급서비스의 질을 저하시키지 않는다. 여러 대의 구급차가 질주하는 극적인 모습은 보기 어려울지 모르지만 선별적 우선 출동은 여러 면에서 환자 처치의 질을 향상시킬 것이다. 구급차 사고도 줄어들고 구급대원은 현장에 도착하기 전에 현장 상황과 환자 상태를 더 정확하게 파악하게 되어 그에 대한 대비도 더 철저하게 할 수 있을 것이다. 결국 직원들이 구급업무에 더 열의를 가지고 일하는데도 영향을 끼친다 하겠다. 현장 대원 입장에서 볼 때 출동 중인 상황에 어떤 처치 술기가 필요한지 미리 파악할 가능성이 높아진다면 아주 바람직한 일이다.

공공조직의 서비스가 좀 더 낮은 비용으로 제공되기를 바라는 압력은 지속적으로 강해질 것이다. 그리고 이런 시대에서 우선출동 시스템은 119상황실이 지금까지 해왔던 임기응변식 대응이 아니라, 적어도 응급처치 교육을 받은 통신전문가인 EMD의 업무 영역 내에서 만큼은 미리 문제를 파악하여 대비할 역량을 가지고 대처하도록 해준다고 확신한다.

1) 이 책 3부 부록에 번역 수록하였다.

EMD의 역할과 책임

EMD의 역할과 책임은 119신고에 대한 최초반응자인 응급상황관리자(EMD)를 이해하는데 꼭 필요한 토대이다. 응급의료시스템, 특히 병원 전 119 구급서비스의 성공과 실패는 EMD의 전문성과 우선출동시스템의 활용도에 따라 크게 좌우된다.

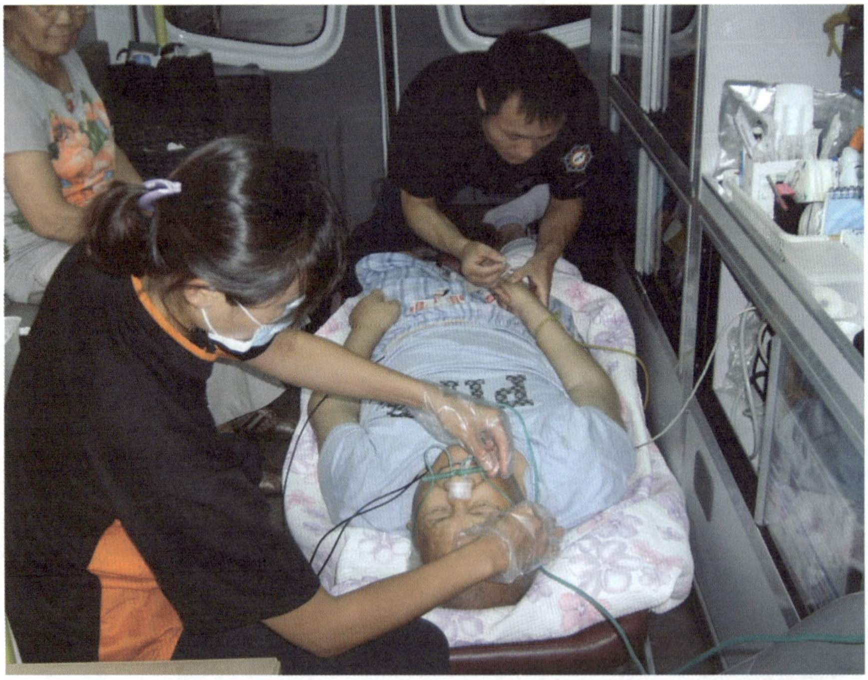

EMD의 역할은 현장 구급 대원의 환자 처치와 그 결과에 커다란 영향을 미친다.

1. EMD의 역할

EMD의 실제적인 역할을 요약하면 다음과 같다.

(1) 신고접수(Input)

어떤 응급상황이 발생해서 시민이 119에 도움을 요청할 때, 처음 접촉하게 되는 사람이 바로 EMD이다. 119같은 조직을 가동시키는 최초의 정보가 이들을 통해서 얻어지는 것이다. 응급 신고는 여러 건이 동시에 접수되기도 한다. 그리고 응급 상황은 아주 다양하고 복잡하기 때문에 그에 따른 적절한 정보를 파악하기란 결코 쉽지 않은 일이지만 전문 EMD는 이를 해낼 수 있다. 각각의 신고 상황에 맞게 환자 구조 및 처치를 성공적으로 수행하기 위해서는 정해진 표준 절차에 따른 전문가적인 결정이 필요하다. 이는 환자 처치의 실행에 있어 개인의 임의적 판단이 아닌 표준화된 절차를 지킴으로써 바람직한 처치와 최상의 결과를 얻을 수 있다고 하겠다. 신고를 받은 EMD는 출동대원이 현장에 도착하기 전까지는 그 상황을 가장 많이 알고 있는 사람이다.

(2) 분류(Triage)

EMD는 조직 자원을 그 역할에 맞게 가장 적절하게 배분한다. 이런 역할은 119에 신고를 한 이유를 파악하고 그 신고의 심각성, 즉 생명이 위급한 응급상황과 응급의 정도가 덜한, 즉 일반 응급처치 구급차나 2급 응급구조사만으로도 충분하고 긴급 출동이 필요치 않은 신고를 구분함으로써 가능하다. 조직 자원의 과도한 사용과 출동 대원의 불필요한 긴장도를 줄이는 문제는 무시하고 넘길 수 없는 중요한 문제이다. EMD는 한정된 조직 자원이 가장 공공의 이익에 부합되도록 분배해야 한다.

(3) 출동 지시와 출동 대원과의 통신(Output)

출동 대원과의 통신은 입력과 출력의 마무리라고 할 수 있다. 현장에 출동하는 대원들은 이들로부터 출동에 꼭 필요한 정보, 이를 테면 현장의 위험물질이나 폭력, 정확한 위치, 환자 상태의 변화 등을 계속해서 전달 받는다.

(4) 전략적 조정

응급상황관리자는 사항 전체를 꿰뚫고 있어야한다. 또 모든 대원들의 위치를 항상 파악하고 있어야한다. 그래야 그 넓은 관할 지역의 응급 상황에 맞게 조직자원을 부족함이 없이 분배할 수 있기 때문이다. 조정해야 할 조직자원은 인적, 물적, 시간적 자원으로 나눌 수 있다. 인적 자원(human resources)이란 구급, 화재 진압, 구조대원 등 현장에 필요한 모든 활동 대원을, 물적 자원(material resources)이란 구급차, 장비 등을 말한다. 시간 자원(time resource)이란 119에 던져진 문제를 해결하는데 주어지는 시간을 말한다. EMD에게 주어진 가장 중요한 자원으로서 핵심적 관리대상 자원이라 하겠다. 예를 들어 심정지 환자가 발생했다면 우리에게 주어진 시간 자원은 4분 내지 5분이라 할 것이다. 그 4-5분 내에 구급 서비스가 제공되어야 한다. 따라서 EMD는 자신이 맡고 있는 지역 내 구급자원의 규모와 운영사항, 출동 진행사항 등을 프로 바둑기사가 바둑판을 보듯 확실히 파악하여 최고의 응급상황에 응급자원이 가장 신속하게 투입될 수 있도록 조정하고 분배하는 기능을 수행해야만 한다. 이를 위해 EMD는 유, 무선 통신을 장악해야 한다. 여러 주파수를 사용하는 각 출동대를 조정하고, 동일한 상황에 출동했지만 서로 통신이 안 되는 여러 팀을 연결해 주는 것도 이들의 임무이다. 특히, 응급상황이 발생했을 때는 비 응급상황의 단순 출동, 도착보고를 잠시 중단 시키더라도 응급상황의 통신이 원활하게 이루어지도록 하는 것도 EMD의 역할이다. 이것이 가능하면 현장 대원은 지원 출동 요청 등 조직의 현재 상황에 대한 걱정을 할 필요가 없다. 오직 현장 업무에 집중하기만 하면 된다.

(5) 가용 자원의 동원과 체계화

EMD는 필요한 자원을 연결, 체계화 시켜야한다. 현장에서 작업 중인 구급대의 요청에 따라 자신의 관할 내 다른 구급대나 인근 지역 구급대를 추가 출동시키기도 하고 경찰, 독극물센터, 위험물질관련 기관, 아동 보호 기관, 전력회사 등 현장 대원이 필요로 하는 지원을 제공해야한다. 다른 기관과의 협력은 직통전화나 무선 통신을 통해 이루어진다. 응급 사항을 해결하기 위해 다른 기관에게 지원을 요청하기도하고 특정 사항을 책임지고 있는 담당기관, 예를 들면 한국 전력공사나 수도 공사에 업무를 인계하기도 한다. 이처럼 정보가 돌아가는 바퀴의 중심축인 상황실에서 근무하는 EMD는 무엇이 필요하고 그 필요한 자원을 어떻게, 어디서 찾아내야 하는지 파악하고 있는 전문가라 하겠다.

(6) 전화를 통한 응급처치

그 성공사례가 언론에 여러 번 보도된 덕분에 가장 널리 알려진 EMD의 역할이다. 1974년 애리조나 피닉스 소방서 소속의 빌 툰(Bill Toon)이라는 Paramedic이 그 최초 사례로 기록되어있는데, 그 이후로 구급대 현장 도착 전 전화를 통한 의료지도가 성공한 사례로 수 백 건씩 기록되었다고 한다. 이제 시민들은 신고 접수만 바라지 않는다. 자신이 처한 응급상황에 대처 할 수 있는 실제적인 도움을 신고 접수자에게 기대하는 것이다. 신고를 받고 구급대를 출동시킨 다음, 신고자에게 행동 요령을 설명하는 출동지시 후 안내(Post-Dispatch Instructions)나 출동한 구급대가 현장에 도착 할 때까지 응급처치를 설명(Pre-Arrival Instructions)하는 것이야말로 EMD 업무의 기본이라 하겠다. 이 외에도, 구급대에게 환자 상태나 현장 상황에 관한 적절한 정보를 제공함으로써 출동 중에 미리 준비할 수 있는 기회를 제공해준다. 설사 생명이 위급한 상황이 아니더라도 EMD는 전화 통화만으로도 응급 상황에 긍정적인 영향을 줄 수 있는 기회를 갖게 되었다고 할 수 있다.

전화를 통한 응급처치에서 EMD의 역할이 중요한 이유

환자 소생에 있어서 현장 대원의 응급처치 못지않게 중요한 고리로 EMD의 전화를 통한 응급처치를 들 수 있는데 그 이유는 다음과 같다.

- 신고자가 구급신고에서 처음으로 접촉하는 사람이 바로 EMD이다.
- 출동 가능한 구급자원과 그 처치 범위를 신고접수와 동시에 즉각 파악할 수 있는 거의 유일한 사람이 EMD이다.
- EMD는 환자에게 필요한 것을 확인하기에 가장 좋은 위치에 있다.
- EMD는 심정지 환자 신고에서 심정지 발생 초기 2분 내에 전화로 CPR을 시행토록 할 수 있다.

위와 같은 6가지 역할이야말로 EMD가 앵무새처럼 판에 박힌 응답만 주고받는 사람이 아니라는 사실을 제대로 보여준다고 하겠다. EMD는 지속적으로 유, 무선통신을 적시에, 전문가답게 통제하는 방법을 알아야한다. 좀 더 넓은 관점에서 보면 EMD는 바로 그 조직을 대표하는 전문가라고도 할 수 있기 때문이다. 119같은 응급 조직이 공공의 이익에 최대한 봉사할 수 있는 이유는 바로 이들이 한정된 조직 자원의 사용 방법을 잘 알고 있기 때문이다.

2. EMD의 책임

위에서 언급한 역할에는 다음과 같은 책임이 포함되어 있다.

(1) 신고 접수와 처리
(2) 신고 원인 파악 및 신고의 심각성 판단
(3) 119 구급대 및 기타 응급자원의 출동과 조정
(4) 출동 구급대에게 현장 정보 제공
(5) 신고자에게 전화를 통한 응급처치 제공
(6) 출동대원의 현장 활동 지원
(7) 환자와 신고자를 포함한 현장 주위 사람과 출동대원의 안전 위험요인 파악 및 방지
(8) 다른 관련 기관과의 협력

이 8가지 주요 책임 중 어느 한 가지라도 만만한 일은 없다. 그리고 이런 기능과 책임이 동시에 필요한 응급상황이 발생하기라도 하면, EMD의 명석한 상황판단과 침착성이 절실히 요구된다. 정말, EMD라는 직업은 아무나 할 수 있는 일이 아니라고 생각한다.

EMD의 출동대원에 대한 현장 활동 지원을 좀 더 자세히 살펴보면 다음과 같다.

이 현장 활동 지원에는 EMD가 할 수 있는 일이 있고, EMD 또는 출동 EMT의 요청에 따라 신고자가 도와주는 상황별 추가행동요령(the Case Exit Sequence)이 있다. 상황별 추가행동요령은 응급통신 기본 술기에서 다시 한 번 언급하고자 한다. EMD가 현장 출동 동료를 위해 제공하는 지

원은 그 상황에 따라 아주 다양하겠지만 그동안 현장 출동 EMT로서 아쉬웠던 내용으로 몇 가지 적어 보려한다. EMD와 출동 EMT는 모두 병원 전 응급의료 최전선에 배치된 동료로서 각자의 업무가 원활이 이루어지려면 서로의 도움이 꼭 필요하다는 말을 하고 싶다. 출동 대원 역시 EMD의 업무에 적극 협조해야 한다.

출동대원을 위한 EMD의 현장 활동 지원

- 신고자에게 출동 구급대원이 전화를 한다고 알리고 전화 통화가 꼭 필요하면 짧게 하도록 한다.(신고자와의 통화로 출동 구급대가 정보파악 등이 쉽도록 함)
- 신고자에게 전화를 통한 응급처치 제공시, 출동대에게도 그 사실 및 내용을 알린다.
- 서울에 있는 자식이 부산이나 전주에 있는 부모를 위해 119에 신고하는 것처럼 신고자와 환자가 떨어져있으면 환자와 통화할 수 있는 전화번호도 출동지령 시 출동대원에게 알린다.
- 경찰이 119요청 시 자체 무전으로 112 사무실 근무자를 통해 신고하는 경우에는 현장 경찰관의 핸드폰번호를 파악해서 알려줘야 출동대원이 추가 정보를 파악하기 쉽다.
- 환자 이송중인 병원의 응급실이나 병상정보 등 파악.
- 응급환자의 경우, 특히 CPR 환자 이송 시 해당 병원 응급실에 미리 연락해서 준비토록 한다.
- 흥분하거나 화난 환자 누그러뜨리기.
- 정확한 환자 정보파악(예 : 쓰러짐과 넘어짐 구별, 심장과 신장의 구별 등).

신고자의 상황별 현장 행동요령(the Case Exit Sequence)

- 개와 같은 애완동물은 환자 처치에 방해가 안 되도록 미리 격리 보호한다.(다른 방에 있도록 함) 개나 고양이를 임시로 보호하기에는 욕실이 괜찮다. 집을 비우게 되면 애완동물만 남겨지는데 욕실에는 양변기의 물이 있기 때문이다.
- 환자가 복용중인 약을 모아두기
- 출입문이나 현관문은 미리 열어두기
- 문밖에 불을 켜두기
- 미리 밖에 나가서 구급차나 대원을 안내하기 등

신고자가 환자 처치를 간접적으로 도울 수 있는 일은 이것 말고도 많이 있다. 특히, 신고자가 응급처치를 하지 못할 때 이런 도움들이 더 유용하다. 응급상황에서 신고자들에게 이런 할 일이 주어지면 침착성을 유지하는데도 도움이 된다. 구급대원이 응급처치를 할 때 옆에 있는 보호자를 응급처치 보조자로 참여시키는 것과 비슷한 효과가 있다고 하겠다.

3. EMD의 전문가적 특성과 태도

EMD의 역할과 책임을 안다고 해서 모두 EMD로 성공하는 것은 아니다.

EMD로 성공하는 사람과 그렇지 못하는 사람사이에는 다음과 같은 차이점이 있다.

(1) 어려움에 처한 사람에 대한 공감과 도우려는 태도

성공한 EMD는 남의 어려움에 대한 공감능력이 뛰어난 사람일뿐더러 기꺼이 남을 도우려는 사람이다. 이런 공감능력과 남을 도우려는 태도는 훌륭한 EMD의 가장 두드러진 특성이다.

전문 EMD는 신고자를 존중하고 예의를 지킨다.

(2) 스트레스 관리

성공한 EMD는 신고자나 환자가 처한 위기 상황으로부터 오는 감정적 스트레스를 효과적으로 다룰 줄 알고 위기에 처한 그들에게 확실한 안내자 역할을 한다. 신고자나 환자도 그렇지만 EMD 역시, 불안의 정도가 상당할 때도 있기 때문에 스스로를 진정시키면서 신고자와 환자를 차분하게 안심시켜 환자를 도울 응급처치를 하도록 이끈다.

(3) EMD의 철학과 술기에 대한 완벽한 이해

성공한 EMD는 구급출동의 근본 취지나 술기와 지식을 완벽하게 꿰뚫고 있는 사람이다.

EMD로 성공하려면 구급출동지시를 효과적으로 하는데 꼭 필요한 술기를 배우고 잊지 않도록 노력해야 한다. EMD는 신고자의 말을 적극적으로 듣고 신고자의 반응에 항상 귀를 열어놓는 사람이다. 이런 자세는 신고자와의 통화와 안전 그리고 환자 처치에 긍정적인 영향을 미친다.

(4) 정보를 파악하고 통합하는 능력

성공한 EMD는 신고자로부터 정보를 효과적으로 파악해서 우선순위를 가리고 쓸모 있게 통합할 줄 아는 사람이다. 그렇게 하기 위해서는 여러 가지 역할을 동시에 할 수 있는 능력이 꼭 필요하다. 사실 모든 신고가 생명이 위급한 응급상황은 아니지만 환자 생존에 시간이란 요소가 아주 중요한 경우는 꽤 많다.

(5) 책임 지역의 지리 및 그 특성에 정통

성공한 EMD는 출동 EMT가 시간낭비 없이 환자에게 도착하도록 돕는 사람이다. 따라서 책임을 맡고 있는 지역의 도로사정 및 그 특성을 알고 있어야 한다. 또한 빌딩이나 쇼핑몰, 공공건물, 지하철 등 내부 공간이 넓은 곳에서 환자가 발생한 경우에도 정확히 그 위치를 파악해서 구급대 현장 도착에 시간을 허비하지 않도록 해야 한다.

(6) 응급상황파악능력

성공한 EMD는 환자를 직접 보지 않고도 도움을 요청한 이유를 파악해내는 사람이다. EMD는 구급출동 지침서대로 환자의 주 호소(Chief Complaints)를 확인하고 그에 따라 적절한 구급대를 출동시키는 사람이다. 따라서 응급의료에 대한 전문성을 갖추고 있어야한다.

(7) 현장지원

성공한 EMD는 현장 구급대원이 요청하는 사항을 지원하는 사람이다. 일단 출동 대원이 현장에 도착해서 필요한 지원을 요청하면, 요청대로 지원을 해서 현장 활동을 돕는다.

(8) 신고자에 대한 전문가로서의 접근

성공한 EMD는 신고자에게 전문가로서의 태도를 잃지 않는다. 신고자의 태도나 그 신고자와의 과거 경험을 근거로 판단을 내리지 않는다. 신고자의 태도에 쉽게 현혹당하기 쉽지만 EMD는 전문가답게 결정을 해야 한다.

(9) 개인정보보호

성공한 EMD는 비밀을 지키는 사람이다. 환자나 신고자에 대한 개인 정보를 함부로 누설해도 되는 상황은 없다. 이것은 단지 환자의 이름이나 질병에 한정되지 않는다. 정보공개에 대한 관련 규정을 따른다.

4. 응급통신 관리자(EMD)와 비밀보호

비밀보호는 EMD가 전문가로서 반드시 숙지하고 지켜야할 중요 사항이다. 통신과 정보 교환이 즉각적으로 이루어지는 이 분야에서 EMD가 비밀 사항을 심각하게 위반할 가능성은 그리 크지 않지만 충분히 있을 수 있는 일이다. 비밀 보호는 개인 정보가 비밀로 보호될 필요가 있음을 의미한다. EMD에게 있어서 비밀보호는 환자가 처한 상황이나 상태, 이름, 병명 등 해당 정보가 관련 책임자나 규정에 따라 허용되기 전까지 외부로 유출되거나 언론에 보도되지 않도록 해야 한다는 의미이다. 상황실에서 일하다보면 환자나 그 가족과 사건 목격자 등에 관한 사적인 정보를 알게 된다. EMD는 이런 정보를 직업윤리로서, 적지 않은 경우에는 법적 측면에서도 비밀로 지켜야할 의무가 있다고 하겠다. 상황실에서 비밀보호에 관한 규정을 만들 때는 관련 법률을 참고해야 한다. 개인 정보가 부당하게 누출되는 것에 대한 사회적 합의 때문에 개인의 비밀보호를 담보할 엄격한 규정이 반드시 필요한데, 이는 특히 감염질환의 경우에는 더욱 그렇다. 상황실에서는 환자와 EMD 모두에게 무엇이 최선인지를 고려해서 EMS관계자들이 공유할 정보의 한계를 규정해야 한다. 그리고 어떤 정보를 공개할지 뿐만 아니라 그 공개 방식도 고려해야 할 것이다. 이런 작업을 할 때, 시민 권리를 옹호하는 단체로부터 자문을 받으면 도움이 될 것이다. 꼭 규정 때문이 아니라도, 환자의 개인 정보를 부적절한 장소에서 필요 이상으로 언급하는 것은 절대 적절한 처신이 아니다. 텍사스 와코사건은 철저한 비밀 준수가 왜 그렇게 필요한지를 상황실 근무자에게 확실히 각성시켜준 좋은 사례이다. 1993년 2월 28일, FBI와 ATF(Alcohol, Tobacco, and Firearms)을 비롯한, 미 정부 특별 수사팀이 악명 높은 사교집단인 다윗파 신도들의 집단 거주지 밖에 대기하고 있었다. 연방 정부 관계자들이 급습 계획을 세우고, 그 시간에 맞춰 구급차 여러 대를 대기토록 관할 상황실에 알렸다. 물론 급습 계획에 대한 언급은 없었다. 그런데, 그 상황 근무자가 구급대 대기 요청 사실을 개인적 친분이 있는 지역 방송국 기자에게 연락했다. 이 말을 들은 기자는 진압이 임박했음을 직감적으로 알아채고 뉴스 시간에 맞춰 다윗파 집단 거주지 근처 도로로 갔다. 거기에서 우편 배달원을 본 그는 그에게 아침에 뭔 일이 없었느냐고 물었다. 그런데 그 배달원은 바로 다윗파 추종자였고, 그 말을 듣자마자 바로 되돌아가 다윗파 리더인 데이빗 코레쉬에게 이 사실을 보고했다. 다윗파 신도들은 바로 정부 진압에 대비해 경계태세에 들어갔고, 결국 진압에 나선 4명의 요원이 목숨을 잃게 되었다. 진압 계획의 누설이 이런 비극을 낳았다고 정부 관계자는 확신했다. 미국 정부는 해당 콜센터를 상대로 법적 소송을 제기했지만, 진압 계획이 너무 성급했다는 광범위한 비난의 소용돌이 속에서 흐지부지 되고 말았다. 비밀을 누설했다고 해서 항상 이렇게 심각한 사태나 인명손실의 결과를 초래하지 않는다는 점은 분명하다. 그리고 위의 사례에서 볼 수 있듯이, 비밀 정보가 순환되는 과정 어디에서, 어떻게 새어나가 궁극적으로 어떤 영향을 미칠지 안다는 것도 불가능하다. 결국, 상황실에서 일하는 모든 사람들이 자기에게 맡겨진 정보에 대한 비밀 준수 사항을 철저하게 지키는 수밖에 없다.

5. EMD의 부적절한 태도

자신에게 맡겨진 광범위한 책임을 마치 권력이나 되는 것처럼 생각하는 EMD가 있다.

그러나 진정한 프로 EMD는 위기에 처한 사람을 돕는 응급팀의 한 일원으로 자신을 여길뿐이다. EMD는 직접 현장에 가는 것도 아니고, 그 현장을 책임진 사람도 아니다. EMD는 다만 출동결정요인과 대응 과제를 출동 대원들과 무선 교신한다는 측면에서 어디로 출동하라고 알려 줄 뿐이다. 이런 역할을 마치 자신의 힘을 과시하는 것 마냥 여기는 EMD가 있다면 자신의 지위를 부당하게 남용한다는 비난을 피할 수 없다. 상황실 EMD와 현장 구급대원은 맡은 업무가 다를 뿐 같은 배를 책임지고 있는 한 팀이다. EMD에게 있어서 팀워크(teamwork)의 법칙이 있다면, 필요한 사람은 팀 플레이어지 혼자 튀는 스타플레이어가 아니라는 점이다. EMD는 구급대원들의 현장 활동을 통제하는 사람이 아니다. EMD가 현장에서 잔뼈가 굵은 구급대원 출신이라 하더라도 그렇게 하지 않는다. 구급대원들이 현장에 도착하기 전까지야 EMD가 현장 사령관이지만, 일단 대원들이 현장에 도착하면 그 지휘권은 현장 대원들에게 넘어간다. 병원 전 응급의료라는 시스템의 중심축으로서 EMD는 현장의 요구를 충족시키고 정보를 탐색해서 현장에 필요한 재료와 연결시키는 역할을 한다. EMD가 출동 대원들에게 현장에서 취할 수 있는 여러 선택사항이 있음을 알려 줄 수는 있다. 현장의 문제를 성공적으로 해결하는데 도움이 될 만한 이런 정보는 대원들이 그 중에서 최적의 선택을 하도록 제공되어야 한다. 물론, 최종 선택을 한 궁극적인 책임은 바로 현장 대원들의 몫이다.

추측은 EMD의 업무 영역 밖이다. 즉, 추측으로 상황 판단을 하면 안 되지만, 2가지 범주의 추측을 범하기 쉽다. 현장 대원들과 신고자에 대한 추측이 그것이다. 현장대원이 지원 사항을 말할 때까지 기다려라. 다만, 그들의 요구사항을 지원할 준비만하고 있으면 된다.

의욕이 지나쳐 대원들에게 여러 제안을 제시하다보면 현장 업무에 방해만 될 뿐이다. 신고자에 대한 추측은 현장과 환자에 대한 과소평가와 부정확한 억측으로 위험을 초래할 수 있다. 이런 사례를 잘 보여주는 아찔한 일화가 있다. 어느 여름, 방화가 연속해서 발생했다. 하루에 여러 건의 화재 신고가 접수되었는데 모두 일련의 방화 사건으로 민감해진 시민들이 바비큐 연기, 안개 또는 수증기를 화재로 오해해서 신고를 한 경우였다. 이제 화재 신고가 접수되면 연기 위치를 정확하게 파악하는 것이 중요한 문제로 대두되었다. 더구나, 상황실에서는 방화지역에 대한 순찰을 돌지 않고 정확한 위치를 파악해야 하기 때문에 EMD의 어깨가 평소보다 더 무거울 수밖에 없었다. 이때 접수된 신고 중에서 신고자에 대한 추측 사례를 살펴보고자 한다.

사례

〈신고자에 대한 추측 사례〉

상황실 : 소방서입니다.

신고자 : 소방서죠! 연기가 나요.

상황실 : 주소가 어떻게 되시죠?

신고자 : 보보린크가 13번지요.

상황실 : 예. 연기가 보이신 다구요.

신고자 : 예.

상황실 : 연기가 어느 방향에서 나는지 말씀해주시겠습니까?

신고자 : 예?

상황실 : 연기가요. 어느 쪽에서 나오고 있습니까?

신고자 : 모르겠어요.

상황실 : 지금 전화하시면서 창밖이 보이시죠?

신고자 : 예.

상황실 : 자 그럼요. 해가 창밖 어느 쪽에서 뜨죠? 지금 보시는 앞쪽입니까? 뒤쪽, 아니면 왼쪽입니까? 오른쪽입니까?

신고자 : 제 앞 쪽요.

상황실 : 예. 그럼 동쪽이네요. 동쪽을 봤을 때, 연기가 어느 쪽에서 납니까?

신고자 : 뭐요?

상황실 : 창밖을 봤을 때요, 연기가 어느 쪽에서 나죠? 왼쪽, 오른쪽, 아니면 어디요?
신고자 : 뭐..왼쪽에서 나는데요?
상황실 : 예. 그럼 남쪽이네요. 주변에 쉽게 찾을만한 것이 있습니까?
신고자 : 예?
상황실 : 연기가 뭐 무슨 건물 옆에서 난다거나, 물탱크라든지 잘 보이는 거요. (한숨)
신고자 : 여보세요! 우리 집 옷장에서 연기가 난다고요!
신고자 : 예! 바로 출동하겠습니다.

EMD는 신고자의 말을 그대로 믿어야 하고 그 말의 진위여부 확인은 현장에 출동한 대원에게 맡겨야 한다.

6. 단순 전화접수자가 아닌 전문가로서의 EMD의 영향력

응급통신의 목적은 다양하고 EMD는 응급통신으로 응급처치의 여러 측면에 영향을 미친다. EMD가 우선출동시스템(Priority Dispatching System)이 완전히 갖춰진 환경에서 근무하고 교육도 제대로 받는다면, 그래서 위에서 말한 성공한 EMD가 된다면 응급의료시스템, 특히, 병원 전 119 응급의료시스템에 다음과 같은 중요하고도 바람직한 효과를 끼칠 수 있다.

(1) 환자 처치에 미치는 영향

환자의 복지는 응급의료 체계에서 무엇보다 중요하다. 응급의료체계의 사명은 단지 사람의 목숨을 구하는 것만이 아니라 사람을 돕는데 있다. EMD가 환자에게 도움을 주는 방법 중 가장 좋은 예로 즉각 반응(Zero- Minute Response)이라는 개념을 든다.

지금까지는 현장 구급대원이 신고에 얼마나 빠르게 대응하는가, 즉 시간의 중요성에만 주로 관심을 두어왔다. 생명이 위태로운 환자는 당연히 신속한 도움을 받아야한다. 그러나 구급대원이 출동해서 현장에 도착하기까지는 어느 정도 시간이 걸리지 않을 수 없다. 누군가 119에 도움을 요청하기 전까지, 심지어 심정지 환자가 발생한 경우에도 대체로 약 2분정도 지나서야 신고한다는 사실이 연구 결과 밝혀졌다. 우수한 신고처리시간(call processing time - 신고를 받아 환자 상태에 관해 질문하고 구급차가 시동을 거는데 까지 걸리는 시간)은 약 60초에서 90초이다. 그리고 구급차가 출동해서 현장에 도착하는데 걸리는 평균 대응시간(average response time)이 5분에서 10분사이이면 꽤 괜찮은 편이다. 현장에 도착해서도 구급대원이 차에서 내려 환자 옆에까지 가는데 평균 90초가 또 소요된다. 결국 환자 옆에까지 도착하는데 최선을 다한다고 해도 8분을 훌쩍 넘기기가 일쑤이고 그 동안 환자는 사실상 아무 도움도 받지 못한 체 있기 마련이다. 제대로 훈련된 EMD는 적지 않은 응급상황에서 이런 시간의 공백을 훌륭히 메운다. 적극적인 신고자의 경우에는 전화로 알려준 응급 처치를 해내기도 한다. 실제로 이렇게 전화로 응급처치 지도를 받길 원하는 신고자들이 점점 많아지고 있다. EMD와 현장에 있는 사람이 서로 협력해서 1분 내에 임상적 사망상태에 이른 환자 뇌에 산소가 들어있는 혈액을 공급해준다면 구급대원이 도착하기까지 7분, 때론 10분이나 그 이상까지 그저 기다리는 것보다야 분명히 낫다. 이야말로 즉각 반응이라고 특징 지워진 이 개념은 응급처치의 양상마저 바꾸고 있다.

환자 상태에 적합한 구급대가 출동하느냐에 따라서도 그 처치의 질이 달라진다. 우선출동의 주요 목표란 이렇게 신고마다 그에 적합한 구급 자원을 보내는 것이라 하겠다. EMD가 경증부터 심각한 증상이 예상되는 상황까지 구분할 수 있다면 환자에게 미치는 효과가 긍정적이라는 점은 분명하다. 심정지 환자는 전문응급처치를 받아야 하고 단지 손가락을 벤 사람은 일반응급처치만으로도 충분하다. 응급의료체계가 다르게 구성되어 있는 경우를 예를 들면, 다수의 사상자가 발생한 삼중 충돌 교통사고에는 충분한 ALS/BLS 구급대가 출동하고 경상자만 발생한 나 홀로 교통사고(a single-car accident)에는 BLS 구급대원 두 명만 먼저 출동시켜 대응케 할 필요가 있다. 구급자원의 적절한 배분은 신고자와의 올바른 문답에 기초한 환자 평가에 달려있고 이것은 또한 꼭 물어봐야 할 필수적인 질문사항을 아는지 여부에 달려있다.

(2) EMD 자신에 대한 영향

지난 세월을 돌이켜보면, 공공안전 분야에서 일하는 책임자들의 상당수가 신고 접수 직원은 그저 전화 받고 단추만 누를 줄 알면 된다고 생각했다. 말 그대로 아무나 할 수 있는 일이라 생각했던 것이다. 상황실과 그 직원들에 대한 존중은 찾아보기 어려웠다. 이제 응급통신교육이 이런 직원들에게 전문가로서 일할 새로운 영역을 제공하게 되었다. 신고 접수 직원들이 전문인으로서 자부심을 갖게 되자 자연스럽게 상황실이 일하고 싶은 매력적인 일터가 되었다. 매력적인 일터는 능력과 자격을 갖춘 사람을 끌어들이기 마련이다. 이제 더 이상 상황실은 응급의료 분야에서 무능력자가 모이는 집합소가 아니라, 오히려 직원을 가려 받아들이는, 오직 뛰어난 사람들만 일할 자격이 주어진다. 결과적으로 전문가로서의 자부심이 몰라보게 향상되었다. 이제 사다리의 가장 밑바닥 디딤대가 아닌 전문가로서 자부심을 갖게 된 것이다. 더 나아가 이들은 자신이 하는 일을 공유하고 싶어 하고 업무 수행에 더 좋은 방법을 찾는데 열성적이다. 이런 자신감의 원천은 응급의료체계 전체를 조정하는 일이 오직 소수의 사람만이 제대로 할 수 있는 일임을 아는데서 온다고 하겠다. 남과 차별화 될 수 있는 기회가 주어지자 상황실 근무자들의 사기가 높아졌다. 전화를 통한 응급처치로 사람의 목숨을 구하는 사례도 넘쳐났다.

EMD라는 업무의 본질이 단지 단추나 누르는 일이 아닌 사람 생명에 직접적인 영향을 준다는 사실에 놀랄 정도로 일에 대한 만족도도 향상되었다. 단지 주소와 전화번호만 묻고 통화를 끝내는 EMD를 찾아보기란 이제 어렵게 되었다. 과거 자격 미달인 전화접수자들과 비교해서 오늘날의 EMD들이 가진 열정은 너무나 정당하고 당연하다고 하지 않을 수 없다. EMD가 구급대를 출동시키고 평범한 시민들에게 전화로 응급 처치를 지도한 성공 사례를 보도하는 기사가 세계 여러 나라의 언론에 오르내렸다. 캘리포니아 새크라멘토 관할 소방 상황실에서 근무했던 안 마리 카트

라잇은 "EMD야말로 지금 까지 구급출동 체계에 있었던 최고의 사건"이라고 말했다. 그때까지 11년 경력의 베테랑 상황요원이었지만, "우리가 응급상황관리자 교육을 받고 능력을 갖춰 진작 이렇게 했더라면 훨씬 더 많은 사람을 살렸을 거라는 생각을 하지 않을 수 없다"고 고백했다.

현장 구급대원이 이들을 통신전문가로서 응급의료체계의 중요한 일원으로 인식하게 된 것도 이렇게 전문성과 사기를 높이는데 한 몫을 했다. 현장 대원들과 무전에서만 존재하는 이들 사이에 오랫동안 벽이 가로 놓여 있었다는 사실에 의문을 가지는 사람은 없다. 또 현장 직원들에게 이들은 장난이나 무시하는 듯 한 행위에 대한 보복으로 툭하면 힘을 과시하려 한다는 생각이 일반적이었다. 그러나 우리와 그들이라는 이분법적인 차가운 관계는 이제 같은 팀의 동료로서 전문적인 사명을 수행하다는 생각으로 점차 바뀌고 있다. 같은 팀에 속한 동료라는 의미는 때론 아픔도 같이 하다는 의미이다. 모든 신고가 쉬운 상황만 있는 건 아니다. 비극적인 신고도 있다. 얼마 전까지만 해도 상황실 근무자들은 출동 직원들이 현장에서 겪는 고통에 대해 몰랐지만 이제는 비록 전화상으로라도 현장을 함께 한다. 총기사고 나 심장이 계속 고동치는 현장 또는 기도폐쇄가 악화되는 현장을 응급상황관리자들도 계속 듣고 있는 것이다. 현장과 상황실의 적절한 공조의 중요성은 두 말할 필요가 없다. 아울러 현장대원과 마찬가지로 응급상황관리자도 스트레스 관리가 꼭 필요하다.

(3) 병원 전 응급처치제공자인 구급대원에 대한 영향

EMD는 현장 직원들에게 명백한 이점을 제공한다. 안전이나 스트레스의 최소화, 출동 중 현장 상황에 대한 보다 많은 정보, 다른 기관과의 협력 강화 등이 그것이다. 안전이라는 관점에서 보자면, 공공기관이 응급서비스를 적극적으로 제공한다는 이미지는 신고자와 통화할 때 확신을 가지고 돕겠다는 목소리에서부터 만들어진다고 하겠다. 뛰어난 응급상황관리자는 응급상황에 놀라 정신이 없는 신고자를 진정시키고 돕는 대화법을 아는 사람이다. 이것이 구급대와 환자와의 접촉을 더 수월하게 만드는 길을 제공하는 셈이다. 응급상황이 발생한 순간부터 구급 서비스에 대한 평가가 시작되어 결국 지역사회 전체로 그 효과가 파급된다. 상황 요원이 할 수 있는 일은 전부 다 했다고 신고자가 생각하면 현장 직원에게도 영향을 주고, 비록 그 결과가 불행하게 끝나더라도 신고자의 그런 긍정적인 경험들이 다른 사람들에게 전해질것이다. 응급상황관리자가 출동 대원에게 현장의 잠재적 위험에 관한 정보를 제공하면 사고 발생 가능성도 낮아진다. 또한, 환자를 응급처치 하는 목격자나 시민들에게 질서 정연하게 협력하도록 해서 응급처치가 보다 잘 되도록 하는 것도 이들의 역할이다. 그리고 EMD는 구급신고마다 경광등과 사이렌이 필요한 신고와 그렇지 않은 신고를 제대로 구분해서 출동 구급 대뿐만 아니라 길 위에 있는 모든 시민의 안전도 고려한다.

미국에서도 구급 차량 사고로 사상자가 발생한 사례가 심심치 않게 보도된다고 한다. 유타 주 리치필드에서는 비상등을 켜고 사이렌을 울리면서 긴급출동 중이던 구급차에 옆에서 달리던 곡물트럭이 좌회전하면서 사고가 발생, 일곱 명이 다쳐 신문에 보도되기도 했다. 일리노이 주 블루

밍턴에서는 발목 염좌 신고를 받고 긴급 출동 중이던 구급차가 픽업트럭의 측면을 들이받는 사고가 있었다. 그 트럭에 타고 있던 당시 18세로 우등생이었던 새런 로즈는 정신적으로나 육체적으로 영구 장애인이 되고 말았다. 이 사고로 시 당국은 앞으로 10년 동안 매달 2천불, 그 이후로는 매달 3천불 배상을 포함하여 현금으로 5백만 불을 지불했다. 이런 사례는 이제 더 이상 특별한 경우가 아니다. 1990년 미국의 국립 응급통신학교(NAEMD)에서 전국 언론 스크랩 서비스의 도움을 받아 실시한 조사에 의하면 298건의 구급차 충돌사고로 537명이 다치고 62명이 사망한 것으로 나타났다. 이는 북미의 구급차 출동과 관련 5.9일 마다 한 명꼴로 사망한 것과 같은 수치라고 한다. 우리나라도 예외는 아니다. 서울에서는 음주 운전 차량에 출동 중인 구급대원이 사망한 사례도 있었고, 구급차에 배달 오토바이 기사도 죽은 일도 있었다. 제주도에서는 음주운전자 때문에 교통사고가 발생, 구급대가 이송중인 환자가 사망한 사례까지 있었다. 119구급차 교통사고 역시 우리나라도 안전지대 일수는 없다.

EMD가 현장 대원들의 업무에 미치는 또 다른 긍정적인 효과는 바로 구급 자원의 합리적 배분이다. EMD는 계속 접수되는 신고에 비해 턱없이 부족한 구급대원을 안전하게 출동시킬 능력이 있다. 이렇게 해주면 구급 자원을 훨씬 효과적으로 사용하면서 현장 직원들의 감정적, 육체적 소모는 줄어들어 환자 처치의 효과성도 높아진다. 일부 직원들, 특히 자원 봉사자나 격일제 근무자는 잠시 출동을 하지 말아야한다. 잠도 자고 공부도, 연습도 하고 다른 잡무도 처리해야 하기 때문이다.

현장에 관해 어떤 사항만큼은 먼저 알아야 그 현장에 출동하는 구급 직원에게 도움이 된다. 가령, 아직 화재가 진행 중인지, 무기가 사용되었는지, 폭력을 휘두른 사람이 지금도 현장에 있는지 등과 같은 현장 안전에 관한 질문 사항이 들어 있는 지침서들이 있다. 이와 같은 질문에 대한 답변은 현장 직원들에게 빈번한 극도의 스트레스를 줄이는데 도움이 되고 자연히 사기도 높아진다. 직원들의 업무 만족도가 높아지면 이직률도 당연히 줄어든다. 오랫동안 현장에서 일한 직원은 그 지역 지리에도 밝아 현장도 빨리 찾는다. 구급대원들은 자신의 구급처치 술기와 열의가 필요한 현장에 출동했을 때 더 열정적이고 더 전문성을 발휘하는 사람들이다. 잘 훈련된 EMD가 내리는 구급출동 결정이 구급대원이 봤을 때 전문적이라면, 분명 상황실과 현장간의 협동심(team work)은 증진된다고 하겠다.

(4) 장비에 대한 영향

구급차 사고를 줄이려는 계획은 구급장비에도 긍정적인 효과가 있다. 우선출동시스템을 시행하기로 결정할 때 응급의료체계가 지켜야 할 목표 3가지를 기술한 미국의 산업저널 기고문을 본 적이 있다. 출동 후 지도, 정확한 도착 전 지도, 불필요한 긴급 출동(Hot) 줄이기가 그것이었다. 다음과 같은 내용이다.

현재까지 우리 조직에서 이룬 가장 확실한 진전은 바로 세 번째 목표입니다.

긴급출동이 무려 35%나 줄었고, 이제 경미한 구급신고에는 전문응급처치구급차의 지원 없이 가장 가까이에 위치한 일반 응급처치 구급차만 출동합니다. 우선출동시스템을 처음 시행한 두 달 동안 325건의 구급신고를 접수받았는데 구급차 출동이 늦었다고 한 사례는 단 한 건도 없었습니다. 관리자에 따르면 불필요한 긴급출동이 줄어들자, 시민과 직원 모두 더 안전해지고 시의 부담도 줄었다고 합니다. 우리는 우선출동체계가 앞을 내다보고 우리의 위험을 줄여준 방식이라고 믿습니다.

- 애리조나 주 프레스 코트 구급책임자 대럴 윌리스 -

고가의 구급장비도 마찬가지다. 긴급 출동이 줄어들자 장비의 유지 관리에 들어가는 비용이 확실히 감소하였다. 눈에 띄지는 않지만 피곤과 스트레스에 지친 직원들이 장비를 함부로 사용하던 사례가 줄어들면서 생긴 비용감소 역시 상당하다고 하겠다. 구급대가 그 장비를 관리하는데 종종 곤란을 겪었던 이유도 사실 우연은 아니다. 장비를 사용하는 사람들이 육체적으로나 정서적으로 지쳐있을 수록 당연히 그 장비의 파손 가능성이 높아진다고 하겠다. 장비가 제대로 작동되지 않고 망가지는 이유는 바로 관리가 제대로 되지 않고 함부로 사용하는데 가장 큰 원인이 있다. 엉성하게 구성된 구급 출동체계 속에서 혹사당한 응급구조사는 구급 신고를 신중하게 파악해서 제대로 출동시키는 체계에서 일하는 동료만큼 고가의 구급장비를 조심해서 다루려고 하지 않을 것이다. 예산을 의식하는 관리자에게 이것은 바로 비용 절감으로 이어지는 문제이다.

(5) 지역사회 전체에 미치는 영향

전반적인 지역사회의 관점에서 보더라도, EMD는 지역 주민의 생활 곳곳에 긍정적인 영향을 준다. 비상등을 켜고 사이렌을 울리면서 나가는 출동만 줄여도 그로 인한 교통 정체가 줄어든다. 이런 출동 때문에 발생하는 사고 역시 감소한다. 미국에서는 구급차 교통사고와 구급차 출동 때문에 발생한 사고(wake-effect)가 매년 50,000건 이상 발생한다고 한다. 각성 효과 교통사고(wake-effect collisions)는 사고가 분명 긴급 출동하는 구급차 때문에 발생했지만 정작 구급차량 자체와는 직접 관련이 없는 사고를 말한다. 사실, 구급차 관련 교통사고 한 건마다 다섯 건의 사고가 발생하는 것 같다. 응급상황관리자가 비상등과 사이렌을 켜고 출동하는 출동만 최소화 시켜도 이런 수치를 줄이는데 기여하는 바가 크다고 하겠다. 도로에서 발생한 소위, 개죽음의 경우 그 도로 관리에 책임이 있는 정부에 비난이 쏟아지는 경우가 다반사다. 그러나 그렇다고 해서 구급차가 접근할 때나 그 출동에 당황했을 때 어떻게 대처해야하는지 전 국민을 교육시킨다는 것도 무리다. 모든 응급 조직의 구성과 운영에 결정권을 쥔 사람들이 가장 우선시해야 할 책임이란 바로 이런 시민의 사망과 손상을 줄이는 것이라 하겠다.

상황실 근무자의 실력이 향상되면 지역 사회에도 긍정적 효과를 미친다. 응급 상황에 처한 신고자가 느낄 공포를 한번 생각해보자. 그리고 도움이 필요하다는 사실을 인정하고 싶어 하지 않은 사람들이 얼마나 많을지 생각해보자. 돌이켜보면 뛰어난 응급상황관리자는 항상 있었다. 그러나 도움을 요청하는 시민에게 불친절하고 무뚝뚝하고 퉁명스럽다 못해 노골적으로 무례하기까지 한 사람들도 있었음을 부인할 수 없다. 자신의 일에 자부심을 가지고 기본적인 상황접수 술기와 적극적인 자세를 갖춘 응급상황관리자를 신고자가 접촉했을 때 갖게 될 그 긍정적 영향을 두 번 말할 필요는 없을 것이다. 여기에, 신고 대응과정을 표준화하면 필요한 도움에 대한 예측가능성도 높아진다. 응급상황에 처한 신고자는 그 상황을 모르기 때문에 당황하거나 놀라게 되는데 표준화는 이런 공포를 줄이는데 도움이 된다. 만약 119같은 조직들이 그 응급 정도에 맞게 체계적인 도움을 제공한다는 믿음을 모든 국민이 갖게 된다면 공조직에 대한 신뢰도 높아질뿐더러 그 혜택은 우리 모두에게 돌아올 것이다.

정말 괜찮은 EMD가 되려면 시간과 노력이 필요하다. 응급의료에서도 아직은 생소한 이런 역할에 자신의 전문 경력을 쌓으려는 사람들이 점점 많아지고 있다. 앞으로 공부할 내용들이 응급상황관리자로서의 능력을 키우고 확고히 하는데 일종의 도약대라 할만하다. 이것 말고도 교육과 훈련에다 경험까지 갖춘 선배 EMD에게 배울 비법도 있다. EMD로서 어느 정도 경지에 오른 사람은 자신만의 전문 지식과 기술을 후배들과 격의 없이 공유해야 한다고 본다. 후배들은 선배의 말을 경청해야 한다. 그들에게 이런 선배는 참 좋은 멘토(mentor)라 하겠다. 훌륭한 EMD는 저절로 되지 않는다. 연습이 필요하다. 특히, EMD에게 요구되는 재능도 함께 키워나가야 하는 사람에게는 특히 그렇다. 이런 성취는 존경받아야 한다. 응급의료라는 무기의 창끝으로서 그리고 실행계획과 조정자로서 EMD는 상당한 신뢰와 힘을 가질 수 있는 위치에 있다. 그래서 EMD는 그런 신뢰를 얻기 위해, 그 힘을 지혜롭기 쓰기위해 최선을 다해야 한다. EMD는 그 역할이 사람들에게 끼치는 인류애적인 영향에 스스로 자부심을 가져야 한다.

04장

EMS 자원의 할당

EMD는 119신고를 접수받는 사람이다. 신고자가 119에 도움을 요청할 때, 처음 접하게 되는 사람이 바로 이들이다. EMD를 응급의료체계의 최초반응자라고 하는 이유가 바로 여기에 있다. 신고자로부터 구급, 화재, 구조신고를 받으면 EMD는 119자원을 할당(allocation), 즉 출동시키게 된다. 이러한 EMS자원의 할당, 특히 구급 자원의 배분은 EMD만이 할 수 있는 여러 역할 가운데서도 독특하고 중요한 일이다. 그런데 구급자원의 배분은 EMD가 그 관할지역내 응급의료체계를 꿰뚫고 있어야 하고 출동을 효과적으로 시켜야하는 근본 취지를 정확히 알고 있어야 가능한 일이다. 다시 말하면 EMD가 위기에 활용할 수 있는 자원의 종류와 규모와 그 한계를 정확하게 파악할 뿐만 아니라 자원을 효과적으로 할당하는 능력 또는 갖춰야 위기 상황에 대처하는 조정자로서의 역할을 제대로 해내게 된다는 말이다. 응급자원에 대한 조정과 활용에 있어서 효율성이 불가피한 이유는 바로 그 자원의 한계에 있다. 즉, 119에서 동원할 수 있는 자원은 무한하지 않다는 말이다. 구급차나 장비, 소모품 같은 물적 자원은 말할 것도 없고 인적자원에 해당하는 출동 구급대원의 수 역시 한계가 있다. 또한 구급대원 간에도 1급이냐 2급이냐에 따라 응급처치 범위와 능력에 차이가 난다. 특히, 무형의 자원인 시간이 중요하다. 신고마다 그 환자상태에 따라 119에 주어지는 시간이 다르다. 심정지 환자신고와 상태가 안정적인 만성 질환자 신고는 119구급대에게 전혀 다른 시간 자원을 던져준다. 심정지 환자에게는 어떤 수준의 구급자원이든 최대한 빨리 현장에 투입되어야 한다. 그러나 만성질환자는 그렇지 않다. 그 상태에 별다른 변화가 없는 만성질환자가 정기 검진을 위해서나 입원을 위해 119에 신고한 경우라면 일반응급처치 구급차/비 응급출동, 즉 "BLS COLD" 출동으로 충분할 것이다. 이렇게 한정된 구급자원을 가지고 예측이 불가능한 응급상황에 대처하려면 출동체계가 효율적이어야 한다. 효율적 출동체계를 위해 만들어진 것이 바로 우선출동체계이고 2가지 출동 유형과 4가지 출동구성형태는 그 효율적 출동을 달성하기 위한 판단기준이자 방법이다. EMD라면 당연히 이 두 가지 판단 기준을 확실히 이해해 두어야 한다. 결국, EMD의 EMS자원의 할당은 EMD의 역할 중에서도 그 분류와 전략적 조정 그리고 가용자원의 동원과 체계화를 포괄하는 역할이라 하겠다.

1. EMS자원의 종류

특정 EMS가 동원할 수 있는 소속 자원은 나라마다 지역마다 다르다. 또 그 소속 자원을 동원하고 활용하는 방식 역시 같지 않다. EMS 자원은 특정 EMS가 위치한 지역과 소속 국가의 환경적 사회 경제적 여건에 따라 얼마든지 달라진다고 하겠다. 따라서 자신이 근무하는 관할 지역의 EMS 자원을 정확하게 아는 것은 EMD의 당연한 의무이고 또 그래야만 응급상황에 효과적으로 대처할 수 있다는 점, 다시 한 번 강조한다. 이렇게 EMS 자원이 모두 똑같지는 않지만 그래도 일반적으로 EMS에 포함되는 자원을 보면 다음과 같다.

1. EMD

EMD는 할당되는 자원은 아니지만 비상상황에 가장 먼저 자원을 할당하는 자원이다.

2. 최초반응자(First Responders)

1) 소방관 - 소방관은 지역 EMS조직의 일부이다. 이런 이유로 미국에서는 소방관을 응급구조사로 훈련시키는 지역이 적지 않다.

2) 경찰관 - 경찰관은 상황 발생 지역의 안전 확보나 출동대가 환자에게 접근하는데 도움을 준다. 미국에는 응급처치나 응급구조사 교육을 이수한 경찰관도 있다.

3. 2급 응급구조사(Basic Life Support)

그 업무 범위에 해당하는 환자 응급처치와 이송 및 1급 응급구조사 환자 처치를 지원하는 역할을 맡는다.

4. 1급 응급구조사(Advanced Life Support)

1급 응급구조사는 전문심장구조술(ACLS)이나 전문외상처치술(ATLS), 심전도(EKG) 판독, 정맥로 확보, 의사 지시 하 약물 사용 그리고 기관 삽관 같은 전문 기도 처치를 할 수 있는 자격을 갖춘 응급구조사로서 병원 전 구급자원 할당의 가장 핵심 인력이라 하겠다. 미국에서는 EMT-I(Intermediate)를 여기에 포함시키는 주도 있다.

5. 항공 구급대(Air-medical Services)

항공 구급 자원은 대개 병원으로의 이송 시간이 환자 소생에 절대적 요소에 해당할 때 사용되는 자원으로서 EMS 지상 자원이 접근하기 어려운 경우에도 활용한다. 항공 구급대에는 주로 해당 교육을 마친 1급 응급구조사(Air-Paramedic)가 탑승한다.

6. 병원과 응급의료기관

병원과 응급실 및 기타 응급의료기관을 그 자원으로 갖지 않는 EMS 조직은 없지 않을까 싶다. 여기에는 외상이나 화상센터, 소아/신생아병원, 정신병원 등도 포함되어 있다. 중환자나 중상자는 특별한 자원을 보유한 병원에서만 치료를 받아야 하는 경우가 많다. 그런데 그런 병원이 항상 환자 발생 근처에 있기만 한 것도 아니기 때문에 그런 환자들이 발생했을 때 그들이 가장 적절한 병원에서 신속하게 치료를 받을 수 있도록 대응 지침을 미리 지침서에 마련해 두어야 한다.

7. 기타

기타 자원으로는 위험물(HAZMAT), 중독센터, 성폭행 및 가정폭력상담센터, 공공 생활편의 시설인 전기와 가스관련 회사, 적십자사 등이 있다.

2. EMS자원의 분류

EMS 자원은 119를 기준으로 그 소속과 내용에 따라 다음과 같이 나눌 수 있다. 즉 119에서 바로 동원할 수 있는 119소속 자원이 있는 반면, 소속이 다른 자원도 있다. 또한 EMS 자원을 그 내용에 따라 응급의료 자원과 기타 응급의료 지원 자원으로 나누기도 하는데, 119구급대는 응급의료 자원으로서 병원 전 단계를 책임지고 있는 EMS 자원이라고 하겠다.

EMS 조직 대부분은 그 조직 자원의 토대를 강화할 목적으로 추가적인 예비 자원을 보유하고 있다. 예비자원이란 말 그대로 평상시에 활용하지 않는 자원으로서 대형재난[2] 같은 특별한 상황에서만 동원되는 자원을 말한다. 사실 위에서 언급한 자원 모두가 119신고가 접수될 때마다 동원되는 자원은 아니다. 일상적인 119구급신고는 구급대만 출동하는 경우가 거의 대부분이고 상황에 따라서는 여러 대의 구급차 또는 소방차나 구조대가 함께 출동하기도 한다. 여기에 상황에 따라 주어지는 시간이란 요소를 고려해서 효과적인 우선출동의 목표를 달성하는 것이 EMD 업무의

119소속 자원

응급의료자원(병원 전 단계)	기 타
1. 119신고 접수 상황실 2. EMD(구급/화재/구조)[1] 3. EMT - 1급 응급구조사 - 2급 응급구조사 4. 구급차 및 장비 5. 오토바이 구급대 6. 항공 구급대	1. 119신고 접수 상황실 2. 화재예방 및 진압 3. 구조대 - 위험물(HAZMAT) - 화생방 - 수상구조대 등

119외 다른 기관 소속 자원

응급의료자원(병원 단계)	기 타
1. 응급의료정보센터 2. 병원 - 권역응급의료센터 - 지역응급의료센터 - 외상/화상/소아/중독센터 등	1. 경찰 2. 전기/가스회사 등 3. 공무원, 적십자사, 군 등 기타 공조직

거의 대부분을 차지한다. 물론, 출동지시를 내리는 경우가 드물거나 아주 특별한 상황에서만 할당되는 자원이고 더구나 119에 소속된 자원이 아니라 하더라도 EMD라면 그런 자원과 동원 절차에 대해서도 잘 알고 있어야 한다.

3. 성공적인 구급자원 할당을 위한 EMD의 책임

EMD는 반드시 자신의 관할지역, 만약 서울에서 일하는 EMD라면 서울종합방재센터에 119신고가 접수되었을 때 그 신고를 어떻게 분류하고 각각 그 분류에 따라 출동대를 편성하는 유형에 대해 먼저 알고 있어야만 한다. 그리고 자원의 배분은 아래와 같은 특정한 일련의 목표들을 EMD가 달성해내느냐에 따라 그 성공여부가 결정된다고 하겠다.

1. 적절한 정보의 획득
   지침서를 활용해서 효과적인 자원 할당 결정에 필요한 정보를 파악해야한다.
2. 신고의 본질과 심각성 확인
   출동 지침서에 들어 있는 질문사항들을 그 순서대로 신고자에게 체계적으로 시행함으로서 119에 신고한 이유와 그 신고의 심각성 여부를 파악한다.
3. 다중 또는 복합출동에 해당하는 상황인지 파악
   다중(multiple units)출동이나 상호 응원(mutual aid)이 필요한 신고는 아닌지 확인한다. 즉, 신고 된 상황의 심각성이나 그 특징에 따라 구급차 한 대면 충분한지 구급차가 여러 대 있어야 되는 상황은 아닌지, 화재, 구조, 경찰, 위험물 등 다른 팀의 출동이 필요한지 파악한다. 결국, 접수된 신고의 긴급성이나 심각성, 환자의 수, 사고 발생 장소와 그 접근 가능성 등에 따라 그 필요성 여부가 결정된다 하겠다.
4. 특수 자원의 지원 필요성 파악
   위험물(HAZMET)이나 특수구조대, 구급헬기 등 특수한 형태의 지원이 필요한 상황인지 파악해야 한다.
5. 출동양식(response mode) 결정
   신고에 따라 적합한 출동양식을 결정한다. 출동양식은 미리 정해놓고 신고내용에 따라 해당되는 양식대로 지시를 내리면 된다. 출동양식은 대개 응급(HOT)과 비응급(COLD)로 구분한다.
6. 가장 빠른 경로 선택
   출동대가 가장 빨리 환자에게 도달 할 수 있는 경로를 선택한다. 이는 자신이 살고 있는 지역의 지리를 구석구석 알고 있어야 가능한 일인데, 이렇게 지리에 익숙해지는 것도 EMD의 임무라 하겠다.
7. 활용 가능한 자원의 정확한 파악
   현재 활용 가능한 자원이 얼마큼 되는지 항상 파악하고 있어야 한다.

8. 상황발생 지역의 자원 파악

신고가 접수된 지역에 어떤 자원이 활용가능한지 알아야, 누구를 출동시켜야 할지 결정하는데 큰 도움이 된다.

9. 전화연결 필요성 파악

테러위협, 독극물, 폭발물협박처럼 위기상황 발생이 국정원이나 경찰, 군부대에 연락할 필요성이 있는 상황인지 확인한다.

10. 병원정보

대학병원이나 2차 병원, 개인의원은 감당할 수 있는 환자 수용과 치료의 능력이 다르다. 병원마다 환자수용능력, 특히 응급실의 여건은 어떤지, 환자를 받을 수 없는 특수한 사정은 없는지 파악하고 있어야 한다. 병원과의 유기적인 관계가 있어야 가능한 일이라 하겠다.

4. 구급자원 할당의 결정 요인

올바른 구급자원 할당은 다음과 같은 여러 가지 요인에 따라 달라진다. 자원을 할당하는데 있어 고려해야 할 전제조건이자 할당의 범위가 결정되는 한계요인이라 하겠다.

1) 특정 EMS지역의 필요와 그 활용 가능 자원을 근거로 정한 출동구성형태
2) 응급상황의 형태와 그 긴급성 및 심각성
3) 동원 가능한 인적, 물적 자원의 종류와 규모
4) 환자와 응급자원과의 거리
5) 환자에 대한 대응 시간
6) 신고자의 요구
7) 환자에 대한 접근성

5. 출동양식(response modes)과 4가지 출동구성 (response configurations)

119 구급신고는 그 출동 양식을 응급(HOT)과 비응급(COLD)으로 구분할 수 있음은 이미 밝힌 바 있다. 신고 내용이 응급인지 비 응급인지에 따라 다시 출동을 편성하는 구성형태는 4가지로 구분되어 정해진다. 이렇게 4가지 출동 구성형태를 미리 정할 때 그 기준으로 삼는 사항은 다음과 같다.

1) 자원과 그 능력(Resources and It' s capabilities)
2) 시간과 결과(Time and Outcome)

3) 시간에 따라 그 출동 결과에 차이가 생기는가? 현장에 신속하게 도착하는 것이 환자에게 크게 도움이 되는 출동인가?

4) 시간절약(Time Savings)

응급으로 출동을 해야 환자에게 도착하는 시간이 줄어드는가?

5) 시간과 근접성(Time and Proximity)

사고나 환자가 발생한 곳에 가까이 있는 구급대를 비응급(COLD)으로 출동시켜 시간을 절약할 것인가? 먼 곳에 있는 구급대를 응급(HOT)으로 출동시켜 시간을 줄일 것인가?

구급출동양식

1. 응급출동(HOT Responses)

비상 경광등을 켜고 긴급 사이렌을 울리면서 출동하는 응급출동 양식

2. 비 응급출동(COLD Responses)

비상 경광등을 켜지 않고 긴급 사이렌도 울리지 않으면서 출동하는 비 응급출동 양식.

비 응급출동은 말 그대로 교통신호를 지켜가면서 정상 운행을 하는 것이다. 비 응급출동은 교통 법규상 특례적용을 받지 않는 출동이다. 즉, 현장으로 출동하면서 사이렌을 울리거나 규정 속도보다 빨리 달릴 수 있는 특권 등을 이용하지 않는다.

출동구성(response configurations)[3)]

1. 일반응급처치 구급차 비 응급출동(BLS COLD)

"BLS COLD"는 2급 응급구조사와 일반응급처치구급차가 비상 경광등과 긴급 사이렌을 사용하지 않고 다른 일반 차량들처럼 운행하는 출동을 말한다.

2. 일반응급처치 구급차 응급출동(BLS HOT)

"BLS HOT"는 2급 응급구조사와 일반응급처치구급차가 비상 경광등을 켜고 긴급 사이렌을 울리면서 하는 출동이다.

3. 전문응급처치 구급차 응급출동(ALS HOT)

"ALS HOT"는 1급 응급구조사와 전문응급처치구급차가 비상 경광등을 켜고 긴급 사이렌을 울리면서 하는 출동이다.

4. 일반/전문응급처치 구급차 응급출동(FULL Response)

"FULL Response"는 출동 구급대원과 차량의 수준에 관계없이 환자 발생 장소에 인접한 모든 구급대가 비상 경광등을 켜고 긴급 사이렌을 울리면서 하는 출동이다. BLS HOT과 ALS HOT 출동을 결합한 출동이라고 할 수 있다.

6. 성공적인 구급자원 할당의 전제조건

자원 할당에 있어, 다음 전제조건들을 EMD가 충족시키느냐에 따라 할당을 할 수 있는지 없는지가 결정된다. 이 중 몇 가지는 이미 위에서 언급한 내용들이다.

1. 구급자원의 현 상태를 항상 파악하고 있어야 한다. 출동이 가능한지? 수리중은 아닌지? 훈련이 있거나 근접 배치를 나갈 예정인지 등을 파악해야 한다. 이를 위해서는 각 119 안전센터별로부터 정기적인 일일보고를 받고 출동에 제한이 발생할 문제가 있을 때마다 수시보고를 하도록 해서 구급차의 효과적인 운용을 위한 조정자 역할을 상황실에서 해야 한다.

2. 신고 상황에 가장 적합한 인접 구급대를 출동시킨다. 다시 말하면, 환자 발생 장소와 가장 가까운 구급대가 있어도 가깝다는 이유만으로 무조건 출동 지시를 내릴 것이 아니라, 그 처치에 가장 적합한 경우에만 출동시켜야 한다는 말이다. 우선출동의 근본취지는 전문응급처치 구급대가 설령, 단순 비응급 환자 근처에 출동대기 상태로 있더라도 출동시키지 않고 다음으로 가까이 위치한 일반응급처치 구급대를 출동시키는 것이다.

3. 신고상황에 적합한 구급자원을 출동시킨다. 전문응급처치 구급대(ALS)를 보낼 것인가? 일반응급처치 구급대(BLS)를 보낼 것인가? 한 대의 구급차로 충분한 상황인가? 아니면 여러 대의 구급차가 필요한가? 구급차만 필요한 상황인가? 그 외 화재, 구조, 가스 등 복합적 출동이 필요한 상황인가를 파악해서 출동 지시를 내린다.

4. 출동 거리와 도착 시간이 그 결과에 미치는 영향을 고려해서 출동 지시 결정에 반영한다.

5. 구급대를 출동시키기에 앞서 환자에게 도착하는 가장 쉬운 경로를 파악하고 출동지시에 반영한다. 즉, 구급대가 환자에게 접근이 곤란하거나 불가능한 장소에 있지는 않은지 파악 할 필요가 있다. 만약, 환자가 산악지역이나 계곡 등 구급대 접근이 어려운 지역에 있다면 산악구조대나 항공이송도 고려해야 한다.

6. 상황발생시 그 필요에 따라 신속한 대처가 요구되는 경우, 최초반응자나 동원이 필요한 다른 조직의 역량은 어느 정도인지 여러 기관의 동시 출동이 요구되는 복합적 출동이 가능한 범위는 얼마나 되는지 등을 파악하고 있어야 한다.

7. 관할 밖 인접 EMS로부터 지원 자원을 확보해둔다. 한 지역이 감당하기 어려운 대형 재난 발생 시 다른 지역으로부터 지원을 받을 수 있도록 대비하는 것 이야말로 조직의 재난 대응 유연성을 높이는 조직관리라 할 수 있다. 이런 대비가 EMD 한 개인 차원에서 결정 할 문제가

아님은 물론이다.

8. 출동 지시가 EMD의 개인적 경험이나 주관적 판단에 따라 결정되어서는 안 된다. 출동 결정은 EMD 업무 지침서의 의학적, 임상적 기준에 근거해서 이루어져야 한다. 즉, 환자에게 정확하게 어떤 의학적 처치가 필요한지, 지침서에는 어떻게 나와 있는지에 따라 결정되어야 한다.

9. 구급출동의 양식과 출동구성 역시 EMD 업무 지침서에 따라 결정한다.

---

1) 우리나라는 119에서 구급, 화재, 구조신고를 받고 있으며 각 영역별로 접수자가 따로 구분되어 있지 않고 아직은 EMD가 구급, 화재, 구조 신고를 동시에 처리하는 시스템이다.

2) 대형재난의 예로는 1993년 3월 구포열차사고(사망 170여명, 부상400명), 1993년 7월 목포 항공기 추락사고(사망 66명, 부상 44명), 1994년 10월 성수대교 붕괴사고(사망32명, 부상 17명), 2006년 10월 서해대교 연쇄추돌로 인한 교통사고(사망 11명)등 을 들 수 있다.

3) 출동구성은 대체로 4가지 형태가 일반적이긴 하지만 지역에 따라 달리 정할 수도 있다. 더 세분화해서 정할수도 있고 아니면 2가지 또는 3가지 형태로 단순화시킬 수도 있다. 중요한 점이 있다면 한 지역의 출동 구성은 지역의 EMS자원과 능력을 고려해고 EMS 전문가에 의해 만들어져야 한다는 사실이다.

05장

응급통신 기본 술기

여러 가지 장비와 버튼이 설치된 상황실에 앉기만 하면 바로 응급상황전문가가 된다고 생각하는 사람이 적지 않다. 말을 하는 것과 대화를 잘하는 건 엄연히 다르다. 응급통신 업무는 전화만 받을 줄 안다고 해서 맡을 수 있는 일이 아니다. 전화나 무전기를 이용한 통신에 재능이 있는 사람은 거의 없다. 재능이 있다는 사람조차도 통신으로 여러 가지 업무를 동시에 할 수 있으려면 훈련과 부단한 노력이 필요하다. EMD가 맡고 있는 역할과 책임은 기본적인 것만 해도 여러 가지다. 신고자와의 통화, 출동 대원과의 무전 교신, 응급정도에 따라 제한된 시간 내에 출동 가능한 구급 자원의 우선출동, 예측이 어려운 다양한 상황에서 대원들에 대한 전략적 조정, 지원 출동, 출동 대원이 현장 도착할 때까지 신고자에 대한 의료안내 실시 등이 그것이다. 이렇게 다양한 기능을 처리하는 방식도 상황실마다 다르다. 한 사람이 여러 기능을 맡아서 처리하는 곳도 있고, 한 사람에게 한 가지 기능만을 전담해서 맡도록 하는 상황실도 있다.[1] 일을 처리하는 방식이야 어떻든 EMD는 언제나 전문가답게 자신의 업무를 처리해야한다. 현장 처치가 달라졌듯이 응급통신의 본질에도 변화의 바람이 불고 있다. 그 차이는 바로 교육이다. 현장 대원들은 이제 더 이상 단순히 이송만 해주던 사람이 아니라, 1급이나 2급 자격을 가진 EMT이다. 그 역할의 전문성이 바로 이런 호칭에서 묻어난다고 하겠다. 이번에는 전화 통화와 무전 교신에 필요한 기본 술기에 대해 말하고자 한다. 이제 막 업무를 시작한 직원과 경험이 많은 직원 모두에게 유용한 내용이 담겨있다. 가르쳐준 것보다 더 많은 것을 터득한 사람이 결국 전문가가 된다는 말을 하고 싶다.

---

1) 구급신고 접수 및 출동을 위한 상황실 운영방식은 다음 두 가지로 나눌 수 있다.

1. 수직출동체계 (Vertical dispatch method)- 신고 접수, 구급대 도착 전 응급처치 안내 및 구급차 관제를 모두 한 명이 하는 방식으로 하나의 신고에 대해 한명의 요원이 대응하는 방식. 미국 대부분의 상황실에서 채택하고 있다.
2. 수평출동체계 (Horizontal dispatch method)- 신고 접수, 구급대 도착 전 응급처치 안내 및 구급차 관제를 나누어서 하는 방식으로 하나의 신고에 대해 2명 이상의 요원이 대응하는 방식. 주로 규모가 큰 상황실에서 채택하고 있다.

EMD의 6가지 기본 역할과 통신

1. 신고접수(Input)

전화 통화는 EMD가 감당해야할 가장 큰 일중 하나로 신고 처리의 성공 여부가 여기에 달려있다. 전화 통화만 놓고 보면 그렇게 어려운 일이 아니지만, 신고자와 통화를 하면서 동시에 다른 일도 처리해야 하기 때문에 어렵다. EMD는 신고자와 통화를 하면서 컴퓨터로, 무전기로 또 다른 일을 처리하기 위해 신경을 분산해야만 한다. 이렇게 여러 가지 일을 동시에 한 다는 점이 이 일의 매력일 수도 있지만, 때론 호떡집에 불난 것처럼 정신이 없을 때도 있다.

응급 상황에 대한 119의 대응은 대부분 전화 접수로부터 시작된다. 현장대원이 우연찮게 응급 상황을 목격하거나 1339와 같은 관련 기관으로부터 신고가 넘어오는 경우도 있긴 하지만 이런 사례는 많지 않다. EMD는 전화 통화를 통해서 응급상황 처리에 필요한 정보를 신고자로부터 파악한다. 이런 통화를 EMD의 입력(input)기능이라고 한다. 보이지 않는 상대로부터 통화만으로 꼭 필요한 정보를 얻어내는 EMD는 말의 심리학을 잘 활용하는 전문가라 하겠다. 응급 통신의 이런 특성을 이해한다면 EMD에게 "전화 접수자" 라는 말은 모욕에 가깝다. EMD는 단순히 전화를 받는 사람이 아니다. 필요한 정보를 획득하는 능력은 금(gold)으로 말하면 그 무게와 같다. 질문은 누구나 할 수 있지만, 응급상황을 제대로 진단하는 능력은 응급통신에서 빼놓을 수 없는 전문성의 핵심이다. 옛말 그대로, 쓰레기를 넣으면 쓰레기가 나온다.

EMD는 신고자와 응급의료 체계를 연결하는 첫 번째 고리로서, 응급 상황에 처한 사람에게는 첫 번째 도움의 손길이나 마찬가지다. 시작이 좋아야 그 다음 과정이 매끄럽고 결과에도 큰 영향을 미친다. 첫 느낌이 중요하다. 신고자는 EMD가 전문가인지 아닌지를 곧바로 알아차린다. EMD가 보이는 냉소, 무관심, 빈정댐, 무시 같은 어투는 의사소통 전체에 영향을 미친다. 이런 태도가 공공연하게 표출되지 않고, 단지 무심코 보이기만 해도 신고자는 금방 눈치 챈다. EMD의 이런 태도는 자신은 모르지만 현장에 도착한 직원에게 거꾸로 부정적인 영향을 미치게 된다. 아주 응급상황이나 폭력적인 상황에서는, EMD의 부적절한 대응으로 인해 비극적인 결과가 초래될 수 도 있다. 반면에, EMD가 따뜻함, 보살핌, 겸손, 공감, 관심, 이해를 보이는 말투에, 신고자가 처한 응급 상황을 이해하려는 적극적인 자세를 보인다면 현장에 도착한 직원에게 그 상황은 180도 달라질지도 모른다. 긍정적이고 진정성이 담긴 말투는 모르는 사람, 특히 응급상황에 처해있는 사람과 상호 작용을 부드럽게 하는데 아주 효과적이다.

EMD는 신고자의 태도만을 근거로 판단이나 결정을 내리지 않도록 조심해야한다. 손을 조금 벤 상처만 가지고도 당황해서 요란스럽게 신고하는 사람이 있는가 하면 정말 응급상황인데도 너무 침착해서 상황을 오판하게 만드는 사람도 있기 마련이다. 이런 오판을 방지하려면, 출동 지침서에 들어있는 4가지 질문이나 핵심질문사항 만큼은 반드시 확인해야한다. 다른 사람이 나에게 해주는 대로 하고 싶은 것이 보통사람들의 인지상정이다. 화를 내고 욕과 모욕적인 말을 하는 신고자를 보면 똑같이 해주고 싶다. 신고자 중에는 정말 경멸하고 싶은 사람도 있을 것이다. 그러나 응급상황 전문가인 EMD에게 이런 태도는 어울리지 않고 용납되지도 않는다. 신고가 들어올 때마다 응급 자원을 출동 보내야하는 EMD가 독단적으로, 또는 편견이나 선입견에 사로잡혀 결정을 내려서는 안 되기 때문이다. 황당하고 의문이 들거나 웃음이 나오는 신고도 꽤 많다. "엄청난 폭발이 있습니다." "팬티가 안 올라가요." "횡설수설.. 당장 구급차 보내!" 하는 신고는 모든 상황실에 접수되는 사례들이다. 첫 번째 신고의 경우는 심각한 상황임을 바로 알아차릴 수 있다. 누구나 즉각 반응을 보이는 신고이다. 팬티가 안 올라가는 신고는 장난 전화일수도 있고 정말 사소한 문제일 수도 있다. 그런데 부정맥이 심각한 환자 중에는 다리나 서혜부(groin)가 믿기 어려울 정도로 부어서 그렇게 신고하는 경우도 있다. 신고자가 횡설수설하는 경우에는 비난하지 말고, 아무리 불쾌하더라도 신고 이유를 정확하게 파악하는데 집중하도록 한다. 신고자의 말이 정말인지 확신할 수 없거나, 앞뒤가 맞지 않는 것 같은 경우에도 일단 그 말이 사실이라고 받아들이고 다음 단계로 나아간다.

EMD가 판단을 내리는데 적용할 첫 번째 원칙이 있다. 환자가 사실을 말하는지 그 말에 타당성이 있는지 판정할 권한이 EMD에게는 없다는 것이다. 신고자나 환자의 의도를 결정할 권한은 언제나 경찰이나 소방관, 구급대원에게 있다.

예전 신고와 비슷한 신고를 받으면서 과거 상황을 떠올리고 결과도 비슷할 거라고 생각하는 것은 어찌 보면 당연하다고 하겠다. 그러나 결코 그렇지 않다. 개인적 경험은 신중하게 적용해야한다. 경험은 분명 결정을 내리는데 훌륭한 토대이지만 그 경험 때문에 부적절한 결정을 내리지 않는지 신중해야 한다. 환자들은 각각 다른 상황에 놓여있다. 술 취한 사람이라고 해서 다 같지는 않다. 술 취했다고 해서 다 만취 상태는 아니다. 술 먹은 신고자가 두서없이 말하지만 그 옆에 심각한 환자가 있을 수 있다.

EMD 판단 원칙 두 번째는 신고자가 꼭 환자는 아니라는 사실이다.

고정관념을 조심해야한다. 결핵환자 촌에서 들어오는 신고라고 해서 꼭 결핵 때문에 신고하지는 않는다. 몇 동 몇 호 환자는 폭력적이고 불량하다는 생각, 새벽 5시에는 큰 사고가 없다, 라는 그런 믿음은 말 그대로 고정관념에 불과하다. 과거의 경험을 자신의 것으로 만들되 모든 상황에 그대로 적용시키는 우를 범해서는 안 된다. 성공한 경험이었던 실수를 통해 배운 경험이든 이 원칙을 잊지 말았으면 한다. 하루가 멀다 하고 119를 이용하거나 신고를 하는 사람도 있다. 시스템이 자신의 요구를 바로 충족시켜주지 못한다고 화를 내거나 거짓말을 하는 경우도 있다. EMD는 전문가로서 인간의 감정과 동기의 복잡성을 이해한다는 면에서 이런 신고자와 다르다. 다음 신고가 들어오면 이전 신고자에게서 받았던 부정적인 감정을 떨쳐내고 지금 신고에 집중하는 능력을 갖춘 전문가여야 한다. 신고를 받다보면 정말 불쾌하거나 참기 어려운 경우도 있다. 그런 경우에 화를 내거나 분노를 표출하는 전문가는 드물다. 응급상황을 통제하는 전문가로서 EMD는 이런 상황에 현명하게 대처하는 법을 알아야한다.

2. 분류(Triage)

신고마다 그 상대적 중요성과 긴급성에 대한 판단은 EMD의 주 임무이다. 이런 판단에 따라 현장 대원이 환자 위치나 중증도 등 여러 상황을 고려하고 임무를 제대로 수행할 수 있게 된다. 출동이 뜸한 날 발생한 다리골절 환자와 대량재해 상황에서 발생한 다리 골절 환자에 대한 대응이 같을 순 없다.

정보는 파악하자마자 바로 기록해 둬야한다. 기록하지 않은 행위는 안 한 것이다. 이것은 EMD가 준수해야 할 첫 번째 법 원칙이다. 표준 양식의 서류든 컴퓨터로 저장하든 꼭 보관해야하고, 가능한 컴퓨터에 저장하는 편이 바람직하다. 장기간 보관이 필요한 자료를 저장해두고 분석 및 통계에 활용하려면 컴퓨터가 훨씬 편리하다. 기록을 철저히 해둬야 법적 문제가 발생하더라도 보호 받을 수 있다. 예를 들어 출동 시간, 도착 시간 등 시간 기록은 EMD라면 누구에게나 제 2의 천성처럼 몸에 익혀야한다. 자신의 기억을 믿거나 테이프 녹음에 의존해서도 안 된다. 잊어버리거나 녹음이 안 될 수도 있기 때문이다. 요즘은 거의 상황실에서 컴퓨터 시스템을 이용하지만, 그렇지 않다면 출동과 관련한 시간과 조치 상황만큼은 꼭 기록해 두어야 한다.

3. 출동 지시와 출동 대원과의 통신(Output)

신고자에게서 필요한 정보를 파악했으면 바로 간단명료하게 출동 대원들에게 알려야 한다. 긴급한 정보라면 전화 통화중이더라도 먼저 대원들에게 알리고 추가 정보를 파악한다. 이렇게 신고자로부터 여러 가지 다양한 자료를 파악하고 출동대원에게 필요한 정보로 종합하는 능력이야말로 무전을 통한 지시라는 이런 특정 역할에서 열쇠에 해당한다고 하겠다. 무전 교신에서 "짧고" "정확하고" "빨리"가 중요하다는 점에 대해서는 아무런 이견이 없지만, 정확하게 말하는 것이 짧고, 빠른 것 보다는 훨씬 더 중요하다. 신고를 접수한 상황실에서는 가까운 구급대를 선정해서 출동시키게 된다. 이런 할당의 역할은 EMD가 하기도 하고 컴퓨터로 자동 처리되기도 한다. 지역 상황에 따라서는, 현장 구급대원과 의료기관, 기타 관련 조직사이의 무전 교신을 중계해주는 역할 역시 EMD가 책임지고 있기도 하다. 이밖에도 무전, 전화 추적, 청각장애인을 위한 수화통신, 생체징후 전송 시스템, 화상전송과 같은 정보통신 기술이 포함된다. 이런 역할을 무리 없이 해내려면 최신 기술이 몸에 배어야하고 그에 대한 교육이 꼭 필요하다. 다른 사람이 하는 것을 1-2주 정도 옆에서 지켜보는 것으로 EMD 교육을 대충 마치는 식은 곤란하다. 옛날 방식을 답습하는 전임자를 옆에서 지켜보면서 그 잘못을 그대로 답습하는 신임 직원들도 적지 않았다. 장비를 이해도 못하고 한번 사용해보지도 못한 이런 직원들에게 일을 맡겼던 것이다. 내 앞에 놓인 버튼이나 신호가 뭐고, 어떻게 작동시켜야하는지 정확하게 모르는 체 수보대(console) 앞에 앉아있는 것만큼 가시방석이 어디 있겠는가! 더 한심한 것은 이런 상황을 개선할 기회마저 거의 주어지지 않았다는 점이다. 그러니 EMD로서 적절치 못한 행동이 무엇인지 인식조차 못한 건 어찌 보면 당연하다 하겠다. 경험만큼 좋은 교육이 없지만 경험에는 긴 시간이 필요하다. 신임 EMD는 공부하듯 지도를 보면서 지리를 파악하고, 계속해서 질문하고, 교육에 가능한 많이 참여하고, 업무에 활용할 참고 자료에 정통해져야 한다. 이런 과정을 거치면서 EMD로서 필요한 업무 능력이 최대화 된다. 전화연결이나 전화번호 추적, 위치 확인처럼 자주 사용하지 않은 기능 역시 점검을 게을리 하면 안 된다. 잘 사용하지 않는 이런 기능이 언제 필요하겠느냐는 무사안일에 빠지지 말고 현장 직원들과 정기적으로 점검을 실시해야한다. 이렇게 하면 두 가지 이점이 있다. EMD는 장비를 더 능숙하게 사용할 수 있어 좋고, 현장대원들에게는 통신 방법이 여러 가지 있다는 사실을 상기시킬 수 있어 좋다. 그리고 컴퓨터 기능이 획기적 발전하면서 위에서 말한 정보의 대부분은 이제 자판만 두드리면 얻을 수 있는 세상이다.

4. 전략적 조정

EMD는 활용 가능한 응급 자원이 현재 얼마나 되는지 항상 파악하고 있어야한다. 예를 들어 전문응급처치 구급차(ALS) 또는 일반응급처치 구급차(BLS)가 어느 지역에 몇 대나 대기하고 있는지 모른다면, 응급 상황에 따라 가장 가까이 있는 적절한 구급대를 출동시키지 못하고, 결국 구급자원을 효과적으로 운용하지 못할 것이다. 관내 지리와 교통 상황 등도 확실히 파악하고 있어야 한다. 그래야 직선거리는 가깝지만 교통여건으로 구급대가 멀리 돌아야 하는 경우나, 교통정체 등 특수한 상황에서도 구급 자원을 탄력적으로 운용할 수 있다. 가령, 비 응급 상황에 출동한 구급대가 있다고 해보자. 그런데 그 근처에 응급 환자가 발생했다면, 아무래도 다른 구급대가 현장에 도착하기까지는 비 응급 상황에 출동한 구급대보다 시간이 더 걸리기 마련이다. 이런 경우에는 비 응급 상황에 출동 중인 구급대를 응급 환자에게 먼저 보내고, 멀리서 오는 구급대에게 비 응급 환자 이송을 맡도록 한다. 특히, 심정지 환자가 발생했다면 구급대에게 주어진 시간은 4-5분에 불과하다. 이런 환자에게는 구급 자원을 최우선 배당해야한다. 응급 상황이 아닌 만성질환자나 경미한 환자가 신고를 먼저 했다고 해서 심정지 환자보다 먼저 구급차를 이용할 권리는 없다. 생명이 걸린 신고가 다른 어떤 신고보다도 항상 최우선임을 잊지 말자. 이런 상황에서 EMD의 역할은 정말 빛이 난다. EMD는 EMS라는 장기판이나 바둑판의 기사요, EMS라는 전쟁터의 뛰어난 전략가이다. 그 돌아가는 판세를 EMD보다 더 정확하게 파악하고 있는 사람은 아무도 없다. EMD의 이런 전략적 조정기능에는 현장에 출동 중인 대원들이 그 업무를 원활하게 할 수 있도록 도와주는 역할도 포함되어 있다. 즉, 출동 구급대가 현장을 찾는데 어려움이 있다면, 신고자의 협력을 이끌어내고 대원들과 긴밀히 연락하여 제때에 도착하도록 도와주는 역할이 그 한 예이다. 사실, 병원 전 응급의료 현장에서 분투하고 있는 구급대원에게는 걸림돌이 참 많다.

출동 한 순간부터 교통정체, 신호 대기, 일부 몰지각한 운전자들, 차로 꽉 찬 주택가나 복잡한 골목길 등 신속한 현장 도착을 방해하는 걸림돌이 부지기수다. 신고자나 환자는 자기가 살고 있는 동네 어디에 무엇이 있고 어디로 들어오라고 설명해주면 구급대원이 금방 찾을 수 있을 거라고 생각하지만 말처럼 그리 쉽지 않을 때도 있다. 지금은 GPS나 Navigation같은 정보 통신이 현장에서 위치를 파악하는데 큰 도움이 되고 있다. 그래도 신고자의 도움이 여전히 필요하다. 환자의 집 코앞까지 왔어도 다닥다닥 붙어있는 집들 사이에서 환자의 집을 찾기가 만만치 않을 때도 있다. 최근에는 대단위 아파트단지도 많다. 단지가 워낙 커서 구급대가 단지 내에서 헤매기도 한다. 아파트 동이 서로 엇갈려 있기도 한다. 111동이 110동과 떨어져 있기도 하고 들어가는 입구가 서로 다른 경우도 있다. 특히, 환자 상태가 위급한 상황에서 환자가 있는 곳을 찾지 못한다면 얼마나 애가 타는가? 이럴 때는 환자의 가족이나 누구라도 나와서 구급대원을 안내해주다면 모두에게 바람직하다 하겠다. 도심의 빌딩 숲의 경우에도 마찬가지다. 큰 빌딩에는 출구도 동서남북 모두 다를 수 있고 승강기도 여러 곳에 있다. 승강기를 타고 내리는 사람도 많기 때문에 승강기를 기다리고 타는 시간도 만만치 않다. 건물 입구에 설치된 차량 차단장치나 아파트 출입구의 비밀번호 역시 환자에게 가는 귀중한 시간을 잡아먹는다. 이렇게 큰 빌딩이나 아파트 출동은 그 건물 입구에 도착한 것과 환자에게 가는 것이 별개나 마찬가지다. 그래서 구급대가 환자 옆에 신속하게 도착하려면 신고자의 도움이 절실하다. 신고자가 경비 담당자에게 응급 환자가 발생했다는 사실을 알리면, 그들이 입구에서 차단기를 미리 올려놓고 구급대를 인도하거나 승강기를 잡아서 환자에게 접근할 시간을 줄여 줄 수도 있다.

농촌 지역은 이런 건물의 도시와는 상황이 좀 다르다. 아파트와 공장이 들어선 도농 복합지역은 사실 도시와 별반 다르지 않을지 모르지만, 마을 단위의 농촌에서는 누구누구네 집이라는 말로 쉽게 위치를 찾기도 한다. 집들이 서로 떨어져 있는 시골 농촌이나 표지가 거의 없는 야산 등에서는 손전등 불빛이 아주 좋은 신호가 되기도 할 것이다. 이밖에도 EMD가 능력을 발휘할 조정 기능은 얼마든지 있다. 가장 가까이 있는 구급대와 전문응급처치(ALS)구급차가 필요한 칼에 찔린 환자가 있다고 해보자. 전문외상 센터는 3분 거리에 있다. ALS구급차는 도착에 15분이 걸리고 일반응급처치(BLS)구급차는 1분이면 현장에 도착한다. 이런 경우에 EMD는 BLS구급대에게 환자를 바로 외상센터에 이송하는 것이 ALS구급대를 기다리는 것보다 빠르다고 알려줄 수 있다. 정말 1초가 아까운 응급상황에서 EMD의 조정역할은 사람의 생명을 살리기도 한다. 무엇을 할지는 결국 현장에서 결정할 몫이지만, EMD의 이런 개입이 없다면 현장에서는 그 선택의 경중을 가늠하기가 어렵다. 전체 상황을 조망하면서 적절히 조정하는 뛰어난 EMD의 이런 능력은 현장 활동의 큰 몫을 차지한다. 어쨌든, EMD는 전략적 사고를 가지고 출동 구급대를 지원할 만만의 준비가 되어있어야 한다.

EMD는 관련 기관 사이의 협력을 공고히 하는 역할도 한다. 소방, 항공대, 경찰, 위험물, 구조팀 등 시민 안전을 책임진 관련기관을 서로 조정하고 긴밀하게 협력토록 하려면 의사소통이 원활해야 하고 다양한 업무 술기가 필요하다. 결국, 의사소통이 중구난방이 아니라 정보의 흐름을 간결하게 균형을 잡아줄 역할을 EMD가 해야 한다. 각 조직마다 무슨 일이 발생했는지 파악한다고 시간을 허비토록 해서는 안 된다.

5. 가용 자원의 동원과 체계화

EMD는 응급의료 시스템에 원료를 제공하는 역할도 한다. 즉, 병원 전 단계를 책임진 현장 대원들이 출동 때마다 그 임무를 최대한 완수하는데 필요한 도움을 제공하는 역할이다. 따라서 EMD는 지원 가능한 자원을 항상 파악하고 있어야한다. 예를 들면, 일정 지역의 전원 차단이 필요할 때, 현장에서는 대개 전력회사(한전)에 연락하거나 직원을 보내달라고 하기가 어려운 경우가 많다. 그럴 때 EMD가 도움을 줄 수 있다. 구급 신고로 접수되었지만 현장에서 구조대의 도움도 필요한 경우가 있다. EMD가 현장 상황을 제대로 파악했다면 구급대만 출동시키지는 않을 것이다. 휴대전화 위치추적이 필요한 경우도 있기 때문에, EMD는 위치 추적의 필요성 여부와 그 요청 절차 등을 숙지하고 있어야한다. EMS에 필요한 가용 자원에는 언론사도 포함된다. 언론에 대한 홍보나 취재 요청에 대한 내부 지침을 마련해 둔 상황실이 꽤 많다. 그 지침을 파악해서 지키면 된다. 이런 공식적 지침이 없는 상황실에서 근무하는 EMD는 어떤 정보를 어느 정도까지 제공해야 하는지 신중하게 판단해야 할 것이다. 이런 과정에서 취재 기자와 불필요한 신경전을 벌일 필요는 없다. 기자들도 해야 할 일이 있고 알 권리에 해당하는 정보도 있기 때문에 그런 정보는 빨리 제공하는 것이 현명하다. EMD의 이름이나 직책, 사건이나 사고에 대한 전반적인 개요 등이 이에 해당하는 정보이다. 무엇보다도, EMD는 환자의 비밀 보호에 최선을 다해야 하는데, 특히 환자 이름이나 상태가 방송에 오르내릴 때 더 철저해야 한다. 한 집 건너 서로를 아는 작은 공동체에서는 뜻하지 않게 큰 문제로 비화되기도 한다. 현장에 모인 사람들이 당신의 무전 내용을 들을 수 있다는 점도 간과하지 않았으면 한다. 환자 이름이나 상태는 그 가족이나 가까운 친척으로 확인되기 전까지 누구에게도 함부로 밝히면 안 된다. 정보제공자로서 EMD는 정보를 통합적으로 활용할 줄 알아야한다. EMD가 정보를 서로 연관 지어 제공할 기회는 시간마다, 매일 매일, 얼마든지 있다. 예를 들어, 현장에서 흉기사고가 난 몇 주 전 신고를 떠올리게 하는 비슷한 신고자가 있다면 EMD는 출동 대원들에게 미리 주의를 당부할 수 있다. 신고를 받다보면 신고가 잦고 특이한 일로 신고하는 사람들의 주소나 전화번호가 저절로 외워지기도 한다. 자신들 편리한대로 구급대를 이용하거나 어떻게 말해야 구급대가 출동하는지 훤히 꿰뚫고 있는 사람들도 종종 있다. 이런 신고가 그렇게 많지 않고 점차 줄어드는 추세라는 점이 다행스럽다. 그래도 다시 한 번 강조하지만 선입견을 가지고 판단하려고 하지마라. 먼저 대원을 출동시키고 난 다음 신고자에게 충고나 조언을 하기 바란다. EMD는 허위신고나 과장 신고를 일삼는 사람들에게 출동하는 구급대에게는 이런 사실을 미리 알려줘야 한다. 또 구급대 인사이동으로 새로 온 직원들과도 이런 정보를 공유해야 한다. 사소한 일로 빈번하게 구급대를 요청하는 사람들 때문에 내부 방침이나 공공 조례를 만든 지역도 있다. 이 직업만이 가진 독특한, 도전해볼만한 분야가 바로 특이한 상황에서 관련 정보를 신속하게 제공하는 방법을 터득하는 일이다. 현실에 안주하기는 참 쉽다. 이런 안주는 예상치 못한 일이 발생했을 때 허둥지둥할 위험성을 그만큼 키운다. 상황실은 동원할 수 있는 다양한 자원을 언제라도 활용할 수 있도록 준비하고 있어야한다. 그런 자원이 요청하고 동원할 기회가 거의 없어 보인다 하더라도 전문가라면 확실하게 파악하고 있어야한다.

마지막으로 한 마디 덧붙인다면, EMD에게 제공받아 현장에 도움이 되는 자원을 정작 현장대원들이 모를 수 있다. 따라서 구급 교육 때, 그런 자원 요청에 대한 교육도 같이 실시하면 모두에게 도움이 된다.

6. 전화를 통한 응급처치

이미 여러 차례 말했듯이, 환자 처치가 꼭 환자 옆에서만 이루어지는 건 아니다. 질병이 있거나 다친 사람의 치료 결과에 엄청난 영향을 미칠 수 있는 실질적인 기회가 EMD에게도 있다. 이는 구급대를 출동시키고 그들이 현장에 도착하기 전까지 신고자에게 응급처치 설명을 함으로써 현실화된다. 그런데 여기에 간과할 수 없는 한계가 있다는 점도 알아야겠다. 거의 대부분의 신고자들은 EMD의 응급처치 지시에 기꺼이 환자를 도우려고 한다. 그러나 신고자들이 도착 전 응급처지 지도를 거부할 때도 있다. 사고에 끼워들고 싶어 하지 않는 극소수의 사람들도 있기 때문이다. 이것은 그들의 선택에 달려있다. 또 어떤 사람들은 신체적 한계, 즉 노환이나 장애 때문에 돕고 싶어도 돕지 못하는 사람도 있다. 설령, EMD의 이런 요청이 거부되었다 하더라도 헛된 것만은 아니다. 거부한 사람이 구급대가 오기 전에 현장에서 환자를 도와야 한다는 것도 알게 되었고 다음에 이와 비슷한 상황이 발생한다면, 환자를 도울 마음의 준비를 할 기회가 되었을 수도 있기 때문이다.

좋은 통화를 위한 마음가짐

신고가 폭주할 때나 신고 유형에 따라 대처하는데 도움이 될 만한 세부적인 통화 기법과 전략이 있다. 전화 통화와 무전 교신 모두에게 긍정적이고 효과를 높이는 방법들이다. 사실 구급 신고 대부분은 비 응급이거나 준 응급상황으로 판명되지만, 신고가 들어올 때마다 진짜 응급상황일 가능성은 항상 열려있다고 봐야한다. 그러다 보니 EMD가 좀 더 관심을 기우려야하는 신고조차도 빨리 결정을 내리는 태도가 체질화되기 쉽다. 내가 신고를 받은 전화는 일단 내 책임이라는 생각이 필요하다. 만약 경찰의 도움이 필요한 상황이라면 경찰에 확실히 인계되기 전 까진 법적, 도덕적 책임은 신고를 받은 당사자에게 있는 것이다. 문제가 무엇인지 정확히 파악해서 해당 기관에 넘겨주면 임무는 끝이다. 응급 상황에 처한 신고자가 다시 신고를 하도록 해선 안 된다. 급박한 상황을 목격하고 정신이 없는 신고자가 전화를 잘못했다는 말을 듣고, 다른 곳에 다시 전화해서 그 상황을 또 설명해야할 때 어떨지 입장을 바꿔 생각해보자. 응급 상황에서 구급차를 기다리기 보다는 환자를 자기 차로 데리고 가려는 사람도 있다. 그렇지만 스트레스 상황에서 운전이 안전하게 될 리도 없고 가다가 엉뚱한 사람을 환자로 만들 가능성도 배제할 수 없다. 응급 신고자들이 관할지역이나 EMS조직의 업무 한계까지 알고 있기를 기대하는 건 무리다. 그건 EMD의 몫이다.

신고가 들어오면 바로 받아야한다. 신고자에게는 전화 벨소리가 영원처럼 느껴질 수 도 있다. 또 전화벨 소리가 울리는 횟수는 양쪽에게 같지 않다. 전화 벨소리가 EMD에게 두 번 울렸다면, 신고자 쪽에서는 세 번 또는 그 이상 울렸을 수도 있다. 그래서 전화벨이 세 번 울리기 전에 받도록 노력해야 한다. 그리고 언제나 비상 회선의 전화를 먼저 받고 일반 회선의 업무용 전화는 그 다음이다. 물론, 업무전용 전화도 가능한 빨리 받아야한다. 때론, 이런 일반 회선을 통해서도 응급 신고가 들어오기 때문이다.

도움을 받을 수 있는 곳에 제대로 전화했다고 EMD가 말하면 신고자는 안심을 한다. 이렇게 보이지는 않지만, 목소리에 묻어나는 친절은 전화선을 타고 그대로 신고자에게 전해진다. 전화 수화기를 들기 전에 미소를 지으면 목소리에 스트레스와 압박감이 감소되어 그렇지 않은 경우와 큰 차이가 난다는 놀라운 사실도 있다. 응급출동업무가 정말 스트레스가 심한 일이기는 하지만 신고자를 안심시키고 격려하는 말투가 꼭 불가능한 것만은 아니다. 어쨌거나, 신고자는 EMD의 조언에 따라 응급상황에 대처하게 되고, 다음번 응급상황에서도 스스로 해결하기보다는 먼저 119에 신고하게 될 것이다. 사실, 신고자들은 EMD가 동시에 여러 상황을 감당하고 있다는 사실을 잘 알지도 모를뿐더러 그럴 여유도 없다.

신고자의 감정 상태를 잘 파악해야한다. 신고자를 머릿속에 떠올리고 그 신고자가 처한 상황을 느끼도록 해보자. 너무 감정적으로 몰입해서도 안 되지만 건조하지도 않는 그런 균형 상태, 인간으로서 정서를 공유할 정도가 적당하다. 응급상황이 곧 직업인 우리에게는 신고자의 호소가 심각하게 들리지 않을 수 있다. 그러나 응급상황을 처음 겪는 보통 사람은 우리와 다르다. 신고자가 느낄 불안, 두려움, 혼란, 공포 같은 감정을 공감한다면 그 마음을 충분히 헤아리고도 남을 것이다.

여러 건의 신고가 한꺼번에 들어오면, EMD의 책임도 그만큼 커진다. 신고자를 기다리게 할 상황도 발생하는데, 이럴 때는 무슨 일이 있고 뭣 때문인지 설명한다. “제가 구급대와 통화를 해야하는데, 잠시만 기다려 주시겠습니까, 수화기 들고 계시고 전화 끊지 마세요.” 이렇게 여러 건의 응급신고에다가 무전 교신도 해야 하는 상황은 EMD가 자주 겪게 되는 딜레마다. 그런데, 약 17초정도가 지나면 기다리는 사람을 잊기 시작한다고 한다. 가능한 17초 이상 기다리지 않도록 하지 않는 것이 바람직하다 하겠다.

EMD들이 빠지기 쉬운 함정이 있는데, 특히 신고가 뜸하고 구급차 출동도 없는 날에 더 그렇다. 바로 나른하면서 따분해지는 함정이다. 이러다가는 올바른 근무 자세로 바로 돌아가기가 쉽지 않다. 그래서 언제 터질지 모르는 응급 상황에 대비하고 경계태세를 늦추지 않는 마음가짐을 가져야한다. 그러다가 민감한 장비에 음료수를 흘리는 용서받기 어려운 잘못을 저지르기도 한다. 또, 근무를 소홀하게 되는 원인중의 하나가 바로 일과 상관없는 직장 밖의 일에 몰두하면서 생긴다. EMD역시 일반 사람들처럼 부동산, 주식, 대출금, 사랑하는 사람과의 관계, 스포츠 경기, 연속극에 관심을 기우리고, 어떻게 하면 내일 있을 컨퍼런스를 빠질까 고민하기 마련이다. 그래서 일단 신고가 떨어지면 바로 그런 생각들을 떨쳐버리고 신고자와 그 상황에 집중하는 능력을 키워야한다. 정신 똑바로 차리고 재빨리 적응하는 능력이 중요하다.

통신을 잘하기 위한 전략

전화나 무전 통신에는 모두 통신을 잘하는 능력이 중요하다. 통신 기법 몇 가지만으로도 상황처리가 더 빨라진다. 상대방이 듣기 쉽게 또박또박, 분명하게, 적당한 크기로 말하자. 우물거리거나 숨소리가 섞인 말투는 이렇게 고치려고 노력할 필요가 있다. 무슨 말인지 알아들을 수가 없어서, 긴박한 순간에 귀중한 시간을 허비하는 것을 좋아할 사람은 아무도 없다.

적당한 속도로 말하자. 아무래도 상황실에서는 말투가 빨라지기 마련이기 때문에, 좀 천천히 말하려고 노력할 필요가 있다. 한 번에 모든 정보를 전달하려는 습관을 가진 EMD도 있는데 이는 옳지 않다. 한꺼번에 많은 정보를 구급대원이 바로 받아들이기는 좀 곤란하고, 특히 한 밤중이거나 식사 중에는 더 그렇다. EMD는 무전 내용을 한 번 더 반복해야한다. 현장 구급대원이 바보가 아닌 한, 한 번 듣고 무슨 내용인지 이해할 수 있도록 분명하게 말하도록 한다. 물론 우리가 일상생활에서 이런 식으로 대화하지는 않는다. 그러나 무전 교신은 이렇게 해야 한다. 구급대 근무 형태로 보건대, 출동이 없는 동안은 대원들이 휴식을 취하고 있을 때도 있을 것이다. EMD가 응급신고에 대한 최초반응자로서 신고자에게 집중함으로서 현장 대원에게는 일종의 완충 역할을 해준다고 하겠다. 또 다른 흔한 실수로는 말을 장황하게 하는 것이다. 그렇게 해선 안 되고, 적절한 단어로 효과적으로 말해야 한다. 다음 두 가지 사례를 비교해보자.

사례

나쁜 사례: 세종로 여섯(구급대), 탑골공원 내, 주 호소는 심정지 가능성이 있는 노인 환자로 의식과 호흡이 없음, 코드 3(Code Three) 상황으로 가능한 빨리 출동하기 바람. 현재, 신고자에게 CPR하도록 지도중임. 이상이 현재 파악한 정보의 전부임.

좋은 사례: 세종로 여섯(구급대), 심정지 추정되는 9-ECHO-1. 탑골공원 내, 남, 노인, 무의식에 호흡 없음. 전화 CPR 실시 중.

나쁜 사례는 6개의 긴 문장으로 교신을 했고, 좋은 사례는 아주 짧은 단어와 문장 7개로 송신을 했다. 둘을 비교해보면, 무전 교신이 효율적이지 못한 사례에서, 그 상황을 전달하는데 없어도 되는 문장들이 들어있음을 알 수 있다. 경제적이고 효율적인 통화나 무전 교신에도 관심과 훈련이 필요하다. 그 내용을 녹음하고 들어보면서 고쳐야할 버릇이나 문제는 없는지 파악하고 좋은 사례와 비교하면서 정기적인 훈련을 반복해야 한다.

신고를 받거나 무전 교신을 할 때, 상대방이 제대로 들었는지 확인할 필요가 있다. 물어보자. EMD가 빨리 말했거나 목소리가 너무 작게 들렸을 지도 모르기 때문이다. 음식이나 껌을 씹고 담배를 피우면 이런 문제가 발생하기도 하는데, 아무래도 헤드셋이나 입 마이크(mouthpiece)를 좀 떨어뜨리고 말하게 되기 때문이다. 그러나 무엇보다도 근무 중에 이런 행동은 용납되지 않는다. 마이크나 헤드셋의 위치는 적당한지 살펴보자. 전화 수화기를 턱에서 2.5cm나 5cm정도 떨어뜨려 말하기만 해도 소리가 웅얼거리면서 상대편이 잘 듣지 못할 수 있다. 반대로 입에 너무 가까이 대고 말하면 목소리가 너무 울리기도 한다. 상대편의 말을 내가 정확하게 들었는지도 확인해야한다. 신고자에게 현재 위치나 전화번호를 다시 한 번 반복하도록 해서 확인한다. 그러고도 좀 의심쩍은 사항이 있으면 받은 내용을 불러주면서 맞는지 확인한다. 무전 교신에서는 어떤 시스템상의 문제 때문에 그 교신이 원활하지 못할 수도 있다. 잘못 들었거나 그 내용에 어떤 의문이 든다면 반드시 확인해 봐야한다.

신고자로부터 정보를 파악할 때는 신고자의 수준에 맞출 필요가 있다. 어린이와 통화하거나 달래 때 쓰는 말투가 어른에게는 불쾌할 것이다. 사람들은 다 다르기 때문에 딱히 정해진 말투는 없다. 전문 용어도 남발해서는 안 된다. 용어 역시 신고자가 이해할 수 있는 수준의 단어를 사용한다. 어쨌든, 시민들에게 EMD 수준에 맞추도록 할 수는 없고 EMD가 시민들의 눈높이에 맞춰야 할 것이다. 이렇게 해야 응급 신고에서 보이기 쉬운 격한 감정을 걷어내기가 훨씬 수월해진다. 한 번 듣고 이해하지 못했을 때, 처음 들은 내용을 다시 반복하는 방법도 알아야한다. 그리고 상황이 상황인 만큼 항상 친절하고 상대방의 처지를 이해하도록 노력해야한다.

한 밤중 만취한 신고자 때문에 애를 먹고 있는 EMD가 있다고 해보자. EMD가 지금 어디에 계십니까? 라고 물으면 신고자는 계속 "지금 여기." 라고만 반복한다. 이제 신고 접수자뿐만 아니라 다른 EMD들도 그 신고자의 위치를 파악할 수 있는 다른 방법이 있는지 고민하고 있다. 그러다 EMD에게 한 가지 방법이 떠올랐다. "자! 우리가 지금 신고자께 피자를 보내려고 합니다. 어디로 보내야 받을 수 있습니까?" 이런 식으로 EMD는 신고 상황이 아주 다양하기 때문에 그에 맞게 기발한 방법으로 대처해야 할 때도 있다. 어떤 신고든 효과적인 통화를 가로막은 장애물을 최소화 시켜야한다. 의학 용어 같은 전문용어나 속어, 의미에 혼란을 일으키는 단어는 신고자가 사용해도 될 만한 사람이 아니거나 이해하지 못하면 피하는 게 좋다. 보통 사람에게 CODE 3가 인상에 남는 말이 될지는 모르지만, 비상등과 사이렌(light-and-siren)처럼 바로 알아듣지는 못하는 말이다. 통화 상대방이 누군가(어린이, 노인, 외국인, 의사나 간호사, 기자)에 따라 바로 바로 적당한 용어를 사용한다. 한편, 의학적 문제나 그런 상황에서 쓰이는 용어가 혼동을 주기도 한다. 대표적인 예로 심장과 신장을 들 수 있는데, 그 발음이 비슷해서 전화 통화나 무전교신에서는 구별이 쉽지 않다. 신장이라는 말 대신에 콩팥이라는 말로 심장질환, 콩팥질환을 구별하는 것이 좋겠다. 또 노인들은 뇌졸중이라는 말보다 중풍이라는 말을 보다 많이 사용한다.

쓰러짐과 넘어짐도 구별이 필요하다. 비슷하게 쓰이는 경우도 있겠지만 응급의료 현장에서 그 차이는 결코 적지 않다. 길가다 돌에 걸려 넘어진 것과 의식을 잃고 쓰러진 것의 차이를 생각해보면 그 구분이 중요한 이유를 바로 알 수 있다. 미국의 경우에도 fall out을 높은 곳에서 추락했다는 의미로 사용하는 지역이 있는 반면 의식을 잃었다는 의미로 사용하는 도시들도 있다고 한다.

일단 구급대를 출동 시키고, EMD는 현장 안전이나 환자 상태를 좀 더 자세히 파악한다. 이렇게 파악한 정보는 바로 출동 대원들에게 알린다. 신고자가 응급처치를 해줄 수 있는 사람이라면 상황실 응급처치안내(Dispatch Life Support)를 지침서대로 실시한다. 상황실 응급처치지도에는 구급대 도착 전 응급처치안내(Pre-Arrival Instructions)와 출동지시 후 안내(Post-Dispatch Instructions) 그리고 상황별 추가행동요령(the Case Exit Sequence)이 있다.

출동지시 후 안내가 끝나면 대체로 전화를 끊게 되는데, 그전에 신고자에게 출동지시 후 안내에 관한 일반원칙(The Universal Post-Dispatch Instructions)을 잊지 말고 당부해야한다. 이 원칙은 EMD가 알려 준대로 하다가 어떤 문제가 생기면 바로 전화해서 추가 안내를 받으라는 당부의 말이다.

특별한 상황에서의 통신

상황실에서 일하다 보면 정말 생각도 못했던 상황에 맞닥뜨릴 때도 일을 것이다. 대처가 쉽지 않고 특별한 대처가 필요한 경우를 다음 몇 가지로 정리해보았지만, 사실 모든 사항을 예상하기란 거의 불가능에 가깝다고 하겠다.

1. 현장에 신고자인 환자가 없는 경우

응급 전화 통화에서 신고자의 정서 상태와 협조 점수(ECCS)가 가장 안정된 그룹이 바로 환자 자신이 신고한 1그룹(First Party)임을 이미 언급한 바 있다. 이렇게 신고를 환자가 했을 때가 다른 사람이 신고자인 경우보다 상황처리가 수월하다 하겠다. 1그룹 신고자는 미국 전체 EMS신고의 대략 10-15%를 차지한다. 그런데 이렇게 환자와 바로 연결된 경우에 난점이 있다. 바로 구급대가 가고 있는 동안이나 도착해서 문밖에 있을 때 환자 옆에 아무도 없다는 점이다. EMD는 전화 통화로 환자 평가를 한다. 이후에 모든 환자는 나아지거나 악화되거나 그대로 일, 세 가지 가능성이 있다. 1그룹 신고자들도 예외는 아니다. 이들이 상태가 악화되고 의식상태가 나빠져 소리도 못 내고 걷지도 못하고 심지어 기절까지 한다면 EMD에게나 출동 대원 모두에게는 상황이 확 바뀐 것이나 마찬가지라 하겠다. 현장에 도착한 대원이 집에 아무도 없는 것 같고 문과 창문은 모두 잠겨있다고 보고한다. 그래서 신고자에게 전화를 했는데 전화를 받지 않는다. 이럴 때, 과연 EMD는 어떤 조치를 해야 할까? 환자가 집을 나갔는지, 손끝하나 꼼짝 못하는 상황인지 아니면 죽었는지 확인해볼 방법은 문을 부수거나 창을 깨고 들어가는 방법밖에는 없다. 어떻게 해야 할까?

최근 미국에서 일어난 몇 건의 소송사례가 이렇게 환자와 연락이 끊겨서 발생한 문제를 극명하게 보여준다. 이와 같은 사례 중 상당수가 언론에 오르내리고, 결국 법정에까지 간 것을 보면 이런 유형의 출동과 위험상황(dispatch danger zone)을 밝혀둘 필요가 있다.

사례

테네시 소송 사례 : 1993년 3월 24일, 45세 남자가 흉통이 아주 심하다고 집에서 911에 신고를 했다. 상황실에 기록된 통화내역과 상담 내용은 다음과 같다.

신고접수자(calltaker) : 911입니다.
환자 : 아… 예… 저는 토니 시몬스입니다. 지금…아 아 여기는 콩코드 힐입니다.
신고접수자 : 예.
환자 : 지금 가슴이 너무 아픕니다.
신고접수자 : 알겠습니다. 구급차가 필요하시군요.
환자 : 저 혼자 있는데.. 소화불량 때문인지 왜 이러는지 모르겠어요.
신고접수자 : 예. 그건 신경 쓰지 마시고요. 제가 구급으로 연결해드리겠습니다.
그쪽에서 말씀드릴 거예요. 구급대도 출동시킬 거구요.
(이해할 수 없게) 구급대원들에게 말씀드리세요. 전화드릴 겁니다.
구급담당(EMS) : 예. 구급입니다.
환자 : 저는 시몬스라고 하는데 콩코드 힐에 삽니다.
구급담당(EMS) : 예.
환자 : 저밖에 없는데.. 방금 전에 너무 심한 흉통이 갑자기 생겼어요.
소화가 안 돼서 그러는지 그 이유는 모르겠어요. 어쨌든 안 좋습니다.
구급담당(EMS) : 예. 지금 나이는 어떻게 되십니까?
환자 : 마흔 다섯입니다.
구급담당(EMS) : 마흔 다섯이시고..지금 계신데 가 …. (화면에서 주소를 확인)
환자 : 예. 맞아요.
구급담당(EMS) : 예. 구급대 출동시키겠습니다.
전에도 이렇게 흉통이 있거나 심장마비가 있었습니까?
환자 : 아니요. 전혀..
구급담당(EMS) : 예. 구급대 출동합니다.
환자 : 고맙습니다.

911과 통화를 끝낸 신고자는 사무실로 전화해서 비서에게 아직 집에 들어가지 않았다는 사실과 자기 아내에게 연락해 달라는 말을 했다. 그런데 현장에 도착한 구급대원(파라메딕)은 아무도 찾을 수 없었다. 집 주위를 둘러봤지만, 집 안에서 짖고 있는 개말고 사람의 흔적은 보이지 않았다. 환자에게 전화해 보라는 대원의 요청에 상황실에서는 환자가 자기 차를 타고 병원에 간 것 같다고 말했다. 상황실도 나름대로 환자를 찾으려고 근처 병원에 연락도 해보았지만 찾지를 못했다. 그리고 30분쯤 후에 환자의 아내가 집에 돌아왔을 때, 남편은 죽어있었다. 결국, 소송이 제기되었다.

사례

일리노이 시카고 소송 사례 : 1995년 10월 오전 8시 경, 28세 여성이 심한 천식발작으로 911에 신고했다.

환자 : 도와주세요.
신고접수자 : 무슨 일입니까?
환자 : 천식 발작이요.
신고접수자 : 뭐라고요?
환자 : 심해요.
신고접수자 : 뭐라고요?
환자 : 거기 911 맞죠?
신고접수자 : 구급차가 필요하십니까?
환자 : 예.
신고접수자 : 연결해 드리겠습니다. 잠시만 기다리세요.
(두 번 벨이 울리고, 소방서 상황실 직원이 전화를 받았다.
천명음(wheezing)과 호흡곤란 소리가 들린다)
소방서 : 소방서입니다.
환자 : 구급차 좀 보내주세요.
소방서 : 소방서입니다. (상황실 직원이 환자의 말을 못들은 것 같다.)
환자 : 구급차 보내주세요. 그린 뷰 4520.
소방서 : 5-4 2 0, 그린 뷰요?
환자 : 다섯 넷 둘 영. 숨을 못 쉬겠어요.
소방서 : 몇 층입니까?
환자 : 3층.. 올라와 주세요.
소방서 : 예. 다 됐습니다. 전화번호가 어떻게 되시죠?
환자 : 지금 죽을 것 같아요 - 빨리 좀 와주세요!
소방서 : 제가 불러 보겠습니다.

상황실 직원이 신고자에게 번호를 확인하는 중에 전화가 끊겼다. 구급대원들이 아파트에 도착해서 현관문을 두드린다. 이들 역시 개가 짖는 소리를 들었다. 응답은 없고 문을 계속 두드리자, 옆 집 사람이 문을 열어 신고자의 뒷문으로 갈 수 있게 해준다. 뒷문에서도 반응이 없다. 신고자에게 다시 전화를 해봐도 자동 응답기 소리만 들린다. 대원들은 문을 열어보려고 시도하지 않은 체, 15분 쯤 현장을 떠났다. 사실 이때 문은 잠겨있지 않았다. 그리고 그날 오후 늦게, 환자는 침대에서 사망한 채로 그녀의 남자 친구에 의해 발견되었다.

사 례

텍사스 소송 사례 : 1996년 7월 25일, 후 소아마비 재발성 증후군(post-recurrent polio syndrome)이 있는 55세 여성이 전동 휠체어를 타고 집 근처 뜰에서 꽃을 가꾸다 휠체어가 패인 곳에 걸려 뒤집혔다.

이 여성은 똑바로 앉지 못하면 숨을 제대로 쉴 수 없는 환자였다. 휴대폰으로 911에 신고를 했는데, 나중에 녹음을 확인 한 바, 확실히 힘들어하면서 "도와주세요. 지금 뜰에 있는데 죽을 것 같아요."라고 간신히 말했다. 처음 신고접수자는 환자가 "도와주세요. 아파서 죽을 것 같아요 ."라고 말한 것으로 생각했고, 더 이상 환자의 말을 들을 수 없었다. 5분쯤 지나고 전화마저 완전히 끊겼다. 신고 접수 직원이 911시스템을 이용 전화를 다시 해봤지만 음성 녹음만 들렸다. 상황실에서는 즉시 소방관과 구급대를 출동시키고 관할 보안관도 현장에 가보도록 했다. 환자의 거주지에서 더 한차례 전화가 왔지만 아무 말이 없었고 다시 전화가 끊겼다. 집에 도착한 직원들이 집안 구석구석 찾아보았지만 환자는 없었다. 집주변을 둘러보아도 마찬가지였다. 경찰관들이 이웃들에게 물어보아도 환자를 본 사람은 아무도 없었다. 결국 환자는 남편과 병원에 간 것으로 추정하게 되었다. 나중에 집에 돌아온 남편이 죽어있는 환자를 발견했다. 환자는 집에서 50m쯤 떨어진 무성한 잡초사이에 가려진 체 죽어있었다. 이로 인한 소송에서, 배심원단은 상황실과 현장에 출동한 피고들에게 유리한 판결을 내렸다. 환자를 찾으려는 노력의 타당성 여부는 그 환자를 찾기 위해 수색범위를 얼마나 더 넓혔어야 했느냐 라는 수색 범위문제 만으로 정할 수 없다는 점을 근거로 내린 판결이었다. 이것은 "조금 더 멀 리가 낫다"는 철학으로 불리는데, 사실 이 말은 듣기에 그럴듯하긴 하지만 객관적인 실천 규범의 토대로 삼기에는 결코 쉽지 않아 보인다. 이 사건에서, 당사자들은 수색이 완전치 못했다는 점에 동의했지만, 배심원단은 그들이 현장을 철수하기 전에 충분히 노력했다고 결론지었다.

사 례

조지아 소송 사례 : 1986년 7월 6일에 규모가 큰 공공 상황실에 다음과 같은 전화가 걸려왔다. 이 전화도 분명 1그룹에 속한 신고로, 신고자는 통화 내내 웅얼거리는 말만을 할뿐이었다. 신고접수자는 처음에 신고자에게 큰 문제가 있다는 점을 확실히 인식하지 못했고 계속 그런 소리만 내자 전화에 대고 겁을 주기도 했다. 다음은 통화 내용 중 일부를 발췌한 것이다.

상황실 : 여보세요?
신고자 : (웅얼거림)
상황실 : 여보세요? 주소가 어떻게 되세요?
신고자 : (웅얼거림)
상황실 : 여보세요? 주소가 어떻게 되시냐고요?

신고자 : (웅얼거림)

상황실 : 경찰 보냅니다. 이렇게 계속 장난치시면, 경찰에 잡혀 감옥가요!

신고자 : (웅얼거림) 신고 접수자가 환자에게 계속 정보를 묻는 동안 시간이 흐른다.

상황실 : 구급차가 필요하세요?

신고자 : (웅얼거림)

상황실 : 경찰 도움이 필요하신가요?

신고자 : (웅얼거림)

상황실 : 여보세요! 이렇게 계속 말씀을 안 하시면 전화 끊겠습니다.

신고자 : (웅얼거림)

이 전화 통화는 놀랍게도 55분 동안이나 이루어졌는데 그 결말 또한 놀라웠다. 전화 추적에 성공하자마자, 상황실에서는 경찰만 출동시키는 치명적인 결정을 내리게 된다. 사건 진술기록을 보면, 현장에 도착한 경찰들이 신고자 집 앞 도로에 주차된 차는 보았는데, 집 주위를 세심하게 둘러봐도 잠긴 집안에 사람이 있는 기척은 전혀 찾지 못했다. 그러다, 나이가 많고 경험도 많은 경관이 자기가 예전에 이곳에 출동 나온 적이 있었는데 거주자가 알코올중독자였다고 하면서 이제 그만 가자고 했다. 신참 경관은 그래도 더 찾아보고, 창문을 깨고라도 집에 들어가 보자고 했다. 고참 경관이 상황실에 전화해서 신고자와 아직 통화중인지 물었다. 직원은 "예, 전화가 끊어지진 않았는데 말을 하려고 하진 안네요."라고 말했다. 상황을 잘못 판단한 이 말을 듣고, 경관들은 가버렸다. 거의 하루가 다 지나고 나서야, 집안에 쓰러져 있는 신고자를 그의 아들이 발견했는데, 심각한 뇌졸중으로 상태가 위중한 상태였다. 언어 능력이 조금 회복되고 나자 환자는 몇 시간동안 911에 전화를 몇 통화나 했는데 다 끊겼다고 말했다. 이 환자는 실상 상습 음주자도, 노숙자도 아니고 그 지역 고등법원 판사를 그만 둔지 얼마 안 된 분이었다. 고소를 안 당했다면 오히려 놀랄 경우라 하겠다.

구급대가 현장에 도착해서 벨을 누르거나 문을 두드려도, 아무 반응이 없다면, 환자에게 그럴만한 심각한 문제가 있을 수 있다. 이때는 세심하게 그런 가능성을 확인하는 것이 현명하다. 과거의 사례를 보면, 집에서 응답이 없던 신고 대부분이 바로 환자 자신이 신고자인 경우였다. 그렇지 않다면 다른 누군가가 대답을 했을 것이다. 이는 그냥 돌아가기 전에, 환자 상태가 심각하게 나빠질 가능성을 미리 차단할 책임성이 그만큼 증가한다는 경고의 징표라 하겠다. 흉통환자처럼 상태가 위중해질 가능성이 꽤 있는 1그룹 신고자들과는 전화를 끊지 말라고 권하고 싶다. 구급대가 가는 중에도 상태가 더 나빠져 문을 열어주기가 더 힘들 수 도 있다. 그런 문제점은 현장에 도착한 구급대원이 확실하게 파악할 것이다.

2. 신고의 폭주(Dispatch Overload)

상황처리 시스템이 최첨단이고 신고 접수와 무전을 분리해서 운영하는 상황실이건 신고가 뜸한 시골 지역의 1인 근무자 상황실이건 간에 신고가 폭주할 가능성은 항상 열려있다. 업무의 과부하는 사실 상대적이다. 전자의 상황실에서는 지하철 화재에다가 항공기가 추락하는 상황이 발생한다면 업무가 마비될 정도로 과부하상태에 빠질 것이다. 반면에 1인 근무자 상황실은 환자가 1명뿐인 응급신고가 두 번 연속 들어오기만 해도 업무에 과부하가 생긴다. 한 가지 사실만은 분명하다. 최악의 상황을 예견하고 충분한 인력과 장비를 상시 운영하는 상황실은 없다는 점이다. 업무의 과부하란 단지 신고의 양만의 문제는 아니다. EMD의 업무 숙련도에 따라 달라진다. 신임직원 혼자서 사무실을 지키고 있다고 해보자. 화재, 구급, 경찰신고를 받고 무전을 하고 자판을 치면서 민원인도 상대해야 한다. 옆방에 있는 감독관은 지원이 필요할 때만 도와준다. 전속력으로 도주하는 포르쉐를 관할이 서로 다른 여러 대의 경찰차가 여러 방향에서 추격하고 있다. 경찰들은 주파수가 서로 다른 무전기를 사용하고 있기 때문에 자기들끼리 교신을 못한다. 공동체 의식이 강한 시민들은 용의 차량이 자신의 주거지를 통과할 때마다 그 위치를 신고로 알려온다. 오직 EMD만을 통해서 정보가 교환되는 상황이라 하겠다. 이제 수보대는 빨간 불로 번쩍 번쩍할 것이다. 그 순간 바로 신임 직원은 상황에 압도당할 것이다. 신임직원과 달리 감독관은 이런 상황을 근무 분위기를 바꿀 기회로 본다. 지난 몇 달 동안 이렇게 짜릿한 상황은 없었다. 몇 건의 신고가 거의 동시에 들어오는데도 신속하면서도 전문가답게 평가와 대응을 해나가면서 한 번에 여러 가지 업무를 처리하는 모습이 신임직원에게는 환상적으로 보인다. EMD라면 누구나 이런 능력을 차츰 갖춰나가게 될 것이지만 도움이 될 만한 비결 몇 가지을 소개하고자 한다. EMD가 추구해야 할 가치는 여러 가지가 있지만, 핵심가치는 바로 "생명" 이다. 목숨에 대한 위협이 재산이나 다른 어떤 것보다도 우선한다. 응급 회선의 전화가 언제나 먼저라는 사실을 잊지 마라. 바로 위치를 확인해서 응급상황에 대처하고 이제 EMD가 책임을 맡고 있다는 믿음을 신고자가 갖도록 한다. 한 번에 여러 건의 신고가 들어오는 상황에서, 신고자가 "급한 건 아닙니다." 라고 말하는 신고라면 전화를 끊지 말고 잠시만 기다리라고 해놓고 촌각을 다투는 생명이 위독한 다른 응급 신고에 먼저 대응한 다음, 비 응급 신고는 접수 순서대로 처리하도록 한다. 가끔은 단 1건의 상황 발생으로 접수대 계기판 전체에 불이 동시에 들어올 때가 있다. 연기가 하늘 높이 치솟는 화재나 폭발사고, 대형 교통사고는 수십 명이 한꺼번에 신고를 하기도 하기 때문이다. 사고 현장이 어디입니까? 라고 물었는데 그 위치가 방금 전에 신고 된 위치와 똑 같다면 신고자에게 이미 신고가 접수되었다고 말하고 "신고 감사합니다." 라는 말도 덧붙인다. 응급회선은 바로 다음 신고에 대비해 대기상태를 유지한다. 그런데 그 앞뒤 신고가 동일 건에 대해 중복된 신고임이 확실해야한다. 주소나 위치만 물어보기 보다는, 교통사고의 경우 차량의 색상이나 모델명을 물어보는 것처럼 사고 양태를 파악하면 중복 신고인지 별개의 신고인지 여부를 구별하는데 도움이 된다. 첫 번째 신고자에게 미처 파악하지 못한 다른 정보를 두 번째 신고자가 제공해줄 수도 있다. 폭행범이 여기 저기 다니면서 여러 명의 희생자를 만든다든지, 총알 택시로 인해 충돌이 여러 건 발생하는 경우는 원인 제공자는 하나이지만 결과는 여러 건 발생하기 때문이다. 사실 대부분의 신고는 주소나 전화번호, 네 가지 핵심질문 사항을 파악하는데 그리 오래 걸리지 않는다. 신고가 폭주할 시에는 EMD가 결정을 평소보다 빨리 내릴 수밖에 없다. 그래도 정보 수집을 대충해서는 안 된다. 초기 대응에서 부정확한 신고 평가는 환자와 출동 대원 모두를 위험에 빠뜨리는 재앙이 될 수도 있다. 우선출동 과정의 질문사항은 하나도 생략하지 말고 출동을 적시에 하도록 한다.

백퍼센트 가능하진 않겠지만, 두 건의 대화를 동시에 하지 않도록 노력하자. 이게 말이 쉽지 근무하다보면 정말 어렵다는 점을 인정하지 않을 수 없다. 무전 호출과 신고 접수가 밀어닥치면, EMD는 꼼짝없이 여러 건의 상황을 동시에 신경 쓸밖에 없다. 도주 차량을 고속으로 추격하는 상황에서 경험 많은 EMD의 상황처리와 얼이 빠져 정신이 없는 신임 직원의 예를 위에서 봤는데, 경험이 쌓이다 보면 많은 사항들을 동시에 처리하는데 점점 익숙하게 된다. 물론 단지 빨라서만 되는 세상은 아니다. 정확하고 빨라야 되는 세상이다.

3. 대량재해(Mass Casualty Incidents)

EMD가 겪게 되는 가장 어려운 도전 상황 중에는 대량재해도 들어있다. 대량재해에 대처하려면 상황실 근무자도 많아야 될 뿐 아니라, 각 분야별로 균형 잡힌 조화가 필요하다. 대량재해 상황에서도 변치 않는 한 가지 사실이 있다. 대량재해 때문에 정신없는 EMD을 위해 매일 접수되는 일상적인 신고까지 멈추지는 않는다는 점이다. 대량재해가 발생한 날 상황실에 접수되는 온갖 종류의 신고에도 여전히 응급출동에 적용되는 원칙은 유효하다 하겠다. 대량재해 상황에서는 불필요한 무전기 사용을 삼가야 한다. 무전은 규정에 맞게 하되 중요하지 않은 부차적인 사항까지 단지 호기심 때문에 무전을 하는 일은 없어야 한다. 출동한 대원들은 현장에서 해야 될 일이 너무 많다. 꼭 필요한 상황이 아니라면 무전은 굳이 하지 않아도 된다. 사실, 그럴 여유도 없는 게 대량재해 현장이다. 꼭 한건의 대형사고만이 대량재해는 아니다. 중상자가 대량 발생했는데, 지진이나 홍수, 태풍으로 교통이 두절되어 구조 · 구급 실행 계획이 악몽처럼 되었다면 이것 역시 대량재해의 한 형태라 하겠다. 도시 전체에 전염병이 퍼졌다면 이것 역시 EMS 역량을 쪽 빨아들이는 재해이다. 교통이 혼잡한 출퇴근 시간에 대교에서 5중 충돌사고가 났고 중상자가 여러 명 발생한 것도 대량재해로 볼 수 있다. 교통정체 때문에 현장 접근이 어렵기 때문이다. 위와 같은 유형의 사고에 대응하는 최선의 방법은 그 대처 시스템이 어떻게 구성되어 있는가에 달려있다. 사실, 이 책은 EMD가 훨씬 더 자주 부딪치게 되는 상황에 맞게 서술되었기 때문에 대량재해에 대한 자세한 설명은 그 범위나 목적 밖이라는 점을 밝혀둔다. 분명한 점은 대량재해나 다른 이유로 신고가 폭주할 때에는 기록을 철저히 하면서 지침서에 따라 응급상황에 맞춰 우선출동 순위를 조정하는 것이 최선이다.

4. 정보가 확실치 않거나 불충분한 경우

정보의 혼란을 방지하려면 신고자의 말을 컴퓨터에 입력하거나 종이에 적도록 한다. 신고자의 말이 앞뒤가 맞지 않는 것 같거나 의문이 생기면 확인토록 하고 지침서를 활용하여 현장 활동에 지장이 없도록 충분한 정보를 파악한다. 신고자 중에는 자기 말만 하고 전화를 끊어버리는 경우도 있다. 문제는 다시 전화를 안 받는 경우다. 특히, 아주 다급한 목소리나 흥분한 목소리로 일방적으로 말하고는 전화를 끊고 다시 받지 않으면 현장 상황을 파악하기가 아주 곤란하다. 다음 몇 가지 경우를 생각해 볼 수 있다. 현장 상황이 너무 다급해서 전화를 받지 못하거나 119 전화가 아닌 다른 전화로 생각해 안 받으려고 하거나 아니면 다른 이유로 전화를 받지 않는 경우다. 이런 문제의 예방은 신고자가 일방적으로 전화를 끊지 않도록 주의하는 것이 첫째다. 그래도 이런 신고자가 전혀 없지는 않다. 일단, 신고자의 말대로 출동 지시를 내리고 확인 된 전화번호로 계속 통화를 시도해보는 수밖에 없다. 지금은 구급대가 출동에 이용하는 휴대전화는 신고자 휴대전화에 119구급대 전화라는 문자 메시지가 표시되기 때문에 휴대전화 신고자에게는 119에서 한 전화라는 사실을 알리는데 도움이 된다. 구급대가 현장에 도착하기 전까지 계속 통화를 시도해보는 수밖에 없다. EMD나 EMT 모두에게 난감한 신고에 해당한다. 특히, 이런 신고를 받고 현장에 출동하는 EMT에게는 그 심적 부담이 적지 않다.

5. 외상환자나 도착 전 사망(DOA)환자

외상환자 신고 접수에서는 손상기전 파악이 중요하다고 이미 강조한바 있다. 아울러 환자가 몇 명인지, 환자가 더 발생할 가능성이 있는지 등을 파악하여 구급대 추가 출동 여부를 결정해야 한다. 중상 환자를 움직이게 하면 더 큰 2차 손상이 발생할 가능성이 있다는 점도 유념해야 한다. 도착 전 사망 환자의 경우에는 관련 규정을 따르는 게 최선이다.

6. 다른 기관과의 통신과 조정

응급신고는 대개 119같은 공공 전화 회선으로 접수가 된다. 그런데, 다른 기관이 도움을 요청할 때는, 보통 이런 경로를 통하지 않기 때문에 업무처리가 매끄럽지 않을 수 있다. 한 지역의 응급의료시스템(EMS)이 우선출동을 시행할 때는, EMD의 지시에 따라 각 기관의 상황실과 현장 직원들의 무선 통신이 조정되어야 한다. 그리고 이들은 필요한 추가정보를 EMD에게 제공할 필요가 있다. 이렇게 되려면, 기관 간 행정적 협력과 협조가 필요하다. 전체 응급의료 시스템의 현 상태와 가용 능력에 대해 가장 폭넓은 시야를 갖고 있는 사람이 바로 EMD이기 때문이다. EMD가 다른 기관 소속 직원들과 통신할 때는 그 스타일이 아무래도 일반 시민들의 신고를 접수할 때와는 다르다. 쓰이는 용어나 문제점, 응급 상황에서의 좌절감등을 서로 잘 알고 있기 때문이다. 기관끼리의 통신이라고 하더라도, 환자나 아주 특이한 상황에 대한 비밀 보호와 같이, 전문가로서의 자세는 확실히 견지해야 한다. 이미 언급한 바와 같이 미국 텍사스주 와코에 있는 종교 집단 거주지에 대한 연방 정부의 공격 계획을 상황실 근무자가 언론에 부적절하게 알려 제기된 아주 유명한 소송사례가 있다. 기관 간 통신의 신중한 관리는 바로 좋은 통신의 밑바탕이라 하겠다. 헛소문이나 험담 또는 근거 없는 말들이 퍼지지 않도록 조심해야 한다. 특히 친척이나 친구들에게 입조심 해야 한다.

대량재해나 특수 재난이 발생했을 때 그 어려운 상황을 함께 헤쳐 나가야 할 EMS 관련구성원들은 소속 조직의 울타리를 넘어 서로 존중해야 한다. 무례나 무관심이 있어서는 안 된다. 전문적이고, 효율적으로 모든 사람을 돕는 마음을 가져야 한다. 특히, 다른 상황실(미국에는 민간 상황실도 있다) 직원들에게는 더 그래야 한다. 중요 정보에 대한 요청이 들어오면 상대를 존중하면서 자세하게 알려주고 또 변동사항이 발생하면 그 사실도 공유하도록 한다. 구급팀이 필요 없다거나 그렇게 전해달라고 요청받으면 그런 권한이 있는 지를 확인한다. 그런 요청 때문에 다툼이 있어선 안 된다. 다만, 그 취소 이유를 규정대로 기록해둔다. 병원이나 의료시설에는 환자의 손상기전(mechanism of injury), 생체징후(vital signs)나 구급차 도착 예정시간 같은 관련 정보만을 전달하면 된다. 업무 연관성이 있는 상황실들은 적어도 한 달에 한 번씩, 시간을 기록하는 방식을 같게 맞출 필요가 있다. 각자 시간을 기록해두는 일상 업무나 서로 얽힌 활동 때문이다. 응급전화 시스템이나 신고자 전화번호를 조회하기만 하면 언제, 얼마동안 통화했는지 정확한 시간이 바로 파악된다.

신고자가 특별한 경우

전화통화는 상대방과의 소통이 오직 목소리로만 이루어지기 때문에 특히 어려움이 가중되는 상황이 있다. 각별히 신경 써서 통화해야 하는 사람들이 있는데, 바로 노인이나 아이들, 외국인, 언어장애가 있거나 보청기에 의지해야 하는 사람들이 그렇다. 신고자가 이처럼 특별한 경우 말고도 어떠한 상황에서든 EMD가 묻는 정보를 신고자가 다 알려주지 못하는 사항이거나 파악이 어려울 때, 이런 정보가 핵심정보(key information)에 해당한다면, 그 대응단계(response level)를 한 단계 높여 출동시켜도 문제가 되지는 않을 것이다. 예를 들어, 신고자에게 파악해야 하는 정보가 생명과 직결된 문제 -감전사고인데, 환자 몸에 전선이 붙어 아직 전류가 흐르고 있는 상태인지 신고자가 모를 때- 라서 출동을 델타(delta)수준으로 높여 대응을 했는데, 결과는 델타 이하의 출동만으로 충분했다고 해도 전혀 문제가 되지 않는다.

1. 노인신고자

노인들은 말을 알아듣는 속도가 젊은 사람보다 더디기 마련인데, 이는 소리의 크기보다는 말의 빠르기와 더 연관성이 많다고 한다. EMD는 아무래도 직업의 특성상 말도 많이 하지만 빨리 말하기 쉽다. 노인들과 소통을 원활하게 하려면, 보통 속도보다 더 천천히 말하고 짧게, 핵심을 한 번에 한 가지씩 물어야한다. 노인들 중에는 또 잘 알아듣지 못하는 분들도 계시다. 그렇다고 고함을 지르라는 말이 아니다. 고함은 귓속에서 말을 왜곡시킬 뿐이다. 과장하지 말고 발음만 분명하게 해주면 된다. 말의 크기보다 천천히 또박또박 말하는데 주의하도록 하자.

응급상황에서 그 스트레스가 아주 심하면 어린애로 퇴행하는 어른들도 적지 않다. 겉으로 보기에 멀쩡한데, 순간적으로 기억장애가 발생하기도 한다. 십년 넘게 산 집의 주소 같이 아주 익숙한 것을 물어도 대답을 못한다. 이럴 땐, 참을성이 필요하다. 점점 더 많은 것을 묻기보다는, "괜찮습니다. 기억나실 때까지 전화 끊지 않고 기다리겠습니다. 걱정 마세요." 이런 식의 격려와 지지로 안심시켜야한다. 이렇게 마음이 놓여야 불안한 마음도 진정이 되고, 비로소 EMD가 묻는 말에 대답을 할 수 있을 것이다. 미국에서 이런 사례도 있었다. 급성 뇌졸중으로 갑자기 말을 못하게 사람이 911에 신고를 했다. 전화를 받은 EMD는 "어 어"하는 소리 외에는 아무 말도 들을 수 없었다. 그러다 신고자가 말은 못하지만 내 말은 이해한다고 확신하게 된 EMD는 신호를 만들어냈다. 먼저 신고자의 집 위치를 파악하기 위해, 북쪽부터 시작해서 남쪽, 동쪽, 서쪽 이런 식으로 하나하나 물으면서 확인했다. 그리고 묻는 말이 맞으면 전화 수화기를 두 번 두드리도록 했다. 이런 식으로 그 범위를 신속하게 좁혀서 수화기 넘어 들리는 사이렌소리의 크기로 구급차를 환자 집으로 유도하게 되었다. 나중에 알고 보니 그 환자는 시의원이었다고 한다.

2. 우리말을 모르는 외국인 신고자

어찌 보면, EMD는 말로 먹고 사는 사람이다. 언어의 마술사가 되어야 한다. 그런데 그 말이 꼭 한국어만 있는가? 미국처럼 다 인종, 다 언어 국가에서는 지역마다 영어 외에 다른 언어로도 신고 접수가 가능한 시스템이 일찍 정착되었다. 미국 사회의 특성상 당연한 결과이다. 한국도 그 거주 외국인이 백만을 넘어섰다고 한다. 앞으로 언어장벽으로 인한 곤란이 119상황실에서도 더 빈번해질 것이다.

이미 서울 응급의료정보센터(1339)에서는 영어와 중국어 가능자를 채용해서 근무토록 하고 있다. 외국인이 신고를 했고 해당 언어를 할 줄 아는 사람이 아무도 없다고 해보자. 이런 유형의 상황에서 도움이 될법한 접근 방식 몇 가지가 있다. 신고자가 한국말을 좀 한다거나, 제 2외국어로 영어가 가능한 사람이면 문제가 그렇게 복잡하지는 않을 것이다. 전화를 통한 제 3자 통역시스템

미군 버스 교통사고 현장(2010년 2월 24일 서울 노원구)

을 활용해 볼 수도 있다. 신고자 옆에 도울만한 한국인이 있는지 물어보거나, 한국에 거주하는 한국말이 가능한 신고자 친구에게 도움을 받을 수도 있다. 해당 대사관에 전화하는 것도 한 방법이다. 응급상황에서 당황하기는 외국 사람도 마찬가지다. 더구나 언어장벽까지 있다면 더 불안할 것이다. 그래서 신고자가 외국인이라면 더 천천히 분명하게 또박또박 말하고 인내심도 더 발휘해야 한다. 지침서대로 하되 YES/NO 질문을 마지막 수단으로 문제가 무엇인지 하나하나 파악한다. 안심시키는 말로 격려해서 신고자가 침착해지면 한국말도 좀 더 잘 나올지 모른다. 외국인 신고가 들어와도 이렇게 대응한다면 그 우선순위를 파악하고 대응하는데 아무 무리가 없을 것이다.

3. 언어장애나 청각장애가 있는 신고자

말을 하거나 듣는데 어려움이 있는 사람의 119신고는 그 신고처리 시간이 비장애인 신고자보다 길어지기 마련이다. EMD는 이런 특수한 신고자에게 더 많은 정성과 노력을 기울려야한다. 특히, 인내가 필요하다. 반응이 느릴 수밖에 이런 신고자들에게 참고 기다리는 이해는 필수이다. 대체로 이런 신고자들은 응급상황에서 비장애인보다 더 불안해하고, 평소 비슷한 처지의 사람들과 인간관계가 한정되어 있어 비장애인과 통화에 더 큰 곤란을 겪는다.[1)] 이밖에 여러 가지 이유로

1) 영상전화를 이용한 119신고가 곧 가능해질 전망이다. 이 밖에도 농아인용 깜빡거리는 초인종도 있다는 사실을 기억하자.

농아인용 영상전화

응급상황에서 119에 신고하기를 주저하기 때문에 119에 연결이 되었을 때에는 그 상황이 더 악화되었을 가능성이 크다. 신고자가 전혀 듣지 못하는 청각장애가 있는 분들은 구급대가 도착해도 그 도착사실을 모를 수 있다. 출동하는 구급대원에게 이런 신고자의 특성을 알리고 휴대폰 문자 주고받기로 통화를 유지하는 것이 좋다. 청력에 문제가 있는 신고자에게는 평소보다 더 천천히 또박또박 말하고 그들을 폄하하는 말은 절대 하지 않는다. 그들이 비록 EMD나 EMT의 말을 잘 듣지는 못하지만 그 말이나 질문까지 이해 못하지는 않기 때문이다.

신고를 받았는데 신고자가 EMD의 말을 이해하지 못한다고 해서 약물이나 술에 의한 중독 때문이라고 단정 지어서도 안 된다. 신고자가 언어 장애가 있는 사람일 수도 있고, 뇌졸중이나 저혈당상태에 빠진 환자일 수도 있기 때문이다.

4. 어린이 신고자

미국에서 생후 30개월 된 아이가 911에 신고한, 드라마와 같은 다음 사례가 있었다. 아이의 보모가 의식을 잃고 머리에 출혈이 있는 상황이었는데, 신고를 받은 EMD가 아이와 20분 동안 통화하면서 얻은 정보를 짜 맞추어 마침내 집을 찾았던 신고였다. 지금이야 IT기술의 발달로 집전화로 신고만하면 주소가 저절로 파악되기 때문에 이런 일이 없겠지만 어쨌든 EMD의 기지가 돋보인 사례라 할만하다. 사실, 119신고 대부분은 어른이 환자이고 신고자도 어른이다. 그래도 어린이로부터 신고를 받을 때가 있기 마련이다. 아래에 어린이 신고자와 통화하면서 고려해야 할 몇 가지 사항을 정리해 놓았다.

1) 격려하고 칭찬한다. "그래서 119에 신고했구나." "참 똑똑하네." "그래 아저씨들이 곧 도와줄게!" 등 아이가 믿고 안심할 수 있도록 칭찬과 격려의 말로 정서적 유대감을 갖는다.
2) 위기의 순간에 믿기 어려울 정도로 침착한 애들이 있다. 아마 그 상황이 얼마나 심각한지를 충분히 알만한 나이가 아니기 때문일 수도 있고, 어른들처럼 불안한 상황을 경험해보지 못해서 그럴지 모른다. 이런 아이들과 전화로 통화할 때는 아이들이 참 차분하게 말은 하지만 아주 응급 상황이 있을 가능성을 배제해서는 안 되다.
3) 아이들은 "엄마가 아파요!" 라거나 "엄마가 이상해요! 도와주세요!" 라고 말하는 것처럼 단순하게 표현하는 경우가 많다.
4) 아이들은 의식이 없는 사람을 "자는 것 같아요!" "깨워도 안 일어나요!" 라고 말하기도 한다.
5) 아이들은 어른들이 시키는 대로 하고 묻는 말에 대답도 잘한다. 아이들에게는 한 번에 한 가지씩만 물어 혼동하지 않도록 해야 하고, 때론 질문을 반복해서 이해시킬 필요도 있다.
6) 당연한 말이지만, 아이들은 성인들보다 구급대원이 바로 오지 않으면 더 불안해하고 두려워하기 쉽다. 구급대 도착 전 까지 소방관아저씨들이 곧 도와줄 테니까 안심하라는 격려의 말을 잊지 말자.

어린이가 환자인 신고(Calls Concerning Pediatric Patients)

119신고의 대부분은 환자도 성인이고 신고자도 성인이다. 아이들 때문에 119, 특히 구급대가 출동하는 경우는 그리 많지 않다. 그래서 환자가 어리고 신고자도 어리면 그 질병이나 외상의 내용과 신고접수의 접근방식이 성인의 경우와 다를 수밖에 없다. 또, 환자 상태에 따라 출동 지시를 내리는 우선출동이나 도착 전 의료지도는 아무래도 성인의 증상과 상태가 그 기준이기 때문에 어린이의 원인증상과는 부합하지 않을 수 있다. 한 가지 예를 들면, 어린이의 경우, 흉통이나 실신의 주요 원인이 어른과 달리 심장 문제인 경우는 거의 없다. 오히려 아이들의 경우는 부상으로 인한 신고가 많다. 어린이가 환자인 신고는 신고를 접수하는 EMD나 출동 EMT 모두에게 성인의 경우보다 스트레스가 심하다고 할 수 있는데 두 가지 점에서 그렇다. 첫 째, 응급인지 아닌지를 구별하기가 쉽지 않다. 특히, 외상보다는 질병으로 인한 신고가 더 그렇다. 나이가 어릴수록 표현이 서툴고 그 증상 또한 애매모호하다. 아직 말을 못하는 아기들은 그 아픔을 오직 울음으로 표현할 뿐이다. 대화가 가능한 아동들의 경우도 그 증상을 정확히 파악하기가 성인보다 어렵기는 마찬가지다. 어린이 환자가 어려운 또 하나의 이유는 바로 그 보호자가 비정상적인 감정 상태에 쉽게 빠지기 때문이다. 어린이 환자의 신고자 대부분은 부모나 부모를 대신해서 아이를 봐주는 할머니, 할아버지인데 이들은 아이가 아프거나 다치면 아이의 상태에 따라 쉽게 감정이 흔들린다. 애가 이렇게 된 것이 자신의 책임이 아닌데도 마치 자기 책임인양 죄책감을 느끼기도 하고, 아이에게 아무 도움이 못되는 자신에게 분노를 표현하기도 한다. 이런 이유로 패닉상태에 빠지는 경우도 흔하다. 결국 이들도 환자가 되는 것이다. 이렇게 되면 정작 아이에게 도움이 될 응급처치를

EMD가 설명해줘도 하지 못하게 되고, 출동한 EMT도 환자인 아동보다 패닉상태를 보이는 보호자를 먼저 진정시켜야 하기 때문에 아이에게 집중하기가 어렵게 된다. 어린이관련 신고에서 가장 흔한 열 경련(fever seizure)으로 출동을 나가보면 거의 대부분의 보호자가 울거나 어쩔 줄 몰라한다. 아이가 경련을 하는 모습을 눈앞에서 보는 보호자, 특히 엄마가 침착한 경우가 아주 드물다. 이처럼 어린이 환자 신고는 정보를 파악하고 도착 전 의료지도를 하기가 까다롭다. 따라서 어린이 환자 신고의 첫 번째 열쇠는 바로 흥분한 신고자, 흥분한 보호자를 진정시키는 것이다. 어린이 응급상황에서 EMD는 신고자가 원하는 것을 제공하고 아이를 어떻게 도와야할지 설명한다는 것을 전제로 질문을 해야 한다. "지금 구급대가 가고 있습니다. 구급대가 도착하기 전까지는 제가 도와드리겠습니다." 또는 "제 말 잘 들으세요! 보호자분이 흥분하시면 아이에게 아무 도움이 되지 않습니다." "아이가 더 놀랍니다!" "제 말 잘 들으셔야 아이를 도울 수 있습니다." 라는 말 등으로 신고자나 보호자를 진정시켜야 한다. 흥분한 보호자를 진정시키는 방법은 신고자 관리기법에서 좀 더 자세히 다룰 것이다.

어린이 환자는 갓난 아기나 이제 막 걸음마를 배우기 시작한 아이에서부터 8세 이전 소아에 해당되는데 그 응급성을 판단하기가 쉽지 않다는 점, 여러 차례 언급했기 때문에 잘 알고 있으리라 믿는다. 이럴 때 다음과 같은 질문이 그 응급성을 측정하는데 도움이 되곤 한다. "아이가 지금 어떻게 움직이고 있죠?" "전혀 움직이지 않습니까?" "아이가 뭐를 하고 있습니까?" "아이가 어떻습니까?" 와 같은 질문은 EMD나 출동 EMT에게 현재 무슨 일이 벌어지고 있는지 판단하는데 중요한 단서를 제공해준다고 하겠다. 특히, 이런 질문에 아이가 울고 있다고 한다면 적어도 기도나 호흡은 유지가 되고 있구나 하고 생각할 수 있다. 물론, 소아의 급성 후두개염(acute epiglottitis)처럼 정말 응급인 상황이나 다른 전혀 예상치 못했던 여러 가지 사항을 100% 배제할 수 없기 때문에, 지침서에 따라 환자 평가를 위한 그 다음 질문을 진행시켜야 하겠다. 어쨌든, 이런 사항들을 모두 고려해야한다는 사실 자체가 어린이 환자 신고가 응급인지 아닌지를 구분하기 까다롭게 만드는 요인이다. 그래서 어린이 환자의 중증도 판단이 곤란하면 우선 출동의 기준을 한 단계 높여 대응(over- triage)하도록 하기도 한다. EMD가 전화로 하는 응급처치든, EMT의 현장 처치든 어린이 응급처치는 경험 많은 이 분야 전문가에게도 참 힘든 일이다. 특히 결과가 나쁘면 더 말할 것 없다.

06장

무전통신 (Radio Communication)

지난 10년 사이 구급현장 활동에서 무전통신이 차지하는 비중이 줄어든 감이 없지 않다. 상대적으로 휴대전화가 광범위하게 사용되고 있기 때문이다. 이제 현장에 출동하는 구급대원은 거의 예외 없이 휴대전화로 신고자와 직접 통화를 한다. 과거에 휴대전화가 일반화되지 않았던 시절에 신고를 접수한 상황직원이 신고자에게서 파악한 정보는 바로 무전통신을 통해서 출동대원에게 전달되었다. 출동대원은 상황실과의 무전통신을 통해서만 정보와 상황을 파악할 수 있었기 때문에 현장 활동에서 무전통신이 차지하는 비중은 절대적이었고 그만큼 중요했다. 물론, 구급현장 활동에서 무전통신의 비중이 줄어든 데에는 우리 상황접수 시스템의 한계도 작용했다고 본다. 상황실의 정보 파악 능력과 상황관리 기능이 크게 부족했기 때문이다. 신고가 들어오는 순서대로 구급차를 출동시키는 주먹구구식 시스템으로는 한정된 구급자원을 효과적으로 활용 할 수 없다. 아쉽게도 이런 현실은 아직도 현재 진행형이다.

우리도 미국처럼 신고접수직원(EMD)이 상황정보를 충분히 파악해서 중증도를 분류하고 그에 따라 상황을 관리하는 시스템을 마련해야 할 것이다. 그러기 위해서는 우리 실정에 맞는 우선출동시스템이 마련되어야 하고 상황실 직원의 교육도 꼭 필요하다는 점 강조하고 싶다. 이렇게 해야 상황실과 현장의 유기적인 협조가 가능해지고 구급자원, 특히 구급에서 가장 중요한 자원인 시간의 효율성도 도모할 수 있을 것이기 때문이다. 이런 점에서 무전통신은 여전히 구급활동에 중요하다. 휴대전화가 구급현장에서 많이 사용되고 있긴 하지만, 이것은 어디까지나 신고자와 119상황실 그리고 신고자와 출동대원과의 연결고리이다. 119상황실과 출동대원간의 통신은 여전히 무전기를 통해서 주로 이루어진다. 이번 장에서는 119무전통신이 이루어지는 개략적인 과정, 무전기의 종류와 무전통신에 필요한 정보 그리고 무전방법에 대해 살펴보고자 한다.

1. 119무전통신의 과정

119신고는 구급출동의 시작이다. 신고를 접수한 119상황실에서는 구급출동 지시를 내리게 되는데, 이 책 첫 장 '병원 전 응급통신의 개요' 에서 이미 언급한 것처럼 출동지시는 여러 가지 방식으로 이루어진다. 우선 신고를 접수한 EMD가 해당 구급대에 출동 지시 방송을 한다. 이와 더불어 출동시스템이 가동되면서 119 안전센터 차량동태시스템 화면에 구급차량상태가 출동대기에서 출동으로 변경된다. 그리고 출동지령서가 나오고 구급대 휴대폰에 출동지시 문자가 뜬다. 이렇게 구급출동지시가 내려지면 구급대원은 상황실에 무전기로 출동보고를 한다.

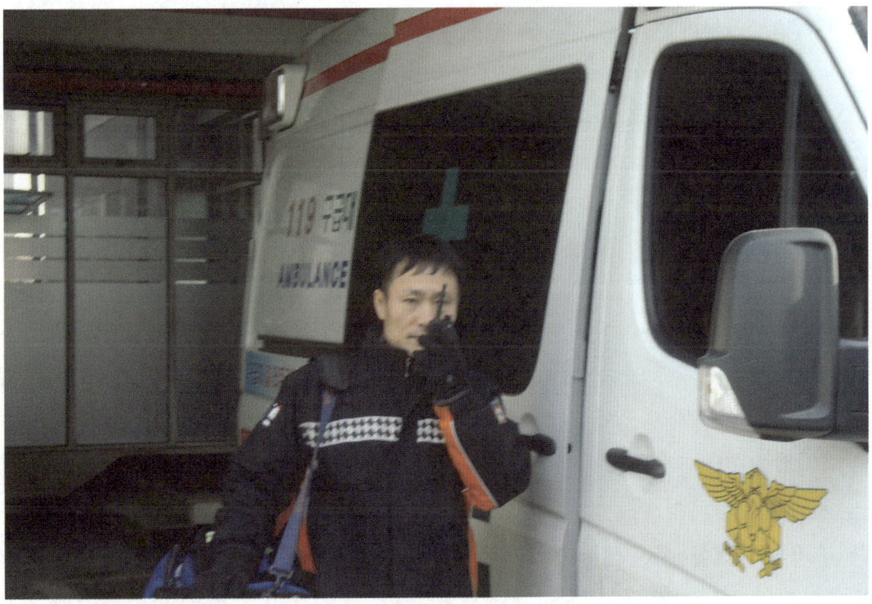

구급출동보고

2. 무전기의 종류

119에서 사용하는 무전기에는 크게 두 가지 종류가 있다. TRS와 UHF 무전기가 그것이다. 또 TRS와 UHF 무전기는 고정된 형태냐 휴대가 가능하냐에 따라 고정용 TRS와 휴대용 TRS, 고정용 UHF와 휴대용 UHF로 구분된다.

TRS무전기(좌측)와 UHF무전기(우측)

구급차 운전석 고정용 TRS와 UHF무전기

1) TRS무전기

TRS는 Trunked Radio System을 뜻하는 것으로 주파수 이용의 효율성을 높이기 위해 여러 개의 주파수를 다수의 가입자가 공동으로 이용하는 무선통신 시스템이다. TRS는 이미 널리 사용되고 있는 휴대전화에 비해 서비스의 종류가 다양하고 가격도 저렴하여 업무용으로 적합한 통신서비스이다. 즉 TRS는 하나의 단말기로 무선데이타, 양방향 무선호출 등의 기능을 발휘할 수 있으며 다양한 부가서비스를 이용 할 수 있는 장점을 지니고 있다. 특히, TRS가 일반공중통신망(PSTN)과 연결되면 이동전화의 기능을 그대로 발휘할 수 있으며 기존의 워키토키라고 불리는 무선기와 비슷하나 원거리 기능 및 그룹통화 기능과 데이터통신을 할 수 있다는 점이 TRS의 가장 큰 장점이라고 할 수 있다.

2) UHF무전기

일반적으로 사용되는 주파수 대역이 UHF(Ultra High Frequency)대의 무전기는 컨벤셔널 방식, 즉 무전기와 무전기가 직접 통화하는 방식의 무전기로 1 대 1 직접통화가 간편하고 단거리 통화에서 성능이 우수하다.

휴대용 TRS무전기 MTP850의 구성과 기능

3) 119 무전기의 운용범위 및 특징

119 구급통신의 전개과정과 통신내용

구분	사 용 범 위	기기의 특징
TRS	• 구급활동에 사용 • 구조활동에 사용 • 기지국과 화재 현장 지휘차간의 보고에 사용 • 각 소방서 자체 그룹으로 각종 훈련 지원 및 행사 등에 활용	음성 및 데이터의 음질은 좋으나 지하 및 터널 등 중계국과의 전파 환경이 원활하지 못한 경우 통화 장애 발생
UHF	• 화재현장에서 대원 간 신속한 정보 교환을 위하여 운용 • TRS를 활용 할 수 없는 지하 또는 TRS 불통 지역 내 업무에 활용 • TRS 무선망에 장애 발생 시 비상통화	단말기 간의 직접 통화로 구성된 무선 기기로 음성만 사용 할 수 있으며 TRS무전기와 달리 전파 환경이 완전하지 않아도 근거리 통신은 가능
VHF	• 응급의료 사고 발생 시 의료센터와의 긴급통신망으로 운용 • 전국망으로 16개 시도의 긴급사고 발생 시 사용 • UHF 장비의 장애 발생 시 예비운용	UHF무전기와 성능이 동일하나 주파수 대역이 낮아 잡음이 다소 발생할 수 있으며 전파환경이 완전하지 않아도 근거리 통신은 가능

3. 무전내용

상황실 EMD와 출동대원 사이에 이루어지는 무전 통신의 내용은 주로 다음과 같다.

1) 출동보고
2) 현장 도착보고
3) 이송병원보고
4) 필요한 정보교환
5) 추가 지원 요청
6) 환자 이송 후 귀소 보고
7) 특수상황 등

병원에 응급환자 특히, CPR환자를 이송 할 때는 상황실과의 무전통신을 통해 해당병원 응급실이 미리 준비할 수 있도록 상황실로 하여금 응급실에 연락토록 하는 것이 특수 상황에서의 무전통신에 해당한다. 사실, 특수 상황은 아주 다양하다. 소방 무전통신은 이처럼 아주 다양한 내용을 교신하는 것이 특징이다.

4. 119무전통신 호출명칭 및 약어

119 무전통신은 호출명칭 및 약어를 매개로 이루어진다. 여기에서는 구급활동을 중심으로 간단하게 살펴보고자한다.

1) 호출명칭

호출명칭은 주로 상황실, 소방서, 항공대, 특수구조대 등 소방 기관별로 정한 명칭을 말한다. 이 호출명칭은 일정한 시간을 두고 바뀌는 한시적 명칭이다.

예를 들어, 서울소방방재센터 호출명이 "남산"이고 종로소방서 호출명이 "여명"이라 하자. 그리고 종로소방서 소속 세종로119안전센터 구급대에 출동지시가 내려졌다고 가정하고 간단한 무전통신 내용을 살펴보면 다음과 같다.

상황실: 여명! 세종로 ○○(구급대 호출 약어)! 여기 남산.
구급대: 남산! 여기 여명 세종로 ○○!
상황실: 구급출동중인지?
구급대: ○○(알았다, 그렇다의 약어)!

2) 119무전통신 약어

119 구급대 무전통신 약어					
용어(의미)	약 어	용어(의미)	약 어	용어(의미)	약 어
구급대		돌아옴		인명피해	
구급차		수신여부		부상자	
구급출동		수신함		사망자	
화재출동		찾고 있음		병원	
환자위치/현재위치		찾음		경찰	
출발		신고자		전화	
도착		급한 환자		지휘차	

5. 구급 무전통신 원칙

1. 호출명칭, 약어 등 지정된 무전용어를 사용한다.
2. 무전기 소리 크기를 적절하게 맞추고, 송신할 때는 무전기 마이크에 4-5cm 간격을 두고 말한다.
3. 무전은 짧고 명확하고 간결하게 한다.
   무전기 키를 누르기 전에 송신하고자 하는 내용을 생각하라. 간결하고 짧은 용어와 가급적 일상적인 용어를 사용한다. 송신내용은 명확해야 한다.
4. 메시지의 우선순위가 필요하다.
   중요한 메시지를 먼저 말하라. 중언부언하지 않는다. 긴급 사항이 아니면 다른 구급대의 교신을 방해하지 않는다. 상황실과 다른 구급대가 긴급 상황에서 무전 중이면 비발보고 등 단순보고 사항은 그 후에 통신한다.
5. 복명복창(echo procedures)한다.
   호출명칭, 약어, 중요 내용을 간략하게 반복해서 송신과 수신 내용이 정확하게 전달되었는지 확인한다.
6. 상대방에 대한 비난이나 감정적 표현을 절대 하지 않는다.

07장

신고자 관리 기법

응급의료체계에 속한 여러 분야에서도 상황실의 변화가 가장 더디다. 응급상황에서 119에 신고하는 사람들은 예측이 어렵다는 생각이 지배적이었기 때문이다. 더구나 전화통화만으로 신고자로부터 협조를 끌어낼 방법이 없다는 생각 역시 당연시 되어왔다. 출동은 빠를수록 좋다는 고정관념도 이런 오해에 한 몫을 했을 것이다. 신고자와의 통화로 시간을 끄느니 빨리 출동 지시를 내려 구급대가 바로 현장에 도착토록 하는 것이 상황실의 가장 중요한 역할로 인식되어 왔다. 그리고 상황실과 현장이, EMD와 EMT가 분리된 한국적 현실에서 일단 출동 지시만 내리면 다음부터는 출동 대원이 모두 알아서 할 것이고 우리 책임은 다했다는 무사안일도 무시할 수 없다. 그러나 은행의 번호표 기계처럼 신고 접수순서대로 출동 지시만 내린다면, 이는 응급상황관리자(EMD)의 역할이 아니다. 전화접수자(call taker)에 불과할 뿐이다. 그리고 전화로 어떻게 응급과 비응급을 알아내고 환자 평가를 할 수 있느냐고 의심하는 사람들이 아직도 많다. 검증되지 않은 오해가 오랫동안 사실로 굳어졌다. 그러다 보니 통제가 어려운 신고자와 통화를 회피하는 일이 불문율처럼 되었다. 사실, 응급상황이 바로 눈앞에서 자신이나 누군가에게 갑자기 생긴다면 누구나 당황할 것이다. 패닉상황에 빠진 사람도 있을 것이다. 이런 신고를 받는 것부터가 EMD에게는 적지 않은 스트레스다. 그러다보니 나를 불쾌하게, 힘들게 하는 전화는 되도록 빨리 끊어버리고 출동대원이 현장에 도착할 때까지 진정되기만을 바라게 되었다. 그러나 이런 식의 출동 지시는 그 부담을 고스란히 출동 대원들에게 전가시키는 것이나 마찬가지다. 그리고 아무리 상황이 급하더라도 응급상황관리자가 결코 포기할 수 없는 파트너는 바로 신고자이다. 응급 상황과 신고자에 대한 예측이 어느 정도 가능하기 때문에 관리할 수 있는 여지도 많다는 확신이 없었다면 우선출동(Priority Dispatch)도 발전해오지 못했을 것이다.

119신고가 들어오면 신고자와의 전화 통화를 장악해서 그 신고 상황을 효과적으로 해결하는 것이 바로 EMD가 할 일이다. 이게 가능하려면 EMD는 그 신고자로부터 신뢰를 얻어야하고 또 신고자에게 믿음을 줄 수 있어야한다. 이렇게 EMD가 전화 통화를 장악한다는 의미는 복종이나 종속적인 의미가 아니다. 위압적인 태도로 신고자를 내 마음대로 한다는 의미가 아니라 응급상황을 해결하는 업무 처리 과정이 막힘없이 순환되도록 신뢰의 영향력을 행사한다는 뜻이다. EMD가 맡고 있는 여러 가지 업무 중에서 신고자와의 전화통화는 참 힘든 일인 동시에 가장 보람 있는 일이기도 하다.

이번 장에서는 EMD의 업무 처리를 어렵게 만드는, 그러나 어느 정도 예측이 가능한 신고자의 여러 행태를 소개하고 그런 상황을 효과적으로 헤쳐 나갈 수 있는 방법들을 모색해보고자 한다. 응급상황에서 놀라고, 흥분하거나, 당황한 신고자를 진정시켜 정보를 알아내고 필요한 협조를 끌어내는 술기가 포함되어 있다. 그래야 그 상황에 맞게 우선출동시스템을 가동시키고 신고자에게 응급환자를 돕도록 할 수도 있을 것이기 때문이다.

119에 접수되는 신고 양태는 다양하다. 울면서 신고하는 사람도 있고, 너무 당황해서 말도 제대로 못하는 사람도, 주소도 기억하지 못하는 사람도 있을 수 있다. 화를 내거나 욕부터 하는 사람도 있다. 이렇게 신고자의 감정적 태도는 사람마다 다르고 예측 불가능하게 보이지만 그 반응 양식에 공통성이 있기 때문에 응급 상황에 직면한 신고자가 겪는 상황을 어느 정도는 예측할 수 있다. 우선 EMD가 그런 상황을 파악하게 된다면 신고접수에서 오는 스트레스를 극복하고 신고자와 적절한 의사소통을 하기가 훨씬 수월하게 될 것이다. 그래서 신고하는 사람이 어떻게 나오든 EMD가 부정적인 방식으로 맞대응해서는 안 된다. 신고하는 사람의 태도야 어떻든 그들이 119에 신고한 근본 이유는 도움이 필요하기 때문이다. 신고자의 태도에 관계없이, 신고자가 그 상황을 제대로 설명하는 가에 관계없이 도움을 제공할 수 있어야 진정한 EMD라고 하겠다. 물론, 신고자 중에는 EMD가 필요한 정보를 도저히 뽑아내지 못할 만큼 히스테리에 가까운 흥분상태에 빠져있는 사람도 있을 것이다. 이런 극도의 흥분상태를 보이는 신고자는 채 4%가 안 된다는 미국 연구 자료가 있지만 그건 어디까지나 미국의 사례이다. 어쨌든 유능한 EMD라면 이런 신고자를 누그러뜨리는 방법을 알고 대응할 줄 알아야 하겠지만 결코 쉬운 일은 아니다. 사실 히스테리나 이에 가깝게 흥분한 사람에 대한 통제가 불가능하지 않은 않다. 다만, 자신에 대한 통제력을 되찾고 환자를 돕도록 이런 사람을 조절하는 능력은 EMD에게 가장 큰 도전 사항이고 예술에 가까운 구급출동 술기라 하겠다. 그럼 어떻게 해야 할까? 히스테리를 극복하도록 EMD가 도울 수 있는 방법에 대한 연구에서 가장 먼저 눈에 띄는 점은 EMD가 전화를 바로 끊지 말아야 한다는 사실이었다. 쉽게 들리는 말 같지만, 가장 먼저 해야 할 일이라는 점은 확실하다. 신고자 말만 듣고 출동지시를 내린 다음 바로 전화를 끊어버리면 아무것도 할 수 없다. 신고자를 누그러뜨리거나 신고자에게 응급처치를 하도록 할 수도 없다. 통화를 하면서 신고자가 진정하고 EMD의 말에 집중토록 해야 한다. "진정하시고 제 말 들으세요!" 라고 몇 차례 반복한다. 이때 침착하고 일정한 크기로 말하는 것이 중요하다. 그리고 그런 신고자의 반응이 신고자 자신과 무엇보다도 환자에게 도움이 되지 않는다는 점을 분명히 한다. "신고자분이 이렇게 흥분하시면 환자에게 아무 도움이 안 됩니다." 라고 말해보자. 또 빨리빨리 만을 외치는 신고자에게 구급대가 출동 중이고 그동안 환자를 도울 사람은 바로 신고자 자신임을 인식시킨다. 그다음 환자 상태에 따라 응급처치를 설명해준다. 구급현장도 그렇지만 상황실에서도 환자보다 보호자 때문에 더 힘든 경우가 종종 있다. 열성경련을 하는 아이를 보고 엄마가 패닉상태에 빠지는 경우가 대표적이다. 보호자가 그런 반응을 보이면 현장 구급대원도 환자 처치에 집중하기가 어렵다. 실상 엄마도 환자나 마찬가지고 구급대원은 그런 엄마를 진정시키는데 오히려 힘을 더 쏟기 쉽다. 그럴 때는 엄마의 그런 반응이 아이에게 도움이 안 된다는 점을 천천히 또박또박 말한다. 그리고 경련의 원인이 열 때문이라면 아이들이 고열로 흔히 그럴 수 있고 치료받으면 바로 괜찮아진다고 안심시킨다. 머리 출혈도 그렇다. 두피에 작은 열상만 생겨도 출혈량이 꽤 많아 보인다. 얼굴에 피라도 흘러내리면 상처에 비해 상태가 정말 심각하게 보이기 때문에 환자와 보호자가 당황하기 쉽다. 아이의 열성 경련과 마찬가지로 두피 열상도 손상기전을 파악해서 아주 간단한 응급처치, 깨끗한 수건으로 상처를 지혈토록 설명만 해줘도 환자나 보호자를 안심시키는데 도움이 된다.

수화기로 들리는 신고자의 반응이 반드시 환자 상태와 비례하지 않는다는 점도 잊지 말아야한다. 송곳으로 심장부위를 찔린 환자와 전두부에 가벼운 열상을 입은 환자가 있다고 해보자. 전자의 경우는 정말 응급상황인 경우지만 겉에 드러난 상처는 보이지 않을 수도 있다. 반면에 전두부 상처로 인한 출혈로 얼굴 전체에 피가 흘러내린 환자는 중상자처럼 보일 수도 있다. 후자의 경우를 금방 사람이 죽을 것처럼 신고하는 사람이 있는 반면에 송곳에 심장부위를 찔렸는데도 상처가 보이지 않기 때문에 침착하게 말하는 사람도 있을 것이다. 가정불화로 인한 다툼이나 폭력, 음주도 신고자를 흥분시키는 흔한 원인이지만 실상 병원에 갈만한 환자가 없는 경우도 많다.

신고자가 EMD의 묻는 말에 시비를 걸거나 통화가 어려운 사람이라면 옆에 전화 받을 다른 사람은 없는지 물어 통화자를 바꾸는 것도 한 방법이다. EMD가 묻는 말에 “무슨 말이 그렇게 많아! 구급차나 보내지.” 라는 반응을 보이는 사람도, 심지어 욕을 하는 사람도 종종 있다. 근무의욕을 떨어뜨리고 일 자체에 대한 회의마저 들게 하는 사람들이다. 이때 같이 흥분해서는 안 되다. 묻는 말에 대답을 해줘야 우리도 도울 수 있고 환자에게 도움이 된다는 사실을 깨닫도록 노력하는 수밖에 없다. 그리고 이런 신고자를 훌륭하게 진정시켜 EMD의 협조자로 만들어 구급상황을 원만하게 마무리하면 상황처리 능력과 응급상황 전문가로서의 긍지도 높아진다고 하겠다. 어떻게 생각해보면 구급차를 빨리 보내라는 말도 “이렇게 환장할 상황에서 나 좀 구해주시오!” 라는 외침일 수도 있다. 그러니 EMD는 신고자의 행위, 말투가 아니라 신고자의 요구에 반응하는 자기 훈련이 꼭 되어있어야 한다.

신고자와 환자 단 둘만이 있는 집에서 119신고가 들어올 때도 많다. 이럴 때는 신고자와 환자가 떨어져 있는 경우도 있다. 환자는 안방에 있는데 신고자는 거실에서 집 전화로 119신고하는 경우가 그렇다. 이때 환자 상태가 좋지 않다면 환자가 보이지 않는 거실에서 통화하는 신고자가 더 불안해하기 쉽다. 또 EMD가 신고자를 통해 환자 상태를 파악하기가 어려울 수도 있다. 이럴 땐 휴대전화로 통화하면 도움이 된다. 신고자가 환자 바로 옆에 있으면 EMD가 묻는 말에 정확히 대답도 할 수 있고 응급처치 지시에도 잘 따르기 때문이다. 신고자가 환자 자신인 경우는 지금 119에서 당신을 돕기 위해 노력하고 있고 곧 도움을 받는다는 믿음을 갖도록 하면 환자가 평상심을 회복하기가 수월해진다.

응급상황도 아니고 도움이 필요한 상황도 없는데 119에 전화해서 욕설을 하거나 횡설수설하는 사람도 있다. 119를 마치 자신의 화풀이 대상으로 생각하는 사람들이다. 반복적이거나 악의적으로 이런 사람들은 통화내용이 녹음되고 있고 법적인 처벌도 받는다는 사실을 분명히 고지할 필요가 있다. 그런데도 그런 행태가 계속된다면 법적인 처벌을 받도록 해야 한다. 상황실에서는 이런 사람들에 대한 대응 규정을 만들어 그 절차대로 시행해 EMD와 선량한 시민을 보호해야 한다. 119와 같은 긴급번호는 사회구성원 모두를 위한 사회적 보호망으로서 공공재산이기 때문이다.

신고자들이 119와의 전화통화에서 화를 내는 이유

119 신고자(환자 자신이나 가족, 또는 제 3자)가 신고를 접수하는 EMD나 출동 지시를 받고 현장에 출동 중인 EMT와 통화를 꺼리거나 화를 내는 이유는 다음과 같은 오해 때문이다.

1) 119가 출동은 하지 않고 사무실에 앉아 이것저것 묻기만 한다고 오해한다. 환자 상태나 그 상황에 따라 신고자가 너무 당황하거나 흥분했을 때 특히 이런 오해를 하기 쉽다.
2) 전화통화는 지금 내가 당면한 문제에 아무 도움이 안 되는 시간 낭비라고 오해한다. 정보 파악을 위한 질문에 정확하게 대답하기보다는 "빨리" 만을 외친다.
3) 신고자가 의료지식이 없거나 기타, 다른 이유로 환자 상태를 잘 몰라서 질문에 답변을 못할 수도 있다. 사고 발생의 경우에도 신고자가 사태파악이 안 되면 질문에 답변이 제한적 일수밖에 없어 119가 물어보는 말에 부정적인 반응을 보이기 쉽다.
4) 환자 치료는 병원에서 하는 것이기 때문에 119는 긴 말 필요 없이 빨리 와서 이송만 해주면 된다는 그릇된 생각을 하는 신고자도 있다. 이것은 아직 119구급대의 현장 처치에 대한 기대 수준이 낮은 신고자들이 흔히 하는 오해이기도 한다.
5) 신고자가 제 3자인 경우에는 119에 신고를 했으면 내 할 일은 다 했다고 생각한다. 정보 파악을 위한 질문을 자신을 귀찮게 하는 일이라고 오해하기 쉽다.

이런 신고자들의 오해에 대처하는 가장 기본적이고 중요한 원칙은 다음과 같다.

신고를 접수할 때, 우리 119가 당신의 문제에 관심을 갖고 대처하고 있다는 생각을 신고자가 갖도록 해야 한다는 점은 이미 언급한바 있다. 그 중 가장 좋은 방법이 바로 119가 당신을 돕기 위해서 출동 중이라는 점을 알게 하는 것이다. 출동 중인 구급대원도 질문을 하기에 앞서 우리가 가고 있고, 가면서 휴대폰으로 전화통화를 하고 있다는 점을 밝힌다. 또한 신고자가 알려줘야 119도 제대로 도와 줄 수 있다는 점을 밝힌다. 신고자를 귀찮게 하려고 질문을 하는 것이 아니라 우리가 알아야 당신을 또는 환자를 위해 미리 준비도 하고 그 상태에 따라 신속한 응급처치가 가능하다는 점을 깨닫게 하자는 것이다. 현장 처치도 마찬가지이지만 질문 역시 전문적으로 해야, 즉 신고자가 보기에 질문자가 전문가다워야 신뢰를 얻을 수 있을 것이다. EMD도 그렇지만 EMT는 응급의료에 대한 지식과 현장 술기에 더욱 철저한 전문가가 되어야 하는 이유가 꼭 현장처치 때문만은 아니다. 흥분한 사람은 다음과 같은 순서에 따라 대처한다.

비정상적 감정상태의 신고자 통제 과정		
1단계	분 리	신고자를 진정시키는 단계
2단계	공 감	
3단계	환 기	
4단계	정 보 파 악	신고자로부터 정보를 획득하는 단계
5단계	협 조 요 청(전화응급처치 등)	신고자로부터 협조를 끌어내는 단계

비정상적 감정상태의 신고자를 통제하는 과정은 다음 5단계로 정리해 볼 수 있다.

1. 분리단계

전화를 받았는데 모르는 사람에게 뜬금없이 욕을 듣거나 기분 나쁜 말을 들으면 누구나 감정이 격해지기 마련이다. 인지상정이 그렇다. EMD도 감정이 있는 사람이다. 신고 접수를 받으면서 그 절차대로 몇 가지 질문을 하는데 흥분하거나 공격적인 말투, 고성, 또는 욕설이나 반말을 듣는다면 EMD 역시 기분이 좋을 리 없고, 신고자의 스트레스가 EMD에게 고스란히 전달된다고 하겠다. 정신질환자에게 출동을 나간 구급대원이 있다고 해보자. 그리고 그 정신질환자가 구급대원에게 분노를 표현하거나 욕을 한다고 가정해보자. 구급대원이 같이 화를 내야 하는가? 아니다. 그래서는 안 된다. 구급대원에게 욕을 하는 사람은 바로 정신과 치료가 필요한 환자이기 때문이다. EMD는 신고자의 감정과 자신을 분리시킬 줄 알아야 한다.

신고자의 감정과 EMD 자신을 분리시키는 술기
1) 신고자는 나를 모른다. 신고자의 감정적 반응은 당연히 나 개인에 대한 것이 아니다.
2) 나 말고 다른 사람이 전화를 받았더라도 신고자는 이렇게 반응했을 것이다.
3) 신고자는 지금 도움을 요청하고 있다. 도움을 요청하는 방식이 아니라 그 내용에 정신을 집중하자.
4) 침착해야 한다. 언성을 높이지 말자. 이성을 잃고 언성이 높아지면 신고자의 감정과 분리가 어려워진다.

그렇다고 해서 분리가 무관심을 의미하는 것은 결코 아니다. 다만 문제를 좀 더 떨어져서 객관적으로 파악하고자 하는 것이다. 감정에 휩싸이면 응급상황에서 판단을 그릇치가 쉽기 때문이다. 이렇게 신고자의 감정과 자신을 떨어뜨려 생각하는 능력은 신고자에 대한 효과적인 통제의 첫 걸음이라 하겠다. 한 가지 덧붙이고 싶다. 마음을 다스리는 짧고 좋은 글들이 많이 있다. 마음에 드는 글을 골라 근무대 잘 보이는 곳에 놓고 신고받기 전에 한 번씩 읽어보면 어떨까?

2. 공감단계

분리가 무관심이 아님은 이미 밝힌바있다. 사실, 분리나 공감 단계는 앞뒤 순서를 구분할 필요가 없는 한 단계라 해도 무방하다. 나에게 스트레스를 주고 있는 신고자가 고통 받고 있는 모습을 그려보자. 사랑하는 사람이 다치거나, 의식이 없는 모습에 놀라고 당황한 신고자가 도와달라고 고함치는 모습을 상상해보자. 생각이나마 신고자의 처치가 되어 보는 것만으로도 감정이 격해진 신고자의 마음에 공감이 되고 그만큼 나의 스트레스도 줄어들 것이다.

어느 날 밤, 교통사고 현장에 출동을 나간 적이 있다. 현장에 가면서 신고자에게 전화를 했는데 사람이 죽어 가는데 왜 이렇게 오지 않느냐는 고함소리가 들려왔다. 환자 상태나 손상기전을 파악하려고 해도 신고자의 반응은 감정적이었다. 결국, 환자 상태나 손상기전을 제대로 파악하지 못한 체 현장에 도착했다. 횡단보도에 앉아 있는 환자를 살펴보려고 하는 순간 신고자가 울면서 사람이 죽는데 이렇게 늦게 오면 어떡하냐고 고함을 쳤다. 사실 환자 상태는 그리 심각한 것이 아니었지만 환자의 여자 친구인 신고자에게는 자기 남자 친구가 차에 치이는 순간 무척 놀랐던 것이다. 경험이 많은 구급대원에게 이런 신고자의 반응은 환자 상태에 비해 좀 지나치게 느껴질 수도 있다. 환자를 처치하고 이송하면서 신고자의 감정은 가라앉았고 응급실에서는 평소 감정 상태로 돌아왔다. 신고자의 이런 반응이 환자 처치에 도움이 되지 않는다는 점은 분명하다. 그러나 적어도 그런 불안은 이해할 수도 있지 않을까 싶다.

EMD와 EMT는 이 신고자의 감정과는 자신을 분리시키고 그 신고자의 불안한 심리에는 공감의 끈을 놓지 말아야 한다. 사실, 신고자의 감정은 파도와 같은데 신고접수 단계에서는 EMD라는 방파제가, 출동 중인 구급대원과의 통화와 현장처치라는 두 번째 방파제가 그 감정의 파고를 줄여주기 때문에 응급실에서는 평소 감정 상태로 돌아오는 것이다. 그 감정의 파고가 제일 높을 때 첫 번째 방파제 역할을 하는 EMD가 중요하다. 이번 장의 신고자 통제 과정대로 EMD가 신고자의 감정의 파도를 조금 줄여줘도 동료 구급대원이 현장 활동을 하는데 그 부담이 줄고 환자 처치에도 긍정적 영향을 미친다고 하겠다.

3. 환기단계

이렇게 EMD가 신고자의 감정 상태에 영향을 받지 않으면서 신고자의 처지에 공감을 하게 되면 지체 없이 환자의 감정이 진정되도록 해야 한다. 주의를 환기시키는 말을 반복함으로써 신고자 자신의 반응이 문제 해결에 도움이 되지 않는다는 사실을 깨닫도록 하는 것이다.

이 환기 과정은 신고자가 진정이 될 때까지 똑바로 시행되어야 한다. 이런 과정을 통해 신고자는 EMD의 말에 귀기우리고 협조하게 된다. 1단계 감정의 분리와 3단계 주의의 환기는 감정이 격해진 신고자와 EMD사이에 완충 역할을 한다고 봐도 무방하다.

환기로 신고자를 진정시키는데 탁월한 EMD에게는 다음과 같은 특징이 있다. 신고를 받을 준비가 철저하게 되어있는 프로로서 히스테리 증상을 보이는 신고자를 다루는데 환기가 효과적임을 아는 전문가이다. 신고자가 공격적이고 위협적인 말을 해도 감정의 분리 술기를 활용할 줄 안다. 신고를 확실하게 장악하고 신고자를 다시 불안에 빠트리거나 흥분하게 하는 법이 없다.

신고자에게 주의를 반복적으로 환기시키는 술기

1) 지시만하면 안 된다. 지시와 그 이유를 같이 말한다.
   이것은 성인 학습이론에서도 중요하게 여기는 근본 토대이다.
   다 큰 어른이 무조건 지시만한다고 해서 다 따르지만은 않기 때문이다. "당신이 진정해야(지시), 우리가 당신 애를 도울 수 있습니다(그 이유)." 또는 "우리가 애를 도우려면(이유), 당신이 진정해야 합니다(지시)." 라고 진정해야 하는 이유와 그 지시를 같이 말해야 효과가 있다.
2) 말은 긍정적이고 적극적으로 한다.
   좋은 리더는 사람의 행동을 끌어내는데 신뢰를 활용하지 공포심을 부추기지 않는다.
3) 말을 바꾸지 않는다.
   말을 자꾸 이랬다저랬다 하면 신고자가 EMD도 망설이거나 확신이 없구나 하는 생각을 은연중에 하게 만든다. "당신이 진정해야, 우리가 당신 애를 도울 수 있습니다."라던지, "진정하세요! 이렇게 흥분하시면 아무 도움이 안 됩니다."라는 말을 똑 같이 반복한다. 문장이나 말투, 속도, 크기 등을 똑 같이 반복 하는 게 효과적이다.
4) 공격적인 말투의 지시는 피한다.
   책망하거나 공격적으로 들리는 지시는 효과가 없거나 오히려 신고자에게 반발심을 불러일으킬 수 있고, 심지어 신고자의 감정에 기름을 붓는 경우도 종종 있기 때문에 하지 말아야 한다.

4. 정보파악단계

분리와 환기 단계를 거치면서 신고자가 진정이 되면 이제 진정한 상황파악 및 환자 상태 파악에 들어간다. 사실, 119에 전화 연결이 되자마자 환자 상태를 말하는 신고자가 많긴 하지만 그 환자 상태라는 것이 단편적이고 주관적일 가능성이 높다. 환자의 의식 및 호흡상태, 주 호소(chief complaints), 과거 병력 등 현장 구급활동에 필요한 정보를 파악한다.

5. 요청단계(전화를 통한 응급처치 안내)

환자 상태 및 현장 상황에 따라 신고자의 협조가 필요한 경우가 있다. EMD가 전화로 신고자에게 시행하는 구급대 도착 전 의료안내나, 출동 지시 후 안내가 이에 해당한다. 신고자의 도움이 특히 필요한 대표적인 예로 심정지 환자를 들 수 있다. 심정지처럼 1분 1초가 생명인 상황(time life threatening situation)에서는 구급대가 현장에 도착 할 때 까지 여유가 없다. 시간을 벌어야한다. 신고자가 CPR을 실시한다면 환자의 소생 가능성은 훨씬 높아진다. 다행히 심정지 목격자나 신고자가 CPR을 할 줄 안다면 다행이지만, 그렇지 않다면 신고자에게 CPR을 하도록 구급대 도착 전 응급처치 안내를 EMD가 실시해야 한다. 신고자의 협조는 환자를 위해서 뿐만 아니라 현장에 있는 신고자를 포함한 제 3자, 출동 대원의 안전을 위해서 필요한 경우도 있다. 물론 원활한 환자 처치를 위해 신고자의 협조가 필요한 경우도 적지 않다. 현장 상황에 맞게 신고자의 협조를 얻어 내는 능력은 EMD나 EMT 모두에게 아주 중요하다.

119와 연결이 되었을 때, 불안한 감정 상태를 보였던 신고자도 위와 같은 과정을 거치면서 어느 정도 감정을 추스르게 된다. 그런데 이렇게 진정이 되었던 신고자가 다시 전처럼 되는 경우가 있다. 처음에는 침착하던 신고자가 히스테리 증상을 보이는 경우도 있다.

신고자를 다시 비정상적인 감정 상태로 몰아가는 행위

1. 신고자를 진정시키지 않고 질문을 받을 상태도 아닌데 지침서대로 질문을 하는 행위.
2. 구급대를 출동시키지도 않고 묻기만 한다는 생각이 들도록 하는 행위.
3. 신고자의 도움 요청에 즉각 반응을 보이지 않고 믿음을 주지 못하는 행위.
4. 신고자를 책망하거나 의심하는 것 같은 말투 또는 공격적이거나 대립각을 세우는 말투.
5. 정보파악과 의료지도를 매끄럽게 하지 못하는 행위.

   정보파악과 의료지도를 하면서 말이 중간 중간 끊어지면 신고자에게 믿음을 주기 어렵다. 이런 일이 발생하는 이유는 다음과 같다.

   1) 지침서를 충분히 숙지하지 못했거나 평소 훈련이 부족한 경우.
   2) 지침서가 없거나, 있더라도 임기응변식으로 하다가 다음 질문이나 응급처치 설명에서 막히는 경우.

이제 EMD의 실제 신고 접수 사례를 살펴보고자 한다. 특히, 다음 두 건은 미국에서 EMD가 상황실 응급처치 안내(Dispatch Life Support)를 한 최초 사례로 기록되어 있다. 1974년 사례이기 때문에 미국 역시 이 당시에는 EMD라는 개념이 이제 막 형성되기 시작한, 오히려 전화접수자(call taker)라는 소극적 이미지가 강한 시기라 하겠다. 미국 911은 화재 · 구조 · 구급을 구분 없이 접수한 다음, 화재인지 구조인지 구급인지에 따라 담당 Dispatcher에게 연결한다는 점이 우리와 다르다.

사례

미국에서 상황실 응급처치 안내(2분 45초 걸림)를 시행한 두 번째 사례.
1974년 피닉스 소방서에서 접수한 호흡이 없는 소아 신고.

상황접수자 : 소방서입니다.
신고자 : 도와주세요. 우리 애가 숨을 안 쉬어요!

상황접수자 : 주소가 어떻게 되시죠?
신고자 : (주소를 말한다)
상황접수자 : 예. (주소를 반복한다)
신고자 : 제발 좀 도와주세요!(거의 패닉상태)
상황접수자 : 제 말 들으세요. 지금 구급대원이 전화를 받았습니다. 말씀하세요.
구급대원 : 여보세요?
신고자 : 숨을 안 쉬어요!
구급대원 : 여보세요. 신고자 분.
신고자 : 예.
구급대원 : 상황실 구급대원입니다. 도와드리겠습니다.
지금 소방차하고 구급차가 댁으로 가고 있습니다. 아셨죠.
신고자 : 예.
구급대원 : 지금부터 어떻게 할지 말씀드릴 테니까. 전화 끊지 마세요.
신고자 : 예. 지금 애기 아빠가 인공호흡을 하고 있어요!
구급대원 : 애기가 지금 어디에 있죠?
신고자 : 애기 아빠 무릎이요.
구급대원 : 남편 분은 어디에 있습니까? 전화 옆에 계십니까?
신고자 : 거실에요.
구급대원 : 전화 옆으로... 전화기 쪽으로 오라고 부르세요.
신고자 : 예. 예.
신고자 남편 : 여보세요! 잘 안 들려요.
구급대원 : 여보세요! 인공호흡을 하실 줄 아십니까?
신고자 남편 : 예. 어느 정도는요!
구급대원 : 예. 부인 바꿔주시고요.
어떻게 하는지 부인께 말할 테니까 그대로 따라 하세요.
신고자 : 살려주세요!
구급대원 : 아주머니. 아주머니가 침착하셔야 애를 도울 수 있어요. 아셨죠!
(3단계 환기에 해당)
신고자 : 어떡해! 우리 아기!
구급대원 : 아주머니! 애를 도우려면 아주머니가 침착하셔야 합니다! (환기의 반복)
신고자 : 예 ~
구급대원 : 제가 말하는 대로 남편께 전하세요! 아셨죠!
신고자 : 예 ~
구급대원 : 자! 이제 괜찮으시죠!
신고자 : 예 ~

구급대원 : 남편한테 인공호흡을 5초에 한 번씩 하라고 하세요! (요청단계)
신고자 : 인공호흡 5초에 한 번 씩요. (구급대원이 말한 대로 따라한다)
(수화기 너머로 울음소리가 들린다)
구급대원 : 애기한테서 나는 소리입니까?
신고자 : 아뇨. 우리 큰 애가 우는 소리에요!
구급대원 : 자. 호흡은 짧게 불어넣어 넣으셔야...
신고자 : 애가 조금씩 숨을 쉬어요!
구급대원 : 숨을 쉰다고요. 됐습니다. 이제는요...(아기 둘의 울음소리가 들린다)
신고자 : 어! 소방서 아저씨들이 왔어요.
구급대원 : 예. 도착했다고요. 그럼 이제 구급대원들이 아기를 돌봐 줄 거예요.
신고자 : 예. 정말 고맙습니다.
구급대원 : 예. 아닙니다.

사 례

미국에서 상황실 응급처치 안내(3분 08초 걸림)를 시행한 최초의 사례.
1974년 피닉스 소방서에서 접수한 풀장에 빠진 소아 신고.

상황접수자 : 소방서입니다.
신고자 : 구급차 좀 빨리 보내주세요! 아들이 풀장에 빠졌는데 숨을 안 쉬어요!
상황접수자 : 주소가 어떻게 되시죠?
신고자 : (주소를 말한다)
상황접수자 : 예. 다시 한 번 말씀해주세요.
신고자 : (주소를 반복한다)
상황접수자 : 아드님이 아직 풀장에 있습니까?
신고자 : 아니요! 꺼내서 인공호흡 하고 있어요!
상황접수자 : 전화 끊지 마세요! 구급대 출동시키고..
구급대원 연결할 테니까 전화 끊지 마세요!
신고자 : 예.
구급대원 : 신고자 분! 지금 인공호흡 하는 중이라고 하셨습니까?
신고자 : 예.
구급대원 : 좋습니다. 지금 아드님 피부가 어떤 색깔입니까?
신고자 : 보라색! 보랏빛으로 변했어요!
구급대원 : 빠진지 얼마나 됐죠?
신고자 : 몰라요! 아마 한 일분. 몰라요. 우편함 보려고 잠깐 나갔다 왔는데...

구급대원 : 알겠습니다. 신고자 분! 제 말 잘 들으세요!
지금부터 침착하셔야 합니다. 지금 옆에 다른 사람 있습니까?
(환기단계)

신고자 : 부모님이요!

구급대원 : 인공호흡을 제대로 하고 있는지 확인해야 합니다. 애가 몇 살이죠?

신고자 : 두 살이요!

구급대원 : 한 손으로는 애기 몸과 목을 받치고 다른 손은 이마위에 올리라고 하세요!
몸과 목을 받치면서 이마를 눌러주는 거예요! 아시겠죠! (요청단계)

신고자 : 예. (밖에다 외친다) 잠깐만요! 여기로 오세요! 애 데리고 들어오세요!

구급대원 : 그럼. 인공호흡을 할 때요...

신고자 : 전혀 숨을 안 쉬어요!

구급대원 : 자! 진정하시고 제 말 들으세요! (환기의 반복)
제 말 들으셔야 애를 도울 수 있어요. 아셨죠!

신고자 : 잠..잠깐만요!

구급대원 : 침착하셔야 합니다!

신고자 : 예 ~

구급대원 : 좋습니다! 시작합니다.

신고자 : 예 ~

구급대원 : 코를 집어서 막으라고 하세요.

신고자 : 예. (아버지에게) 코를 집어서 막으세요!

구급대원 : 인공호흡 4번을 빠르게 하라고 하세요! 지금 바로요!

신고자 : 인공호흡 4번을 빠르게요! 지금 바로!

구급대원 : 4번입니다!

신고자 : 아버지! 4번이요!

구급대원 : 좋습니다. 이제 3~4초에 한 번씩 인공호흡을 하시고
다른 사람에게 맥박이 있는지 확인해보라고 하세요!

신고자 : 예. 3~4초에 한 번씩 인공호흡을 하고, 엄마! 엄마는 맥박이 있는지 보세요!
소방서에서 지금 오고 있다니까 진정하시고요!
(구급대원에게) 지금 오는 있는 거죠?

구급대원 : 예. 지금 가고 있습니다. 곧 도착할거예요!
대원들이 도착할 때까지 제가 도와드리겠습니다.

신고자 : (부모님께) 침착하세요.
(구급대원에게) 신음소리가 나요! 좋은 건가요?

구급대원 : 예? 좋습니다! 울면 더 좋습니다!

신고자 : 애가 입을 벌려요!

구급대원 : 애기가요?
신고자 : 예.
구급대원 : 좋습니다. 인공호흡을 잠깐만 멈추라고 하세요!
신고자 : 예. 그만요! 아버지. 그만하세요!
구급대원 : 애기 입에 귀를 갖다 대고 숨소리가 들리는지 확인하라고 하세요!
신고자 : 예. 입에 귀를 대고 숨소리가 들리는지 확인해보래요!
(구급대원에게) 침이 나와요!
구급대원 : 침을 흘린다고요?
신고자 : 애가 우는 것 같아요!
구급대원 : 애가 울어요?
신고자 : 예! 신음소리가 커졌어요!
구급대원 : 좋아요! 이제 아이 머리를 옆으로 돌려서 침이 나오게 하세요!
신고자 : 머리를 옆으로 돌려서 침이 나오게 하래요!
구급대원 : 어떻게 하는지 아시겠어요?
신고자 : (울음소리가 들린다) 애가 울어요!
구급대원 : 애가 울면 울게 하세요! 됐습니다.
이제 괜찮을 거예요. 대원들이 곧 도착할 겁니다.
괜찮습니다. 운다면 숨을 쉰다는 말이니까요!
신고자 : 뇌손상이나 그런 충격은 받지 않았을까요?
구급대원 : 뭐라고요?
신고자 : 아니, 뇌손상이나 머리에 이상이 있지 않을까 걱정돼서요?
구급대원 : 아니요. 그렇게 오랫동안 호흡이 없지만 않았다면 괜찮을 겁니다.
괜찮을 겁니다. 걱정하지 마세요.
신고자 : 그런데 소방서 아저씨들은 아직도 오고 있는 중인가요?
구급대원 : 예. 그렇습니다. 곧 도착해서 애기 상태를 살펴볼 겁니다.
신고자 : 예. 알겠습니다.

EMD가 수화기를 들자마자 그렇게 흥분하던 신고자가 한 번 본적도 없는 EMD와 위기 상황을 극복하기 위해 이렇게 서로 긴밀하게 협조하는 모습은 생각만 해도 관계자 모두에게 가슴 뿌듯한 경험이 되었을 것이다. 그리고 환자 상태가 좋아지는데 EMD가 무슨 역할을 하겠느냐는 그릇된 선입견을 가지고 있던 사람들에게도 신선한 변화를 가져오는 계기가 되었다. 위 두 사례는 현장에 신고자만이 아니라 다른 보호자도 있었던 상황이었기 때문에 신고 접수자가 신고자에게 전화로 응급처치를 설명하면 신고자는 그 지시를 다른 보호자에게 전달, 응급처치를 하도록 해서 성공한 경우이다. 그런데 만약, 환자와 신고자만 있었다면 어떻게 해야 할까? 먼저 신고자에게 전화를 끊지 말고 전화 수화기를 송 · 수화기면이 위로 가도록 놓도록 한다. 그리고 환자를 전화기 옆으로 최대한 가깝게 옮긴 다음, 수화기 쪽으로 큰 소리로 통화하면서 EMD 지시에 따라 응급처치를 하도록 해야 한다. 지금 우리나라에서야 휴대전화가 일반화되었기 때문에 이런 경우에 환자를 전화기 옆으로 옮길 필요는 없을 것이다. 집 전화로 신고를 했다면 휴대전화로 통화를 하면서 환자 옆으로 가 휴대전화로 응급처치 내용을 설명하면 될 것이다.

꼭 파악해야 하는 중요한 질문에 신고자가 빨리, 적절한 대답을 하도록 하기가 힘들 때도 꽤 많다. 여유가 있는 상황도 아닌 분초를 다투는 상황에서는 더욱 그렇다. 매 순간마다 이런 긴박감에 가슴을 조여드는 듯한 경험을 안 해본 EMD는 없을 것이다. 그렇지만 똑바로 묻지 못하면 환자 상태를 간과하게 되고 우선출동(priority dispatch)절차에 구멍이 생겨 결국, 신고자와 EMD 모두에게 좌절감을 안겨주게 될 것이다. EMD는 응급 상황의 모든 과정이 올바른 방향으로 진행되도록 조정하는 위치에 있는 사람이다. 그리고 이런 과정을 응급 상황에 처한 생판 모르는 사람과 전화로 해결하는 일이 바로 EMD의 주된 임무이다.

지금도 전국 119 상황실에는 다양한 신고가 끊임없이 접수되고 있을 것이다. 이런 수백만 건의 119 신고들을 신고 유형별로 분석하고 분류하는 작업이 시행되어야 한다고 생각한다. 그래서 우리 실정에 맞는 출동 대응 지침서(protocol)를 만들어야 한다. 다양한 스트레스 상황에서 신고자들이 어떤 행태를 보이는지 분류해서 핵심 범주별로 나누고 그에 따라 신고자의 반응을 미리 예상하고 대응하는 시스템이 구축되어야 할 것이다. 훈련받은 전문가로서EMD는 신고자의 그런 행태를 먼저 이해하고 적절한 방향으로 신고자를 이끄는 술기 능력과 공감 능력을 가져야 하겠다. 이것이 분명 쉬운 일은 아니지만 잘 할 수 있는 일이다. 이는 EMD가 전문가로서 자부심을 갖기에 충분한 사람과 사람사이의 소통의 예술이다.

08장

신고자의 종류와 특성

119 구급대는 신고를 받고 출동을 나가게 된다. 화재나 구조 출동도 마찬가지다. 신고는 바로 119 시스템이 가동되는 시작이라 하겠다. 그럼 119에 신고를 하는 사람들은 어떤 사람들일까? 응급상황에 처한 당사자일 수도 있고 그 상황을 목격한 사람일 수도 있을 것이다. 신고자가 어떤 사람이던지 간에 한 가지 분명한 점은 구급이든 화재나 구조상황이든 신고자는 그 상황에 대한 첫 번째 정보제공자라는 사실이다. 특히, 구급의 경우 신고자는 환자에 대한 정확한 평가와 처치에 필요한 소중하고도 중요한 정보, 놓치기 쉬운 정보의 제공자이다. 이렇게 신고자 대부분은 응급상황에서 환자 처치에 도움을 주는 사람이다. 그러나 신고자가 항상 구급대원에게 호의적이지만은 않다. 때론 걸림돌이 되기도 한다. EMD가 신고를 접수할 때나 구급대원이 현장에 출동하면서 신고자와의 통화를 통해 필요한 정보를 얻으려 할 때 신고자에 따라 아주 다양한 반응이 나온다. 격한 반응을 보이는 사람도 있고 냉소적이거나 때론 귀찮아하는 신고자도 있다. 이렇게 신고자유형에 따라 상황에 대한 반응이 다르고 우리가 얻을 수 있는 정보의 형태 및 정확성에도 차이가 날 뿐만 아니라 환자 처치 등 협조를 끌어내는데도 다를 수 있다. 그래서 우리는 119 신고자를 알아야 한다. 이 말은 신고자 한 사람, 한 사람을 개인적으로 파악해야 한다는 의미가 아니다. 다만, 다양한 응급상황에서 신고자마다 서로 다른 반응을 예상하여 대처하면서 우리에게 도움이 되는 정보를 파악하고 신고자의 협조를 이끌어내어 결국 119 본연의 임무를 충실히 수행하는데 필요하다는 의미에서 신고자를 알아야 한다는 말이다.

신고자는 그 접근 방식에 따라 다양하게 분류할 수 있겠지만, 일반적으로 신고상황과 신고자와의 관련성을 기준으로 다음 4가지 유형으로 나눈다.

1. **첫 번째 유형**(First-party callers)

   첫 번째 유형의 신고자는 응급상황에 처한 당사자가 신고를 한 경우를 말한다.

   예를 들어, 흉통이 있거나 요리하다 화상을 입었을 때, 바로 그 당사자가 직접 신고를 한 경우가 이에 해당한다.

2. 두 번째 유형(Second-party callers)

두 번째 유형의 신고자는 일반적으로 환자와 직접적인 관련이 있는 사람으로서 가족이나 친척 혹은 친구가 해당된다. 그리고 환자와 위와 같은 관계가 아니더라도, 사고 당시 환자 바로 옆에 있었던 사람, 예를 들면 교통사고가 났는데 그 차의 동승자로서 자신은 다치지 않았지만 부상당한 다른 사람을 위해 119에 신고를 한 사람도 포함된다.

3. 세 번째 유형(Third-party callers)

세 번째 유형은 환자와 아는 사람도 아니고 사고 현장에 가까이 있었던 사람도 아니지만 단지, 응급상황에 처한 사람을 돕기 위해 119에 신고를 한 사람이 해당된다. 이 유형의 사람들은 길가에 쓰러져 있는 사람 옆을 지나가다가 혹은 차를 타고 가는 중에, 때론 창 밖으로 우연히 어떤 상황을 보고서 119에 신고를 한 사람들이다. 이런 사람 중에는 경비원 또는 누군가의 요청을 받고 신고 한 사람, 즉 누가 갑자기 뛰어와서는 '구급차 좀 불러줘요!' 하고 가버렸다면서 119에 신고한 사람 등등이 포함된다. 이 유형의 사람들은 비록 신고는 하지만 대체로 사고 현장이나 쓰러진 사람에게 가보지는 않는다. 당연히 이들 신고자들에게는 한 가지 뚜렷한 한계가 있다. 바로 EMD가 신고 상황이 어떤 상황인지를 파악하기가 곤란할뿐더러 우선출동을 결정하는데 꼭 필요한 정보를 얻기 어렵다는 점이다.

4. 네 번째 유형(Fourth-party callers)

때론 119신고가 경찰이나 지하철 등 다른 공공서비스 조직에서 들어 올 때가 있다. 119에 도움을 요청하는 경찰관이나 지하철 관계자 등 공무원이나 공기업 직원을 네 번째 신고자 유형으로 분류할 수 있는데, 이들은 기관 상호간 교육을 통해 우선출동이라는 개념을 알고 있는 신고자일 수도 있다. 이들 역시 EMD가 신고자의 대부분을 차지하는 1차, 2차 유형의 신고자들과 직접 통화할 수 없다는 점에서 세 번째 유형의 신고자들과 마찬가지로 정보파악에는 한계가 있다고 하겠다.

우리나라의 경우에는 구급대 출동 현장에서 경찰과 협조해야 할 사항이 빈번하다. 특히, 교통사고나 술에 만취된 사람 때문에 그렇다. 서울과 같은 대도시의 경우에는 지하철에서 역무원이 119에 도움을 요청하는 경우도 꽤 된다. 그런데 경찰이나 지하철 관계자들은 자체 무선 통신망을 가지고 있기 때문에 사고 현장이나 환자 옆에 있는 사람이 직접 신고하기 보다는 무전으로 사무실에 있는 직원을 통해 119에 신고하는 사례가 많다. 이런 신고의 경우에 만약 신고접수자가 단편적인 정보와 신고자 전화번호만으로 구급대 출동지시를 내리게 된다면 출동하는 구급대원은 그 전화번호로 다시 전화를 한다고 해도 역시 정확한 정보를 파악하지 못한 체 출동을 하거나 다시 출동현장에 있는 119신고 당사자와 통화를 시도해야 하는 어려움이 있다. 최근에는 학교나 대형 마트, 회사에서 대표전화로 신고를 하는 사례도 있다. 역시 출동대원이 휴대폰에 나와 있는 신고자 번호로 다시 전화를 한다 해도 정작 신고를 한 사람을 파악하기 곤란한 경우가 발생 할 수밖에 없고, 결국 부정확하고 부족한 정보는 현장 상황 파악 및 환자처치 등 응급상황관리에 부정적인 영향을 미치게 된다. 따라서 신고 접수자 즉, EMD는 반드시 출동 대원들에게 정확한 정보를 제공하고 신고자와 바로 통화할 수 있는 전화번호를 파악하도록 노력해야 한다.

사실, 이런 문제는 단지 통신기법만의 문제는 아니다. 한 사회의 응급의료시스템(EMS)이 얼마나 정교하게 만들어져 있고 제대로 운영되는지 평가 할 수 있는 척도가 된다고도 하겠다. 우선출동 지침서가 도입된 후 미국에서는 현장 경찰관을 상대로 파라메딕 응급구조사가 언제 필요한지 판단할 수 있도록 카드(Medical Miranda)를 만들어 보급하는 한편, 그에 대한 교육을 실시한 바, 경찰들이 현장으로 구급대 출동을 요청하는 비율이 현저하게 줄었을 뿐만 아니라 구급지원을 요청하는 내용 역시 보다 정확해졌다고 한다. Medical Miranda로 불리는 이 카드는 결국 우선출동 원칙을 경찰에게 까지 확장시켜 적용한 좋은 예라 하겠다.

2010년 10월 도봉소방서 방학구급대가 경찰 요청으로 교통사고 발생 현장에 출동을 하게 되었다. 출동 현장은 방학구급대의 관할지역이 아닌 강북구 우이동 주택가 골목이었다. 우이동을 맡고 있는 구급대와 인접 구급대가 모두 출동 중이어서 거리가 먼 방학구급대가 출동을 하게 된 사례였다. 그런데 방학구급대가 막상 현장에 도착해보니 주택가 골목에서 길 가던 주민이 승용차에 살짝 부딪쳐 좌측 손목부위에 약간의 통증을 호소하는 정도의 경미한 사고였다. 결국, 다친 사람과 승용차 운전자가 서로 해결을 하겠다고 해서 방학구급대는 다시 근무지로 돌아오게 되었고, 그 현장을 떠난 지 얼마 되지 않아 이번에는 방학동 옆 동인 도봉동 소재의 아파트에서 응급환자가 발생했다는 무전 지시를 받고 도봉동으로 출동을 하게 되었다. 아파트 13층에서 뛰어내린 환자였다. 이번 역시 도봉동과 가까운 구급대는 모두 출동 중인 상황이었다. 이런 사례가 얼마나 되는지는 알 수 없다. 그러나 왜 우선출동이 중요하고 우리도 미국처럼 Medical Miranda와 같은 카드를 만들어 경찰에게 교육할 필요가 있는지를 확실히 보여준 사례라 하겠다. 구급대 요청과 관련해서 이번에는 지하철의 사례를 한 번 살펴보자. 서울 지하철 1호선 창동역에서 역무원이 승강장에 환자가 발생했다고 119에 신고를 했다. 방학구급대가 출동을 하게 되었는데, 방학과 창동은 거리가 멀지는 않지만 문제는 구급대가 환승역인 창동역에 도착해서 승강장까지 가는데 시간이 10분 가까이 걸린다는데 있었다. 만약, 이 환자가 심정지 환자였다면 어땠을까? 방학동에 있는 구급대를 창동역으로 보내기보다는 창동 다음역인 방학역으로 환자를 데려가도록 하면서 구급대를 방학역으로 출동시키면 어떨까? 심정지 환자였다면 소생가능성이 상당히 높아질 것이다. 그만큼 시간을 10분 이상 줄일 수 있기 때문이다. 이런 역할을 경찰이나 역무원에게만 기대해서는 안 된다. 무엇보다도 119 신고 접수 출동 시스템이 그만큼 정교해져야 가능한 일이기 때문이다. 그리고 그 중심에는 바로 EMD가 있다. 시스템의 중요성은 아무리 강조해도 지나치지 않다.

미국에서는 신고자의 75%가 첫 번째와 두 번째 유형의 신고자들이라 한다. 그리고 나머지 대부분은 세 번째 유형의 신고자들이었다. 첫 번째와 두 번째 유형의 신고자은 우선출동을 적용하기에 충분한 정보를 거의 예외 없이 제공하는 사람들인 반면, 세 번째 유형은 사고가 난 장소나 환자위치를 알려주는데 그쳤다고 한다. 우선출동시스템에 따라 구급출동이 이루어지는 미국에

신고자 유형에 따른 특성

신고자 유형	신고자	신고정보	상황에 대한 반응(감정상태)	협조여부
첫 번째 유형	환자 본인	그 상황에 대한 가장 정확한 정보제공자이면서 환자 상태에 따라 정보파악 정도가 달라짐	대체로 안정적이나 고통, 놀람 등의 반응을 보이기도 한다	협조적
두 번째 유형	가족이나 친구 또는 환자와 아주 가까이 있는 사람	대체로 정확한 정보제공자이나 상황에 따라 달라 질 수 있다	대체로 객관적이나 환자 상태에 따라 아주 예민해지거나 흥분하기도 한다.	대체로 협조적
세 번째 유형	우연히 사고나 환자를 목격한 제 3자	정확한 정보 파악이 곤란할 때도 많지만 결코 무시할 수 없다(같은 내용의 신고가 여러 사람으로부터 동시에 접수되는 경우 등)	객관적	대체로 협조적이나 신고자체로 그치는 경우도 있다
네 번째 유형	경찰 등 공무원	정확한 정보파악이 곤란할 때가 많다	객관적	협조적

서도 모든 신고에 이 시스템을 적용하기는 어려울 것 같다. 신고자 전부가 우선출동 시스템에 필요한 정보를 모두 알 수는 없기 때문이다. 그래도 신고자 대부분이 소중하고도 자세한 정보를 알고 있더라는 사실이 통계적으로 입증되었다고 한다.

미국과 마찬가지로 우리나라의 경우에도 119 신고자의 다수는 역시 첫 번째와 두 번째 유형에 해당하는 사람들이다. 아무래도 외상으로 인한 환자보다는 질병 때문에 119에 신고하는 경우가 더 많기 때문일 것이다. 신고자를 환자 유형에 따라 다음과 같이 나눠볼 수도 있다.

환자유형에 따른 신고자 분류

환 자 유 형	신 고 자
질병(비-외상)환자	1차, 2차 유형의 신고자가 대부분
외상환자(특히, 교통사고의 경우)	3차, 4차(경찰) 유형의 신고자가 대부분

서울에서 일하고 있는 구급대원인 저자의 개인적인 경험으로 봐도 신고자 대부분은 사실 협조적이고 신고 상황에 대한 충실한 전달자이다. 전문용어가 아닌 일상적인 표현 때문에 판단에 혼

란이 올 때도 있지만 그건 신고자의 문제가 아니라 119신고 접수자나 출동 대원의 커뮤니케이션 전문성에 더 큰 문제가 있다고 본다.

신고자의 문제점과 감정적인 반응을 탓하기보다 이제 신고자를 이해하고 그 반응까지 고려하여 응급상황을 관리해야 할 책임이 EMD나 EMT에게 있다. 중요한 점은 그 전문성에 따라 응급상황에 대한 신고자의 반응이 달라지고 당연히 우리가 얻을 수 있는 정보에도 차이가 나며 환자 처치에 참여시킬 수 있는 정도까지 차이가 난다는 사실을 다시 한 번 강조하고 싶다. 물론, 모든 신고자가 위에서 분류한 유형대로 그 특성을 보이지는 않을 것이다. 다만, 일반적인 범주에 따른 분류가 그렇다는 것이고 개인의 성격에 따른 차이는 있을 수밖에 없다. 말하자면, 열성경련을 하는 아이를 보고도 침착한 엄마가 있는가 하면 사고 현장에서 그 사고와 직접 관련이 없으면서도 격한 반응을 보이고 흥분하는 사람도 있을 수 있기 때문이다. 따라서 EMD나 EMT는 신고자의 종류와 그 특성을 바탕으로 신고자를 관리하는 기법까지 잘 알고 있어야 한다. 그리고 신고자 관리 기법은 머리로만 익히는 지식이라기보다는 오히려 정서적인 인간이해에 가깝다.

09장 신고자로부터 정보를 획득하는 방법

EMD는 한정된 구급자원으로 시시각각 들어오는 구급신고에 효과적으로 대응하면서, 때론 신고자에게 환자를 위한 응급처치를 하도록 할 수 있어야 한다. 이는 결국 신고자로부터 필요한 정보를 성공적으로 알아내야 가능한 일이다. 정보 파악이 까다로운 신고자라고 해서 그냥 구급대를 출동 시키는 것으로 통화를 끝내버리거나 신고자가 하는 말 그대로 현장 상황이나 환자 상태에 대한 중증도를 결정하는 것은 전문 EMD로서 해야 할 행동이 아니다.

어떤 도움이 필요해서 119에 신고했는지, 119가 어떻게 도와줘야 할지를 정확히 파악하려면 신고자로부터 정보를 알아내야 한다. EMD가 맡고 있는 여러 업무 중 가장 기본으로서 가장 중요한 업무가 바로 이것이다. 이번 장에서는 구급출동 지시에 있어서 EMD가 가져야 할 기본 철학과 신고자와의 통화에서 지켜야할 책임이 신고자로부터 정보를 획득하는 과정에서 어떻게 실천되어야 하는지 되새겨보고자 한다. 여기에는 신고자와 전화통화에서 EMD가 지켜야하는 기본자세와 아울러 신고자로부터 먼저 파악해야하는 5가지 사항(어디서, 무엇을, 어떻게, 누가, 언제)을 끌어내는 올바른 방법과 그 순서도 제시되어 있다. EMD가 이런 기본업무를 수행하는 과정에서 가장 큰 걸림돌은 바로 히스테리 반응을 보이는 신고자이다. 그런 신고자를 어떻게 진정시켜야 하는지 그 방법론 역시 빼놓을 수 없다. 다음 장 신고자 관리에서 흥분한 신고자를 다루는 방법론과 그 과정을 살펴보고자 한다.

Ⅰ. EMD의 4가지 책임과 태도

1. EMD가 신고를 접수할 때 지켜야하는 4가지 주요 책임

EMD의 책임에 여러 가지가 있다는 점은 이미 언급한바 있다. 그 중에서도 다음 4가지 사항은 특히 신고자로부터 전화를 받을 때 지켜야하는 4가지 핵심 사항이다.

1) 신고자와 연결 유지

EMD는 신고자와 전화통화를 유지할 책임이 있다. EMD는 올바른 출동 결정에 필요한 정보를 얻기 전까지 신고자와 전화통화를 해야 할 책임이 있다.

2) 신고에 적합한 구급자원 출동지시

EMD는 신고 사항과 환자 상태에 적합한 구급자원을 출동시켜야 한다. 출동 지시는 그에 필요한 정보가 파악 되는대로 바로 내리도록 한다. 출동 지시는 출동 지침서와 신고자로부터 파악한 정보를 근거로 이루어진다.

3) 신고자 진정과 대화의 통제

EMD는 신고자를 진정시키는 한편 통화를 주도해야한다. 이를 다르게 표현하면, EMD가 신고자를 진정시키지 못하고 통제하지 못하면 올바른 출동 결정에 필요한 정보를 얻지 못하게 됨을 의미한다.

4) 응급처지 설명의 필요성 여부 결정

EMD는 응급처치 안내가 필요한 상황인지 판단해야 한다. 간단히 말해, 출동 지침서에 있는 CPR같은 응급처치를 신고자에게 하도록 해야 할 신고인지 여부를 결정해야 한다. 이러한 결정 역시 출동 지침서와 신고자로부터 파악한 정보가 그 근거가 된다.

2. EMD가 신고자에게 지켜야 할 태도

EMD는 신고자에 대한 과거 경험이나 그 말하는 태도에 휘둘리지 말고 항상 전문가적인 자세를 잃지 말아야 한다. EMD가 모든 신고자에게 보여야 할 기본 태도는 다음과 같다.

1) 예의바른 태도

모든 신고자를 예의와 존중으로 대한다.

2) 침착하게 신고자를 안심시키는 태도

출동 지시를 제대로 내리는데 필요한 정보를 얻으려면 신고자부터 침착하게 만들어야 한다. 특히, 환자가 심정지인 경우에는 더욱 그렇다. 이런 경우 EMD가 당황하면 신고자는 더 말할 필요가 없다. 내 신고를 받고 있는 사람이 나를 도우려 한다는 믿음을 신고자가 갖게 되면 불안해하던 신고자도 진정이 되고 EMD에게 협조하게 될 것이다. "지금 구급대를 출동시켰으니 곧 구급대원이 도착할 것입니다."라는 말처럼 신고자를 돕기 위해 119에서 조치를 취하고 있다는 사실을 알게 한다.

3) 흔들리지 않는 태도

EMD는 신고자와의 전화통화를 주도해야한다. 까다로운 신고자를 다루는 가장 좋은 방법이 바로 확고한 태도를 유지하는 것이다. 이는, 단지 말을 많이 하거나 고집불통의 일방적인 자세가 아닌 전문가로서의 태도를 의미한다. 신고자가 유별나다고 해서 EMD가 신고자를 무례하거나 경솔하게 대해선 안 된다.

4) 분명하고, 간결하고 정확한 말

전문용어나 어려운 말로 신고자를 혼동시키지 말자. 신고자가 알아듣기 쉽게 간단하지만 핵심을 파악하는 질문과 답변으로 대화를 해야 한다. 말은 천천히 또박또박해야 두 번 말하지 않게 된다.

5) 신고에 빠르게 대응하는 태도

신고자의 신고 내용을 주의 깊게 듣고 신속하게 대응한다. 환자나 신고자의 위치, 그리고 신고의 본질, 즉 신고한 이유를 빨리 파악한다. 한 번에 한 가지씩만 묻고 그 대답을 기록한다. 신고자가 EMD의 말을 못 알아들었거나 질문 내용을 이해 못했을 경우, 꼭 필요한 정보를 말하지 않고 다른 말을 할 때에만 다시 묻도록 한다. 질문은 EMD 출동 지침서에 들어있는 내용으로 한다. 그렇다고 해서 이것이 다른 추가질문을 해서는 안 된다는 의미는 아니다. 출동을 지연시키지만 않는다면 추가질문도 가능하다.

6) 응급처치 안내에 적극적인 태도

EMD 교육과정에 들어있는 응급처치 이론과 실습은 환자를 돕기 위한 것임을 잊지 말자.

7) 자신감 있는 태도와 목소리

EMD의 태도와 목소리에 자신감이 있어야 신고자가 믿고 그 지시에 따를 가능성이 높아진다고 하겠다.

II. 기본 전화통화 술기

질병이든 사고든 응급상황에 처한 환자나 그 신고자와 전화통화를 하기란 여간 어려운 일이 아니다. 시간이라고 하기에도 뭐한 그 짧은 1-2분 내에 필요한 정보를 그것도 당황하거나 흥분한 사람으로부터 파악한다는 게 EMD라고 해서 만만치도 않고, 더욱 응급처치 필요성에 대한 판단과 설명을 하기도 심적 부담이 적지 않다고 하겠다. 아래에 제시한 올바른 전화사용법은 EMD가 그런 어려운 상황을 헤쳐 나가는데 도움이 된다고 본다. 신고자와 소통이 원활해지고 업무에 도움이 될 만한 전화통화 술기를 다음 7가지로 정리해보았다.

1. 가능한 환자 옆에서 전화통화를 하도록 한다.

환자는 방에 있고 신고는 거실에서 집전화로 하면 신고자가 환자를 볼 수 없다. 특히, 환자의 상태가 심각하거나 응급처치 지도가 필요한 경우에는 신고자와 환자의 위치가 가까울수록 좋다. 휴대전화나 무선전화 신고인 경우에는 환자 옆에서 통화를 하면 되고 유선 전화인 경우에도 환자가 옆에 있으면 괜찮지만 떨어져 있을 때에는 휴대전화로 다시 통화하도록 한다. 물론 환자와 떨어져서 신고해야 하는 경우도 있을 것이다. 가정폭력이나 환자에게 정신과 치료가 필요한 경우처럼 신고 통화가 그 사태를 더 악화시켜 신고자와 그 주위사람을 위험에 빠지게 할 때도 있기 때문이다. EMD와의 통화를 환자가 듣지 않도록 하는 것이 바람직한 경우도 예외라 하겠다. 물론, 환자와 떨어져서 하는 통화는 환자의 의식이나 호흡 등 소위 ABC에 큰 문제가 없다는 전제에서 가능한 말이다.

2. 전화 수화기에 똑바로 대고 말한다.

신고자나 접수자 모두 전화 수화기에 입을 가까이 대고 말해야 서로 잘 들릴 것이고 그래야 같은 말을 반복하지 않게 된다. EMD는 침착하게 말하고 설령 신고자가 내 말을 알아듣지 못한다고 해서 큰 소리로 말하지 않도록 주의해야 한다.

3. 통화를 주도한다.

신고자가 자신의 말만 하도록 놔둬서는 안 된다. 분명하고 침착하게 단호한 목소리로 EMD가 묻는 말에 집중해서 답변토록 해야 한다. 그렇지 않으면 아까운 시간을 그냥 흘려보내기 쉽다.

4. 신고자가 처한 상황을 마음속에 그려본다.

신고자가 처한 현장에서 어떤 일이 벌어지고 있는지 떠올려보면 신고자와 통화하는데 도움이 되고 그 신고가 내 일처럼 느껴질 것이다.

5. 신고자가 말한 정보를 기록한다.

신고자의 말을 잘 듣고 적어둔다. 그래야 같은 질문을 안 하게 되고 출동 대원들에게도 필요한 정보를 전달하기가 쉽다.

6. 구급대가 현장 도착하기까지의 시간을 잘 관리한다.

신고자는 구급대를 기다리는 동안 다시 불안해지기 쉽다. 그 시간의 공백이 길수록 두려움도 증폭된다. 짧은 시간도 평소보다 훨씬 길게 느껴질 것이다. 미국에서는 주로 EMD가 그런 공백을 메워주는 역할을 맡고 있지만 우리나라는 아직 우선출동지시체계와 전문 EMD의 개념과 역할도 확립되지 않았기 때문에 신고를 받고 현장에 출동 중인 구급대원이 신고자에게 다시 전화를 해서 위치와 필요한 정보를 보다 자세히 파악하면서 신고자를 안심시키는 역할을 담당하고 있다.

7. 모든 신고에 관심을 보여라.

신고자를 내 가족처럼 대한다면 말이 필요 없을 것이다. 미국에서는 신고자에게 관심을 보이는 방법으로 EMD에게 신고자와 대화를 하면서 그 이름을 자주 반복적으로 부르도록 교육한다. 우리야 문화가 다르기 때문에 신고자 이름보다는 환자분이나 보호자분처럼 적당한 용어를 선택해서 부르는 것이 어떨까 싶다. 어쨌든 신고자에게 119에서 나에게 관심을 갖고 도우려한다는 믿음을 갖게 한다면 신고자를 진정시켜 협조를 끌어내기가 훨씬 용이해진다는 점 잊지 않았으면 한다.

III. 초기 평가 정보의 파악과 기록

꼭 필요한 질문을 제대로 물어 필요한 정보를 파악하고 기록하는 것이 EMD에게 참 중요하다는 점은 여러 번 강조 한 바 있다. 파악한 정보를 바탕으로 출동 결정을 내리려면 단지 신고자에게 "무슨 문제가 있으십니까?" 또는 "어디가 아프죠?" 라고 묻기보다 출동 지침서에 근거해서 정보를 획득하는 방법이 훨씬 믿을 만하다는 사실도 이미 입증되었다.

초기평가(the initial assessment)도 이와 똑같이 하면 된다. 그 진행 순서나 질문 내용도 출동 지침서에 나와 있다. 어디서(where), 무엇(what)을, 어떻게(how), 누가(who), 언제(when)가 바로 초기평가에 포함되어 있는 질문들이다. 신고 전화를 받고 신고자로부터 가장 먼저 파악해야 하는 이 초기평가는 그 순서가 중요하다. 그 순서를 지켜 초기평가를 진행하기 바란다.

1. 어디서(장소)?

환자나 사고가 발생한 곳을 먼저 파악한다. 너무 당연한 말이지만 장소를 알아야 그 거리에 따라 구급자원을 조정하고 출동시키는 효율적인 상황관리가 가능하기 때문이다. 최근에는 정보통신의 발달로 신고자의 전화번호가 신고 접수 시 자동으로 파악이 된다. 휴대전화는 주소나 위치를 물어야 하지만, 신고를 집 전화로 했으면 그 집 주소도 바로 파악이 된다. 이렇게 신고자 전화번호, 환자나 사고가 발생한 위치에 대한 정보를 실시간으로 파악하게 되면서 이에 대한 EMD의 부담도 덜게 되었다. 그러나 "확인" 의 중요성은 여전하다. 휴대전화로 들어온 신고는 장소 파악에 특히 조심해야 한다. 같은 아파트 단지에서도 18동 107호를 10동 107호로 보내는 경우도 있고 발음이 비슷한 동을 착각해서 출동지시를 잘못 내릴 수도 있기 때문이다. 집전화로 들어온 신고 전화라 해서 그 주소를 100% 믿긴 어렵다. 필자도 다음과 같은 경험을 한 적이 있다. 2010년 4월

21일 21시 30분 경 서울시 도봉구 방학4동 00아파트에 출동 지시를 받았다. 출동 중에 신고자와 통화를 하면서 그 위치에 대한 확인은 하지 않고 환자에 대한 정보만 파악하면서 현장에 도착했는데 실제 환자가 있던 장소는 방학1동에 있는 4동 아파트와 이름이 같은 아파트였다. 단지, 열만 있던 환자였기에 다행이었지 정말 응급환자였다면, 특히 심정지 환자였다면 생각만 해도 끔찍하다. 파악에서 확인으로 그 무게 중심이 바뀌었지만 장소나 주소에 대한 확인의 중요성은 여전하다 하겠다. 그리고 확인을 할 때에는 신고자를 통해서 해야 한다. 교통사고 신고를 예를 들어 설명하면 다음과 같다.

신고자 - 119죠! 여기 홍대역에 큰 교통사고가 발생했어요.

EMD - **홍제역에 교통사고요.**

이런 식으로 확인을 하다보면 신고접수자의 이런 실수를 당황하거나 흥분한 신고자가 알아차리지 못하고 그대로 넘겨버리기 쉽다. 결국 구급대와 구조대는 전혀 엉뚱한 곳으로 출동을 하게 된다. 따라서 확인을 할 때에는 꼭 신고자에게 다시 한 번 확인을 요청해서 하도록 해야 한다.

신고자 - 119죠! 여기 홍대역에 큰 교통사고가 발생했어요.

EMD - **다시 한 번 말씀해주시겠습니까?**

신고자 - 지하철 2호선 홍대역 앞이요.

이런 신고의 경우에는 사실 EMD가 서울 지하철 3호선 홍제역(서대문구)과 2호선 홍대역(마포구)이 신고자와 접수자 사이에 혼동을 일으킬 수 있다는 사실을 미리 인지하고 홍제와 홍대를 구별하는 것이 더 바람직하다고 하겠다. 이 외에도 장소와 주소, 전화번호를 혼동하는 경우는 의외로 많다. 응급상황에서 심장과 신장처럼 발음이 비슷한 병명이 혼동을 일으키는 것처럼 말이다.

2. 무엇?

초기평가 중에서 가장 중요하다. 주 호소(chief complaint)와 문제의 본질(the nature of the problem)을 파악한다. 무슨 일이 있거나 있었고 어떤 도움이 필요한지 알아내는 것이다. 특히, 환자의 의식상태(the level of consciousness)와 호흡은 있는지, 있다면 그 호흡을 어떻게 하고 있는지 파악해야 한다. 의식상태 확인은 "환자가 깨어 있습니까." 또는 "묻는 말에 대답을 합니까?" 등의 질문으로 알아내도록 한다. 그리고 호흡상태 파악은 환자 자신이 숨 쉴 때 어떻게 느끼는지, 숨을 힘들게 쉬지는 않는지, 환자가 의식이 없다면 입과 코에 공기의 흐름은 느껴지는지, 호흡 시 가슴과 배에 움직임이 있는지 신고자에게 확인해보도록 한다. EMD가 신고자와의 통화를 주도해야 할 때가 바로 이때이다. 신고자 혼자 계속 말하도록 해서는 안 된다. 가장 중요한 핵심정보를 신고자로부터 얻어내야 한다.

3. 어떻게?

이런 유형의 정보는 대체로 신고자가 119에 전화가 연결되자마자 처음 말하는 내용이다. "내 친구가 칼에 찔렸어요!" "벌에 쏘인 친구가 일어나질 못해요!" 처럼 신고자에 의해 바로 제공되는 정보이다. EMD 출동 지침서 질문 순서에도 들어있는 초기평가 내용이라고 하겠다. 손상이 어떻게 발생했는지 즉, 손상기전(mechanism of injury) 파악은 출동지시결정에 귀중한 통찰력을 제공해주기도 하고 현장안전 여부 확인에도 필요하다.

4. 누가?

꼭 물어야 하는 정보는 아니고 선택적 사항에 해당하는 정보라 하겠다. 신고자가 누구이고 누가 도움을 필요로 하는지 파악한다. 필수사항에 해당하는 정보는 아니지만 이런 정보가 EMD나 출동하는 EMT에게 유용할 때도 있다. 구급정보란 상황에 따라 선택이 필수가 되기도 한다.

5. 언제?

언제부터 아팠는지, 사고가 언제 발생했는지, 언제 다쳤는지 '그 때' 에 대한 정보를 파악한다. 이런 정보는 출동대원에게 유용한 하기도 하고 EMD가 이를 바탕으로 출동 구급대를 조정하거나 바꿀 수도 있다.

IV. 핵심정보파악

핵심정보는 우선출동시스템에서 구급대를 환자 상태의 응급성에 따라 우선 순위화시켜 출동시키는데 필요하다. 그리고 핵심정보를 파악하기 위한 질문은 우선출동을 정확하게 실현하기 위한 일종의 도약대라고 할 수 있겠다. CBD와 MPDS같은 우선출동시스템에서 핵심정보는 도입부 질문, 즉 모든 신고자에게 꼭 물어야하는 질문에 해당한다.

4+2 핵심정보(4+2 Commandments)

1. 주 호소(chief complaint)
2. 의식수준(the level of consciousness)
3. 호흡상태(breathing status)
4. 나이(age)

외상(trauma)환자 추가 핵심정보

5. 손상기전(mechanism of injury)
6. 환자의 수

1. 주 호소(Chief Complaints)

주 호소와 관련해서는 먼저 그 의미부터 확실히 짚고 넘어가는 것이 좋을 것 같다. 아무래도 신고자나 환자가 표시하는 불편사항인 호소와 주 호소를 혼동하는 경우가 꽤 있기 때문이다.

호소(complaints)와 주 호소(chief complaints)의 구별

다음은 119 신고자가 119에 신고한 이유에 해당하는 내용들이다.
이중에서 주 호소에 해당하는 것이 무엇인지 골라보기 바란다.

1. 사람이 죽어요, 빨리 오세요.
2. 제 처가 가슴이 아파 죽겠대요.
3. 애기가 막 나오려고 해요.
4. 정말 심각해요. 빨리요! 빨리!
5. 남편이 이상한 소리를 내면서 숨을 쉬어요.
6. 아기가 산소가 필요합니다.
7. 너무 배가 아파서 기절할 것 같아요.
8. 여기 구급대원이 필요한 상황입니다.
9. 얼굴이 파랗게 질렸어요.
10. 구급차로 가야돼요. 구급차 보내주세요.

이 중에서 주 호소에 해당하는 것은 2. 3. 5. 7. 9번이다. 특히, 주 호소 5번과 9번은 긴급출동이 필요한 상황이라고 볼 수 있다. 그럼에도 불구하고 그 이유를 더 파악해야한다. 즉, '왜' 환자 얼굴에 청색증이 생겼는지, '왜' 숨소리가 이상한지 그 원인을 파악해야 한다. 기도폐쇄 또는 물에 빠졌기 때문일 수도 있고, 감전이나 심장발작, 약물과다복용 등 아주 다양한 원인으로 환자 상태가 그렇게 될 수 있기 때문이다. 주 호소는 119구급대의 도움이 필요한 문제의 본질이라고 하겠다. EMD는 그 문제의 본질을 명확히 파악할 수 있어야 한다. 그러기 위해서 EMD는 모든 신고자에게 반드시 무슨 일이 있는지 확실히 말해달라고 물어야 한다. '사람이 죽어요.' 와 같은 답변은 호소는 될지언정 주 호소는 아니다. EMD는 무엇 때문에 환자가 죽을 것 같은지 알아내야 한다. 그 대답은 '한 시간 동안 가슴이 심하게 아팠는데 지금 땀까지 흘리고 있어요.' 라는 답변일 수도 있다. 이렇게 주 호소의 정의를 내리자면 환자나 신고자가 119에 신고를 한 이유가 바로 주 호소이다. 때론 주 호소가 교통사고나 추락처럼 손상기전일 수도 있다. 어쨌든 주 호소는 CBD나 MPDS의 출동범주에 들어 있는 증상이나 그 원인이지 모호하거나 애매한 도움요청이 아니다. 그래서 주 호소는 EMD에게 우선출동을 결정을 내리는데 필요한 정보를 제공하는 역할을 한다.

신고자들 중에는 119신고를 '환자가 심장발작을 일으켰어요.' 라고 좀 더 구체적으로 설명하는 사람도 있다. 이런 경우에는 EMD 역시 좀 더 자세한 질문으로 주 호소의 범위를 좁혀나갈 수 있다. '자세히 설명해 주십시오.' 라고 물어서 다음과 같은 답변을 끌어낼 수 있기 때문이다. '식사 중에 갑자가 말을 못하더니 옆으로 쓰러졌어요.' 라는 경우에는 기도폐쇄를 먼저 의심해 볼 수도 있다. 또는 '말을 못하고 왼쪽 팔만 움직여요.' 라는 경우에는 뇌졸중을 의심하는 식으로 주 호소를 정확하게 파악하기 위해 노력해야 한다.

2. 의식수준

환자가 깨어 있는지 의식이 있는지 물어서 그 의식 상태를 파악한다. 이에 대한 신고자의 반응으로는 보통 '예 또는 아니요. 아니면 모르겠어요.' 라는 3가지 대답을 들을 수 있다.

신고자에게 환자 의식을 확인토록 하기 위해서는 다음 순서대로 물어본다. 먼저 환자가 의식이 있습니까? 또는 깨어 있습니까? 라고 묻고 모른다고 하면 환자를 깨워보도록 한다. 그리고 환자가 묻는 말에 대답을 하는지 물어 의식여부 및 그 수준을 확인하면 된다.

3. 호흡상태

의식수준 파악이 끝나면 환자의 호흡 상태에 대해 물어야 한다. '환자가 호흡을 합니까?' 라고 말이다. 만약 신고자가 환자의 의식이 어떤지 모르겠다고 하더라도 EMD는 환자가 호흡은 하는지 꼭 물어봐야 한다. 특히 2010년 새로운 CPR 가이드라인에 따라 이제는 호흡여부에 대한 단순한 확인을 넘어 어떻게 숨을 쉬는지, 호흡의 질에 대한 평가가 아주 중요한 문제로 대두 되었다.

만약 신고자가 환자 가족이거나 친구와 같이 2차 유형에 해당하는 사람들로서 환자 옆에 있으면서도 환자가 숨을 쉬는지 확실히 모르겠다고 한다면, 나중에 환자가 호흡을 하는 것으로 확인된다고 하더라도 그때까지는 호흡이 없는 환자로 생각하고 대처해야 한다.

환자가 숨을 쉬는지 모르겠다고 하는 신고자가 3차나 4차 유형에 해당하는 사람들이라면 이런 경우에는 자신들이 환자 호흡을 확인해보지 않은 경우가 상당히 많다. 직접 확인해보도록 하자.

4. 나이

나이가 4가지 핵심질문 사항에 포함된 이유는 나이를 기준으로 출동의 우선순위가 결정되는 경우가 있기 때문이다. 예를 들어, 여성의 흉통이나 복통은 그 상태의 심각성을 평가할 때 통계적으로 나이와 관련이 있기 때문이다. 그리고 무엇보다도 응급상황, 특히 CPR의 경우에 응급처치 안내를 할 때 심정지 환자를 그 나이를 기준으로 영아(1세 이하), 소아(1-8세), 성인(8세 이상)에 따라 CPR 방법이 달라지기 때문이다.

5. 손상기전과 환자의 수

외상환자의 경우에는 어떤 사고이고 어떻게 다쳤는지와 같은 손상기전 파악이 굉장히 중요하다. 그리고 환자의 수는 현장에 몇 명이 있는 것이 아니라 실제로 다친 사람의 수를 파악하는 것이다. 사실 손상기전과 환자의 수를 파악하는 것은 말처럼 쉽지만은 않다. 그러나 우선출동의 범위와 질, 말 그대로 어떤 종류의 구급차를 몇 대나 출동시켜야 할지를 결정하기 위해서 그리고 현장 출동 대원들에게 정보를 제공하기 위해서 생략할 수 없는 필수사항이다.

지금까지 설명한 핵심사항과 그 파악을 위한 질문은 현장 구급대원이 환자에게 하는 Vital Sign과 같은 것으로 결코 선택사항이 아니다. EMD가 모든 신고자에게 꼭 확인해서 출동대원들에게 제공해야 하는 것이다. 그럼에도 불구하고 특정 질문에 대해 모르겠다는 답변을 들을 때도 많다. 그럴 때에는 그런 정보조차도 현장대원들에게 전달해야 한다. 예를 들면, 신고자가 아픈 남자가 있어서 구급차를 어디로 보내달라는 말만하고 전화를 끊고 받지 않는다고 해보자. 이럴 때 EMD는 '종로소방서, 세종로 구급대! 지금 세운상가로 출동 중인 구급 신고는 남자 환자로 주 호소도 모르고 의식수준과 호흡상태, 나이가 확인이 안 되었음.' 그 외 추가 정보도 없습니다. '라는 식으로 무전통신을 해야 한다는 말이다. 이렇게 해주면 출동하는 대원들이 파악된 것과 파악되지 않은 것을 알고 구급출동을 나가게 된다. 출동대원들이 개인적인 선입견이나 타성에 따라 핵심사항들을 넘겨짚도록 해서는 안 된다.

10장

실제 사례 연구 (Case Review)

이번 장에서는 실제 119 신고 사례를 소개하고자 한다. 신고를 접수한 상황 요원이 구급대 도착 전 응급처치안내(PAI)를 실시한 사례로 경기도 부천소방서와 남양주소방서 상황실에 접수된 심정지 의심 신고 4건의 녹음을 옮겨 적었다. 가천 의대 길병원의 소방방재청 연구 용역 보고서 「구급서비스 선진화 방안 연구」2010년 11. 28. 207-211쪽에 실려 있다. 자신이 직접 신고를 받았다고 생각하고 잘한 점, 부족하거나 보완해야 할 점 등을 토의하고 검토해보는 기회가 되길 바란다.

사례

〈도착 전 응급처치 안내 사례 1〉

▶ 예, 소방서입니다. 여보세요.

숨을 안 쉬는 것 같은데요.

▶ 예? 사람이 숨을 안 쉬는 것 같아요?

예.

▶ 주소가 어디예요?

원저 1동..... (하략)

▶ 번지수는요?

70-1이요.

▶ 동은요?

몇 동... (하략)

▶ 호수는?

몇 호요..

▶ 전화번호가?

011- (하략)
▶ 어느 분이 그래요?
아빠가요.
▶ 지금 집에 누구누구 있어요?
엄마랑, 저랑..
▶ 아빠가 얼마나 된 것 같아요?
얼마 안 된 것 같아요.
▶ 지금 손 잡아보세요. 따뜻해요? 아빠 옆으로 가보세요. (구급출동지시)
▶ 아빠 옆에 갔어요?
예.
▶ 그럼 숨 쉬는지 안 쉬는지 코에다 귀를 좀 대보세요. 숨 쉬는 것 같아요?
안 쉬는 것 같아요. 얼굴이 파래요.
▶ 그럼 가슴, 가슴을 누르세요. CPR 교육 받은 적 있어요?
네. 그러고 있어요.
▶ 많이 누르세요. 가슴을 세게 누르세요. 세게 누르고 있으세요. 구급차 보내고 있으니까. 얼굴이 파래요? 차가워요?
미지근해요.
▶ CPR 교육 받은 적 있어요? 심폐소생술?
▶ 그럼 둘이 있죠? 다른 사람들..
외숙모가 있어요.
▶ 아버지 나이가 어떻게 돼요?
65세요.
▶ 그럼 다른 사람은 고개를 젖히고 입을 좀 이렇게, 턱을 잡고 여세요.
▶ 다른 사람은 가슴을 계속 누르라고 하세요.
▶ 양쪽 젖꼭지와 젖꼭지 사이 가슴을 계속 누르세요.
네.
▶ 지금 구급차를 보내고 있는 중이거든요? 구급차가 도착할 때까지 가슴을 세게 누르고 계세요. 가슴을 자꾸 누르라고 하세요. 울지만 말고. 누르고 있어요?
네.
▶ 울지만 말고 계속 누르라고 하세요. 울지만 마시고. 반듯하게 누워 계세요?
네.
▶ 반듯하게 눕고 계속 가슴을 압박을 시키세요. 최대한 깊이 누르세요. 잠깐만 기다리세요. 전화 끊지 마세요.

사례

〈도착 전 응급처치 안내 사례 2〉

▶ 네, 소방서입니다.
네 여기 덕소 현대 홈 타운인데요.
▶ 덕소리 현대 홈 타운이요?
네 몇 동 몇 호요.
지금 노인네가 의식을 못 찾으셔서 그러거든요?
누워서 가는 거 그거 필요할 것 같아서요
▶ 원래 아프신 데가 있으세요?
예.
▶ 어디가 아프신데요?
지금 의식이 전혀 없어요.
▶ 그러니까 원래 어디가 아프신데요?
숨을 안 쉬세요.
▶ 전화 끊지 마세요. 잠시 기다리세요. (구급출동지시)
▶ 확인 좀 해주세요. 가슴 부위 오르락내리락 하시는지. 자세히 들어보세요. 코로도 숨 나오나 귀도 대보시고..
전혀 의식이 없으신대요?
▶ 아니 의식이 아니고 숨을 쉬시는지 확인을 해보시라고요. 가슴 부위가 숨을 쉬면 오르락내리락 하잖아요.
안하시는 것 같은데요? 안하세요.
▶ 그러시면 제가 심폐소생술 안내해드리면 하실 수 있으시겠어요?
아니 지금 병원으로 가야 될 것 같은데요?
▶ 아니 지금 구급차는 출발을 시켰어요.
네, 그럼 그러세요.
▶ 환자 분 바로 옆에 계세요?
네.
▶ 네 그러면요. 가슴 부위 중간에다가요. 한손 손등에다가 다른 손 손바닥을 포개 가지구요. 깍지 끼워가지고. 젖꼭지 사이 중앙부위 가슴뼈 사이에 올린 다음에요. 팔꿈치 구부리지 않고요. 무릎을 바닥에 대고 무릎 꿇은 자세로.
지금 침대에 계신데요?
▶ 그러니까 침대 옆에, 환자 옆에 가셔서요. 무릎 꿇은 다음에 엉덩이 들어가지고, 환자 가슴을 약 5cm 들어가게 수직으로 누르셔야 돼요.
지금 하고 있어요.

▶ 가슴 압박을 분당 100회 해야 되니까요. 1초에 한 번 이상으로 강하고 빠르게, 약5cm 들어가게 압박하고 계세요.
네.
▶ 그리고 다른 분한테 말해가지고 입안에 이물질 있으면 제거해 주시고.
네.
▶ 그렇게 하고 계세요. 저희 차가 가고 있으니까. 전화 오면 받으시고요.
네.

사례

〈도착 전 응급처치 사례 3〉

▶ 네 소방서입니다.
아저씨! 여기 (주소 말함) 인데요...
▶ 울지 말고 어디세요?
애기가 숨을 안 쉬어요.
▶ 애기가 숨을 안 쉬는 것 같아요? 울지 마시고요. 애기 발바닥 한 번 때려보세요. 울려보세요. 진정하시고.
애가 차요.
▶ 애가 차다구요?
▶ 위치부터 우선 알려주세요.
효성아파트... 동... 호요.
▶ 몇 개 월 이예요?
한 달이예요.
▶ 애기 울어요?
애기 안 울어요. 전혀 안 울어요.
▶ 어머님 그러면 잠시 만요. 제가 응급처치를 알려드릴 테니까요. 잠시만요.
네, 네...
▶ 네 여보세요?
안 울어요. 안 울어요.
▶ 응급처치 법을 설명해 드릴게요. 어머니, 천천히. 긴장을 좀 하시고.
숨을 안 쉬어요.
▶ 숨 쉬는 법 알려드릴 테니까. 잘 들으세요. 반듯하게 누워있는 상태인가요?
▶ 아줌마. 반듯하게 눕히세요.
빨리 좀 애기 해주세요.

▶ 애기 전혀 안 울지요 어머님? 애기 입에 구토물이 있는지 한 번 보세요.

구토물이요?

▶ 입안에 구토물이 있는지 한 번 보세요.

없어요.

▶ 그 다음에 애기 이마에 한 손을 올린다음에 애기 머리를 뒤쪽으로 살짝 기울이세요. 살짝 기울이고. 그리고 다른 한 손으로는, 두 손가락으로 애기 아래턱을 약간 잡고서 위로 들어 올리면서 숨 쉬는지 다시 한 번 확인하시구요.

▶ 애기 지금 전혀 호흡이 없지요? 숨결도 안 느껴지고 파랗게 질렸지요?

네.

▶ 그럼 인공 호흡하는 법을 알려 드릴게요. 일단은 애기 머리가 지금 기울어져 있는 상태에서 어머님 입으로 애기 코와 입을 덮은 다음에 후 후 하고 두 번 부세요. 그리고 애기 가슴이 올라오는지 보세요.

▶ 침착 하시구요. 한 번 해보세요.

가슴이 안 올라와요.

▶ 너무 애기 머리를 심하게 뒤로 젖히면 공기가 안 들어갈 수 있거든요. 살짝만 젖히고 숨을 후 후 불어보세요.

후. 후.

▶ 또요.

후. 후. 안 올라와요. 어떻게 빨리 좀 해주세요.

▶ 예 지금 구급차는 가고 있어요. 저희가 일단은 응급처치 알려 드리는 거예요. 애기는 숨만 쉬어도 돌아올 수 있으니까요. 애기 반듯하게 눕힌 상태에서 고개만 살짝 젖힌 상태에서 다시 한 번 코와 입을 어머님 입으로 덮으신 다음에 후 후 한 번 불어넣어 보세요. 후 후 천천히, 또. 후 후..

안돼요.

▶ 전혀 안돼요?

▶ 혹시 애기 우유 먹다가 그랬어요?

울다가 애가 파랗게 질려서 자는 줄 알고 눕혔거든요. 그런데 하얘지고 차가워져서 제가 열을 쟀더니 37.8이었거든요?

▶ 그 때는 호흡이 있었어요? 숨을 쉬었어요?

없었어요.

▶ 입안에 구토물이 전혀 없어요?

없어요. 전혀 없어요.

▶ 구급차는 가고 있구요.

▶ 그러면 어머님 애기 가슴 있는 곳을 압박 한 번 해볼게요.

어떡해.

▶ 어머님 못하시겠어요?

할 수 있어요.

▶ 어머님 그러면 애기 젖꼭지 사이 가슴뼈 있잖아요? 만나는 지점? 젖꼭지가 만나는 가상의 선에 손바닥을 올려놓고서 두 번째 세 번째 손가락을 이용해서 눌러줘 보세요. 애기 가슴 1/3에서 2/3 깊이로 손을 올려놓고 한 번 눌러보세요. 30회 정도 눌러보세요.

▶ 구급차는 이제 도착할 때 다 됐어요. 입구예요, 지금.

▶ 잘 되세요? 어머님?

하는데 안돼요.

▶ 아니에요. 잘 할 수 있어요.구급대원 지금 도착했으니까 누구더러 문 좀 열어주라고 하세요.

우리 애기 어떡해요.

▶ 어머님 침착하게 하세요. 애기 인공호흡 한 번, 숨 한 번 불어넣어 보세요.

▶ 반듯하게 눕힌 상태에서 고개 살짝 뒤로 젖히고, 코와 입을 덮고 숨 불어넣어 보세요.

▶ 울지 마시고요 어머님. 지금 구급대원 1층에서 올라가고 있으니까.

▶ 천천히 두 번 해 보세요.

네.

▶ 그래도 여전히 가슴이 안 올라와요?

우리 아가 어떡해요. 어떡해요.

▶ 지금 바로 저희 구급대원이 다 올라갔어요. 울지 마시고.

애기 코에서 뭐가 나와요.

▶ 애기 아무래도 젖 같은 게 들어갔을 것 같은데?

하얀 물 같은게 나와요.

▶ 어머니 애기를 좀 안아보세요. 안아서 얼굴을 잘 감싸신 다음에 얼굴이 아래쪽으로 향하게 비스듬히, 상체가 아래로 향하게 애기를 뒤집어 보세요.

애기를 뒤집어요?

▶ 애기가 작잖아요? 그러니까 애기 얼굴이 아래로 향하게 뒤집어 보세요.

여기예요! 왔어요.

▶ 구급대원 왔어요?

네.

▶ 네 어머님. 끊을게요.

사례

〈도착 전 응급처치 사례 4〉

▶ 네, 소방서입니다.
여기 -- 앞에요.
▶ 조금 천천히요. 어디요?
여기 ---인데, 사람이 목 졸라 가지구요. 빨리 좀 와주세요.
▶ 어머님. 전화 끊지 마시구요. 다시 천천히. 목을 뒤에서 졸랐어요?
아니면 목에 줄을 매고 있어요?
지금 잘랐는데,
▶ 잘라서 내리셨어요? 목을 매는 걸 보셨어요?
빨리 와주세요. 숨을 안 쉬어요.
▶ 저기 진정하시구요. 숨을 쉬어요 안 쉬어요.
안 쉰 다구요. 빨리 좀 와 주세요.
▶ 자, 어머님. 잘 들으세요. 지금 그렇게 당황하셔봐야 하나도 도움이 안돼요. 천천히 물어볼게요.
▶ --리 --번지시구요. 지금 거기가 무슨 아파트라고요?
-- 아파트요.
▶ -- 아파트 몇 동 몇 호세요??
여기 오면 바로 보여요.
▶ 지금 --동 --호시구요. 지금 목을 매는 걸 바로 보셨으면 심폐소생술을 바로 해주셔야 돼요. 아시겠어요?
근데 지금 오래된 것 같아요. 잘라야 될 것 같아요.
▶ 오래된 것 같아요?
네.
▶ 그럼 저기가 지금 구급차 보내드릴게요. 지금 평내동에서 가요 평내동에서.
▶ 조금만 기다려주세요.
▶ 전화번호가 010------- 맞아요?
아니요. 016------- 이요.
▶ 네. 016-------이요. 침착하게 계세요. 곧 가요.

2부 EMD와 EMT를 위한 응급통신과 구급신고 접수 · 출동 시스템

구급신고 접수 · 출동 시스템

01장

EMD와 EMT를 위한 응급통신과 구급신고 접수·출동 시스템

우선출동시스템 CBD와 MPDS

우리나라에서 구급차가 출동하는 과정을 잠시 살펴보자. 누군가 119에 신고를 하면 소방상황실에서 신고 접수를 받고 환자에게 가까운 구급차를 출동시키게 된다. 그리고 현장에 도착한 구급대원이 환자 평가와 응급처치를 제공하면서 병원에 이송을 한다. 그렇다면 응급처치가 제공되는 최초의 시점은 언제부터인가? 아마도 많은 사람들은 구급대원이 현장에서 환자를 처치하는 그 때부터가 바로 구급활동이 이루어지는 시작이라고 생각하기 쉽다. 병원 전 응급의료체계를 책임지고 있는 소방 조직 내에도 이렇게 생각하고 있는 사람이 적지 않다고 본다. 우리나라 역시 우선출동체계가 확립되기 이전의 미국과 마찬가지로 상황실의 중요성은 간과되어왔고 상황실 직원들의 역할도 아주 제한적이었다. 전화 빨리 받고 신속하게 구급차만 출동시키면 된다는 인식이 만연되어왔다. 우리 EMS체계의 한 역할모델인 미국에서 조차 오랫동안 책임자들의 상당수가 신고 접수 직원은 그저 전화 받고 출동 단추만 누를 줄 알면 된다고 생각하고 상황실 근무는 아무나 할 수 있는 일이라 여겼다는 점, 이미 언급한 바 있다. 그러나 상황실과 통신요원들의 역할은 정말 중요하다. 미국심장협회(AHA)에서 심정지 환자 소생을 위해 만든 개념인 소생의 고리(chain of survival)로 개략적으로나마 119신고 접수와 출동시스템의 중요성, 특히 통신요원들이 얼마나 중요한지 살펴보자. 소생의 고리의 구성요소만 보아도 그 중요성이 드러나기 때문이다. 모두 알다시피 소생의 고리는 5개의 고리로 연결되어 있다. 병원 이외의 장소에서 심정지 환자가 발생하면 이 소생의 고리에 입각하여 치료가 이루어져야하고, 이 5개의 고리 중 어느 하나라도 적절히 시행되지 않으면 심정지 환자의 소생을 기대하기 어렵다. 그 중에서도 특히 첫 번째, 두 번째 고리는 상황실과 그 직원들의 역할이 얼마나 중요한지 분명히 보여준다고 하겠다.

심정지 환자 발생 시 응급의료체계의 신속한 대응이 요구되는 첫 번째 고리에서 다음 3가지 요소,

1. 응급 신고체계의 확립과 운영
2. 상황실 요원의 응급처치 교육정도
3. 신고에서 기본(BLS) 및 전문응급처치(ALS)가 시행되기까지의 소요시간

그리고 두 번째 고리의 신속한 심폐소생술에서 상황실 요원의 안내에 의한 심폐소생술 실시는

결국 심정지 환자에 대한 신고접수와 구급차 출동 시스템, 그리고 상황실직원, 즉 응급상황관리자의 역할과 밀접하게 연관되어 있다고 아니 할 수 없다. 이처럼 소생의 고리를 보면 현장 처치란 결코 구급대원이 현장에 도착한 그 시점부터 이루어지는 것이 아니다. 바로 신고 접수단계부터 이루어지는 것이 구급활동이요 현장처치라 하겠다. 또 한 가지 간과할 수 없는 문제가 있다. 바로 응급의료체계의 운영 철학에 대한 문제이다. 모든 환자에게 동일한 기회를 부여하면서 동일한 수준의 서비스를 제공할 것인지 아니면 한정된 구급 자원을 더 응급상황인 환자들에게 보다 효과적이고 효율적으로 제공할 시스템을 구축할 것인지 하는 문제로서 이는 결국 119의 신고접수와 중증도에 따른 구급차 출동 시스템을 결정짓는 근본 철학이라 하겠다.

소생의 고리는 심정지 환자에 대한 일종의 응급의료체계이다. 그렇다면 심정지 환자를 포함한 모든 구급신고를 포괄하는 응급의료체계, 특히 병원 전 응급의료체계를 구급차 출동체계와 서비스 수준에 초점을 맞춰 살펴보고 아울러 선진국 시스템과 우리와는 어떤 차이점이 있는지 살펴보고자 한다.

응급의료체계는 병원 전 응급의료서비스 제공자, 운영기관, 재원 등에 기초하여 크게 유럽형(Franco-German model)과 영미형(Anglo-American model)으로 구분된다. 유럽형에는 프랑스, 독일, 네덜란드, 이탈리아, 스페인 등 대다수 유럽과 아르헨티나 등 남미 일부 국가가, 영미형은 영국, 노르웨이, 미국, 캐나다 등에서 채택하고 있다. 구급차 서비스 수준을 보면 유럽식과 영미식 모두 다중출동체계(Multi -tiered Ambulance service)를 채택하고 있어 비 응급환자 발생 시에는 BLS만 출동하고 중증 응급환자 발생 시에는 BLS, ALS, 필요할 경우 헬기가 함께 출동하는 서비스체계이다. 또한 이런 다중출동체계를 효율적으로 관리하기 위해 중증도 분류에 따른 맞춤형 구급차 출동지시 프로토콜을 개발하여 적용하고 있다. 이로 인하여 자원의 효율을 도모하면서도 중증 응급환자가 병원 전 단계에서 조기에 발견, 조기진단, 조기처치, 적절한 이송(Early detection-Early diagnosis -Early intervention-Proper disposition)의 혜택을 받을 수 있는 원칙에 충실한 시스템이다.

독일 뮌헨소방서 상황실

유럽형과 영미식 모두 응급환자를 병원 전 단계에서부터 진단 처치 이송의 의학적 안정성을 도모하고 생존율을 높이기 위하여 Medical Dispatch, Medical Direction을 확정적으로 운영하고 있다. 상황실(Call center)에서도 의학적 지도가 수행되고, 구급대 현장 도착 후에는 구급대원에게 환자 진단 및 치료에 관한 의학적 지도를 실시하고 있으며 이로 인하여 보다 안전하게 환자가 병원 전 처치를 받을 수 있도록 구성된 시스템이 마련되어 있다. 반면에 우리나라의 병원 전 응급의료체계는 기본응급의료서비스(Basic Life Support)만 제공하고 있으며, 환자의 중증도에 관계없이 일률적인 수준의 서비스 한 가지 종류(Single Tiered System)만을 제공하고 있다. 지금까지 구급차 출동은 환자의 주 증상에 기초한 우선순위가 없이, 환자발생지점과 구급차간의 거리에 기초한 단순출동체계로 운영되고 있는 실정이다. 이렇게 중환자와 경환자별로 제공되는 복수 서비스 제공(Multi-tierd system)부재로 우리나라의 응급의료체계는 중증환자와 경증환자에게 하향 평준화된 획일적인 서비스를 제공하고 있다는 점 부인할 수 없다. 결론적으로 우리나라의 병원 전 응급의료체계는 BLS 단수출동체계, 소방에 기반을 둔 공공제공체계, 의학적 지도가 없는 불안전한 체계가 특징이라고 하겠다.

이런 현실에서 우리가 선진국형 병원 전 응급의료서비스를 구축하기 위해서는 BLS, ALS 출동을 전제로 표준화된 다중출동체계의 확립과 이를 효율적으로 운영할 구급차 출동지시 프로토콜의 개발(Dispatch program)이 시급한 문제가 아닐 수 없다. 따라서 외국에서 개발된 출동체계 및 구급차 출동지시 프로토콜에 대한 연구와 함께 우리 실정에 맞는 한국형 구급차 출동지시(Dispatch)프로토콜을 개발할 필요가 절실히 요구된다. 한국형 구급차 출동지시(Dispatch)프로토콜 개발은 그동안 비과학적 출동체계에 의존하던 119출동체계에 양질의(Qualified), 중증도별 맞춤형(Customized)출동체계를 가능하게 함으로써 중증 환자에게는 전문 인력과 자원을 배치하고 경증 환자에게는 기본 인력과 자원을 배치함으로써 비용 효과성을 극대화 할 수 있는 토대가 될 것이다. 이런 토대 마련을 위해 먼저 외국의 구급 신고접수 출동지시 프로토콜인 CBD와 MPDS를 중점적으로 살펴보고 한국형 출동지시 시스템을 모색해보고자 한다.

외국의 구급차 출동지시 프로토콜

외국에서는 ALS-BLS출동을 전제로 표준화된 구급출동 지시 프로토콜을 개발하여 사용하고 있는데 MPDS(Medical Priority Dispatch System)와 CBD(Criteria-Based Dispatch)형태의 우선출동지시 프로토콜을 가장 많이 사용하고 있다.

사실 CBD에는 MPDS의 Priority처럼 우선, 먼저라는 의미의 단어는 들어있지 않다. 다만, 환자 중증도 분류를 의미하는 Criteria라는 단어가 있다. 두 출동지시 프로토콜을 우리말 그대로 옮기자면 단어만큼 차이가 나겠지만, 사실 환자의 중증도를 구분해서 한정된 구급자원을 응급환자에게 보다 효과적으로 사용하고자 하는 구급출동시스템이라는 점에서 둘 다 우선출동시스템이라고 불러도 무방하다고 생각한다. 어쨌든 우선출동시스템은 기존의 주먹구구식 신고 접수나 출동

외국의 dispatcher

지시와는 완전히 다르다는 점 충분히 이해했으리라 믿는다. 그리고 우선출동이라는 새로운 시스템을 제대로 운용할 수 있으려면 무엇보다도 이 시스템에 대한 철저한 이해와 함께 사고의 유연성이 절실히 요구된다는 사실도 함께 말이다. 사실 EMD라는 자리에는 가시방석이 깔려있다. 여러 건의 응급상황을 한 번에 처리해야 할 때도 많은 이런 가시방석에서 똑똑한 EMD라야 그 역할을 제대로 해낼 수 있다. 그리고 EMD가 그 역할을 제대로 수행할 수 있도록 도와주는 시스템이 바로 2부에서 살펴볼 우선출동시스템, CBD와 MPDS이다. 앞 1부에서 살펴본 내용들이 EMD가 CBD와 MPDS를 운용하는데 요구되는 개인 술기 부분에 해당한다면, 이제 CBD와 MPDS는 그 술기가 펼쳐지는 하나의 장이라고 하겠다.

CBD와 MPDS는 어떻게 다른가?

CBD를 발전시키는 과정에서 가장 중요하게 삼은 전제가 있다.

CBD에서는 신고접수자, 즉 Dispatcher를 신고자의 말만이 아닌, 아주 여러 가지 형태로 전해져 오는 정보를 파악해내는 명석하고도 경험이 풍부한 전문가로 여겼던 것이다(CBD는 MPDS의 EMD라는 용어 대신에 Dispatcher를 사용하지만 용어의 통일을 위해 CBD에서도 EMD를 사용하고자 한다). 사실 CBD에서는 신고자들이 꼭 EMD가 묻는 대로 답변을 하지 않는다고 본다. 말하자면 신고자들은 EMD가 묻는 말에 대답도 하지만, 때론 묻지 않은 말도 자발적으로 또는 임의적으로 할 때가 있는가 하면, 마치 구급차가 꼭 필요하지 않는 것처럼 EMD에게 들리도록 말하는 신고자가 있다는 것이다.

예를 들어 '구급차 좀 보내주세요!', '제 남편이 가슴이 아프다고 하는데, 지금 더 심하데요!' 라고 말하는 신고자가 있다고 해보자. 이런 신고를 MPDS 프로그램을 사용하는 상황실에서 받았다면 EMD는 그 지침서(프로토콜)에 따라 추가적인 질문을 했겠지만, CBD에서는 그 환자 나이가 35세 이상이라면 더 묻지 않고 바로 어느 정도 수준의 구급대가 출동해야 하는지 결정하는 식이다. 물론 CBD에서도 MPDS처럼 신고가 접수되면 처음에 묻는, 소위 도입부 질문에 해당하는 내용(All Callers Interview)이 있다. 이것은 정보를 파악해서 환자의 주 호소가 무엇인지, 혹시 CPR과 같은 응급처치가 필요한 환자는 아닌지 등을 파악하기 위한 목적의 질문이라고 하겠다. 이렇게 초기 질문이 끝나면 EMD가 신고자에게 꼭 물어야 하는 정해진 질문이 MPDS와 달리 CBD에서는 없다. 물론 CBD에도, 곧 소개하겠지만 중요항목 질문(Vital Points Questions)이란 게 있다. 그러나 이는 그 최초 의도가 경험이 부족한 EMD에게 도움을 줄 목적으로 만들었던 것이지, 반드시 질문해야 하는 필수사항은 아니라고 하겠다. 이렇게 MPDS와 CBD라는 두 가지 우선출동 시스템에는 EMD에 대한 기본인식이 다르고 당연히 EMD가 업무에 활용하는 근무지침서에도 그 차이가 반영되어 있다.

MPDS는 EMD가 활용하는 근무지침서를 Protocol이라고 하는데 CBD는 이를 Guidelines이라고 하고 둘 사이에는 다음과 같은 차이점이 있다. 즉, 프로토콜은 신고자와 통화를 하고 환자를 분류(triage)하는 과정에서 상당히 특정한 질문사항과 그 정해진 과정을 지키도록 강조되는 반면에 CBD의 가이드라인은 EMD가 환자에 관한 중요한 정보를 파악하고 조치를 취하는데 있어서 그 능력을 제한하거나 규제하려는 의도로 질문 항목과 응급조치 사항을 만든 것이 아니다. CBD의 가이드라인은 말 그대로 방향을 제시하는 길잡이로서 EMD가 환자 상태가 어떤지 그리고 그 환자 상태에 따라 ALS구급대가 출동해야 하는지 BLS구급대가 출동해야 하는지를 결정하는데 도움을 줄 목적으로 만든 근무지침서라고 하겠다.

결국, MPDS는 질문에 근거한(a question-based) EMD 프로그램으로서 그 적용을 철저히 강조하는데 반해, CBD는 EMD에게 자율적 판단의 여지를 상당히 넘겨준 구급출동 접수 및 출동지시 프로그램이라고 하겠다. 이렇게 보면 왜 MPDS에서는 EMD가 꼭 현장 경험이 있어야 할 필요가 없고 단지 EMD 교육만 마치면 된다고 주장하는지 그 이유가 저절로 이해된다.

02장 CBD(Criteria Based Dispatch) 이해하기

Ⅰ. CBD란 무엇인가?

CBD는 911신고접수자(dispatcher)가 신고자로부터 파악한 환자의 증상과 징후에 따라 구급출동(Emergency Medical Dispatch)을 분류(triage)하여 출동지시를 내리는 프로그램으로, 미국의 워싱턴주 시애틀의 킹 카운티(King County)에서 1990년에 처음 사용되었다1).

CBD의 발생 배경은 MPDS와 크게 다르지 않다. 1989년 킹 카운티에서 911신고접수자(Dispatcher)와 파라메딕을 상대로 광범위한 조사를 실시했는데, 두 가지 문제점이 크게 노출되었다. 신고접수자는 자신의 업무에 대한 좌절과 무력감을, 현장 구급대원은 킹 카운티 상황실의 구급신고 접수 및 출동 지시에 대한 불신이 적지 않은 것으로 드러났던 것이다. 이에 킹 카운티 응급의료 위원회에서 Criteria Based Dispatch라는 새로운 EMD 프로그램을 개발하여 시행하게 되었던 것이다. 사실 CBD가 처음 시행된 1990년에는 이미 MPDS가 사용되고 있었지만 킹 카운티는 MPDS를 도입하기보다 새로운 프로그램 개발을 선택했다. 물론 MPDS나 CBD 모두 그 발생 배경이나 철학은 크게 다르지 않다고 하겠다.

CBD 역시 MPDS와 마찬가지로 환자에게 필요한 응급처치 수준(ALS / BLS)과 그 응급 정도에 따라 반응단계(The level of response)를 달리한다. 여기서 응급상황은 파라메딕의 응급처치가 환자 예후에 결정적인 영향을 미치는, 그것도 몇 분 내에 반드시 시행되어야 하는 상황을 말하고, 비 응급상황은 파라메딕의 처치가 바로 필요한 환자도 아니고 시간이란 요소도 그 처치에 중요하지 않기 때문에 구급대가 몇 분 늦는다고 해도 환자 예후에 차이가 없는 상황을 말한다. 달리 말하면, CBD에서는 특정 환자에게 필요한 수준 이상의 구급대를 출동시켜서도 안 되고, 시간이 환자 처치에 중요하지도 않은데 구급차가 경광등을 켜고 사이렌을 울리면서 출동(Code Red)하지 말자는 것이다.

CBD는 각각의 신고마다 그 상황에 상응하는 출동 수준을 결정하기 위해 CBD만의 의학적 기준(Medical Criteria)을 만들어 사용하고 있다. 그 기준이란 질병환자나 외상환자가 의학적으로 얼마나 심각한 지를 나타내는 특정 증상이나 징후, 손상기전 또는 상황을 말한다.

그리고 그 기준은 각각 개별적인 의료적 진단이나 상태를 고려하여 체계화 되었다. 예를 들어, 35세가 넘은 성인 남자가 흉통을 호소한다고 하자. 이 환자의 경우는 다른 질환으로 판명되기 전까지는 심근경색(MI)으로 추정되어 ALS출동이 필요한 신고에 해당한다. 반면에 아직 마흔 살이 안 된 여성이 흉통을 호소하지만 ALS출동에서 요구되는 호흡곤란이나 오심(nausea) 또는 발한 증상 등이 없다면 이는 BLS Red에 해당하는 신고로 간주하는 식이다.

이렇게 CBD는 신고접수자가 신고자로부터 파악한 정보로 환자의 질병이나 부상정도의 심각성을 판단하여 응급환자에게는 ALS출동을, 덜 응급한 환자에게는 BLS출동을 내려 한정된 EMS 자원을 효과적으로 사용(할당)하는 구급출동 시스템이라고 하겠다.

II. CBD의 구조

2010년 7월 1일 개정된 CBD 6판(sixth version)을 기준으로 CBD의 구조를 살펴보면 다음과 같다.

1. 노란색부분(Yellow Tap Section)

CBD 가이드라인을 이해하는데 있어 아주 기초가 되는 부분이다. 이 노란색 부분은 CBD 가이드라인의 배경지식내지 토대로서 CBD의 뼈대라고 할 수 있는 구급출동기준이나 반응 수준, 중요사항 질문, 도착 전 의료안내, 짧은 보고 사항, 출동형태, MRYT 출동 코드 등을 이해하는데 꼭 필요한 기초 지식이 되는 부분이다.

Yellow Tap Section는 다음과 같이 구성되어 있다.

1) **의학용어와 약어**(Glossary and Abbreviations)

의학용어에 대한 정의와 일반적으로 쓰이는 의학 약어를 정리한 목록이다.

2) **도입부 질문**(All Callers Interview)

도입부 질문의 목적은 신고자로부터 필요한 정보를 파악해서 환자의 주 증상이 무엇인지를 확인하는데 있다. 신고를 접수하면서 시간을 낭비하지 않고 단 1초라고 아껴 우선 출동에 필요한 최고의 정보를 얻어내는 것이야말로 성공적인 구급출동 지시에 있어, 사람으로 말하면 뇌와 심장에 해당하는 우선순위라고 하겠다.

EMD는 이런 정보 파악 및 환자분류 과정을 통해서 신고자에게 그 응급상황에 어떻게 대처해야 할지 도와줄 책임이 있다. 도입부 질문은 모든 신고에 반드시 적용해야 한다.

2. 녹색과 청색부분(Green and Blue Tap Section)

1) 출동기준/반응수준(Dispatch Criteria/Response Levels)과 출동형태 (Response Modes)

출동기준은 현장 처치가 제공되어야 하는 처치 수준과 그 긴급성에 따라 4가지 반응 수준으로 구분하여 출동형태를 달리하고 있다. 가장 응급인 메딕(MEDIC)단계에서부터 전화 상담 단계인 TRP까지 각각 그 출동하는 구급대의 수준과 출동 방식이 다르다.

CBD의 출동형태(Response Modes)

MEDIC	ALS구급대와 BLS구급대가 동시에 Code Red 출동 즉, 모두 경광등을 켜고 사이렌을 울리면서 출동하는 가장 응급인 단계
BLS Code Red	BLS구급대가 Code Red 출동을 하는 단계
BLS Code Yellow	BLS구급대가 교통신호나 제한 속도를 지켜가면서 출동하는 단계
TRP (Telephone Referral Program)	구급대 출동이 바로 필요한 상황이 아니기 때문에 접수 받은 EMD가 신고전화를 다른 상담 전담 직원에게 연결해주는 단계로, 예를 들면 응급환자는 아니지만 구급차는 필요한 경우 또는 비 응급환자의 장거리 이송, 기타 응급처치 설명 등이 필요한 상황에 대비한 단계

CBD에서 EMD가 출동형태를 결정하는 과정

가. 지금 들어온 구급신고가 MEDIC에 해당하는 신고인지를 가장 먼저 파악해야한다.
MEDIC 구급대를 출동시키려면 MEDIC 상황에 합당한 기준이 단 하나라도 있어야한다.

나. MEDIC 상황에 해당하는 신고가 아니라면 BLS Red 항목을 찾아서 BLS Red 출동이 필요한 신고인지 확인한다.

다. BLS Red 상황에 해당하는 신고가 아니라면 BLS Yellow 항목을 찾아서 BLS Yellow 출동이 필요한 신고인지 확인한다.

라. 마지막으로 위 3가지 출동형태 모두에 해당되지 않는 신고라면 TRP에 넘긴다.

2) 중요 사항 질문(Vital Points Questions)

이 중요한 질문이라는 항목을 둔 이유는 다음 두 가지 목적 때문이다.

첫 째, EMD가 출동 기준을 보다 쉽게 확인하도록 돕는다.

둘 째, 신고와 관련된 추가 정보를 파악하여 현장에 출동 중인 구급대에게 알린다.

그렇다고 해서 EMD가 이런 질문들을 꼭 해야 하는 것은 아니다. 무엇보다도 중요 사항 질문은 신고접수자나 EMD가 신고에 적절한 출동 수준 결정을 돕기 위해 만든 것이기 때문이다.

3) 도착 전 의료안내(Pre-arrival instructions)

구급대 도착 전 의료안내는 신고 접수 상황이 허락되는 한, 모든 신고자에게 제공되어야 한다. 다시 말해, 출동 신고가 너무 많아 신고 받기도 벅찬 상황에서는 하지 않아도 된다.

4) 짧은 보고 사항(Short Report)

짧은 보고 사항으로는 환자의 나이, 성별(gender), 주 호소, 관련 증상, 현 병력과 과거 병력, 과거 수술 여부, 그리고 출동 중인 구급대나 관련 기관 직원들에게 현장 위험요소는 없는지 등이 해당된다. 이 외에도 현장에 접근하는 다른 경로에 대한 정보 역시 도움이 된다고 하겠다. EMD는 출동 지시를 내린 그 순간부터 이런 간단한 정보들이 파악되자마자 바로 바로 출동 대원들에게 알려줘야 한다. 비록 짧고 간단한 정보지만 현장대원들에게는 아주 유용할뿐더러 구급 활동에 결정적인 영향을 줄 수 도 있는 정보들이기 때 문이다.

5) 기초지식(Background Information)

CBD에는 26개의 출동대상 범주가 있는데 이 출동 대상 범주란 결국 환자의 주 호소가 그 구분 기준이라 하겠다. 그리고 하나의 주 호소마다 먼저 그 주 호소에 대한 이해를 도울 목적으로 그에 대한 의학적 지식을 설명해 놓았다. 이런 주 호소에 대한 기초지식은 EMD가 두고두고 공부하면서 필요할 때마다 참고할 수 있도록 하기 위함이다.

6) MRYT출동 코드(Initial Dispatch Codes -IDC)

Medic, Red, Yellow, TRP의 앞 글자(Initial)로 나타낸 각각의 출동 코드로서 그에 해당하는 출동기준(Criteria)바로 좌측에 표시되어 있다. 구급대가 출동할 때마다 반드시 그에 해당하는 특정 출동코드가 부여되어야 하는데, 이 코드로 출동수준을 결정하는데 있어 EMD가 어떤 기준을 참고했는지 알 수 있다. EMD는 신고자와 통화하면서 환자 상태에 따라 IDC를 상향시키기도 하고 하향조정할 수도 있다. 이렇게 EMD의 판단에 따라 최종 결정된 IDC는, 결국 해당 신고에 EMD가 출동시킨 구급대의 출동수준을 나타낸다고 하겠다. EMD가 최종 결정한 IDC가 변경되는 단 한 가지 예외가 있다면 바로 출동한 BLS 구급대원이 ALS구급대, 즉 MEDIC 구급대 출동을 요청하는 경우뿐이다.

이 요청에 따라 MEDIC 구급대가 출동하게 되면 IDC를 변경시켜야 하는데, 그 앞 글자를 현장요청(Request from Scene)을 의미하는 "Q" 로 바꿔준다. 당연한 말이지만, 출동 구급대가 현장에 도착해서 먼저 현장에 있던 최초반응자 또는 파라메딕으로부터 얻은 환자 정보나 출동한 파라메딕이 직접 환자를 평가한 경우에는 IDC를 변경할 경우란 없다고 하겠다.

7) 예외적인 Initial Dispatch Codes - 99M9, 99R9 또는 99Y9

구급대를 출동시키면서 IDC 코드를 부여하지 못할 때도 있는데, 바로 다음 4가지 경우가 이에 해당한다고 하겠다.

가. 상황실이 아닌 소방서 사무실로 전화하거나 신고자가 직접 찾아온 경우.

나. 구급대가 사고를 직접 목격한 경우

다. 병원 간 이송

라. 다른 상황실로부터 구급대 출동 요청을 받았는데 아직 그 상황실에 IDC 코드가 없어, IDC 코드 없이 말 그대로 "요청" 만 받은 경우나 신고자와도 통화조차 안 되는 경우 이런 4가지 경우에 부여되는 IDC는 다음과 같다.

- 99M9 - MEDIC 구급대와 관련
- 99R9 - BLS 구급대만(Red 출동) 관련
- 99Y9 - BLS 구급대만(Yellow 출동) 관련
- "Q" 코드 -

  BLS구급대가 현장에 도착해서 ALS구급대 추가 출동을 요청한 경우로 IDC 코드 앞 글자를 현장요청(Request from Scene)을 의미하는 "Q" 로 바꾼다.

  즉, 출동대상 범주 다섯 번째에 해당하는 호흡곤란 환자(개 짖는 기침소리를 내는 6세 이하 어린이)에게 BLS 구급대가 Red출동을 했다고 한다면, 그 IDC 코드는 5R4인데 이를 5Q4로 바꾼다.
- "P" 코드 -

  환자가 TRP에 해당하지만 경찰 요청으로 BLS 구급대가 출동한 경우의 코드이다. 이런 출동은 IDC 코드에 "P" 가 들어간다.

  예를 들어, 21T1(출동대상 범주 21번인 Assault / Trauma중에서도 TRP 1번에 해당하는 가벼운 부상을 이전에 입었던 환자의 코드)은 코드를 21P1으로 하고 BLS 구급대를 출동시키는 것이다.

3. 빨간색 부분(Red Tap Section)

1) 생명이 위독한 경우(Critical Life-Threatening Cases)

이 빨간색 부분에는 정말 생명이 경각에 달린 응급상황에서 신고자가 환자에게 응급처치를 하도록 EMD가 도울 수 있는 도착 전 의료안내(PAI) 내용이 설명되어 있다.

2) 응급상황에서의 PAI 내용 (PAI for life-threatening emergencies)

가. 제세동기 사용 설명
나. CPR - 성인, 1-8세 어린이, 병원 밖에서 출산한 신생아, 12개월 미만의 아기, 임신 3기 임산부(28주 이상), 기관 또는 후두절개로 기공(stoma) 있는 환자
다. 기도폐쇄 - 임신 3기 임산부 또는 비만인 사람, 성인, 1-8세 어린이, 12개월 미만의 아기
라. 호흡이 정상인 무의식 환자의 기도유지
마. 출산(childbirth) - 아기 받기, 여성 혼자 출산하는 상황

※ CBD 2004년 5월 4판에는 도착 전 의료안내, 중요사항 또는 간단한 질문 그리고 응급상황에서의 응급처치 설명이 걸려오는 신고 전화를 받는데 방해가 되도록 해서는 안 된다는 내용이 담겨있었는데 2010년 판에는 이런 내용이 빠져 있다는 점을 밝혀둔다.

Ⅲ. 모든 신고자에게 물어야 할 사항

1번부터 5번까지의 질문은 상황실마다 달리 할 수 있다.

1. 911입니다, 무슨 일 입니까?
2. 환자가 있는 주소를 말씀해 주십시오.
3. 환자가 남자입니까, 여자입니까? 나이는요?
4. 전화번호가 어떻게 됩니까?
5. 이름(신고자) 어떻게 됩니까?
6. 환자가 의식이 있습니까(깨우면 일어나거나 반응이 있습니까)?
   의식이 없다면, 바로 7번 질문으로 간다.
   의식이 있다면, 다른 환자 상태를 확인한다.
7. 호흡은 정상입니까(환자가 숨은 제대로 쉽니까)? 잘 모르겠으면 전화기를 가지고 환자 옆으로 가서 가슴이 올라갔다 내려갔다 하는지 확인하십시오.
   아니라면, 아래 의식이 없고 호흡이 비정상인 곳으로 간다.
   그렇다면, 아래 의식은 없지만 호흡은 정상인 곳으로 간다.
   그래도 여전히 호흡과 맥박이 어떤지 확실하지 않거나 평소와 다르게 숨을 쉰다고 한다면 바로 아래 의식이 없고 호흡이 비정상인 곳으로 간다.
8. 구급대가 가고 있습니다. 전화 끊지 마십시오.
   응급상황으로 판단되면, 구급대를 먼저 출동시키고 질문한다.

의식이 없고 호흡이 비정상인 환자라면 바로 MEDIC 구급대를 출동시킨다.

근처에 제세동기(AED)가 있습니까? 제세동기 위치에 대한 정보가 있다는 전제하에 신고자에게 제세동기 위치를 알려준다.

신고자가 한 명 이상이라면, 한 사람은 CPR을 실시하고 다른 사람은 제세동기를 가지러 가도록 고려해본다.

옆에 AED가 있다고 한다면, 바로 AED 사용 설명서로 간다.

그렇지 않다면, "잘 들으세요. 지금 그 환자는 바로 심폐소생술(CPR)을 해야 합니다. 어떻게 해야 하는지 알려드릴 게요" 라고 말하고 바로 환자 나이에 해당하는 CPR 설명서로 간다.

의식이 없고 호흡이 정상인 환자라면 바로 MEDIC 구급대를 출동시킨다.

바로, 의식이 없지만 호흡은 정상인 환자에 대한 응급처치와
주 호소가 무의식/실신에 대한 도착 전 의료안내로 간다.

의식과 호흡이 정상인 환자

신고에 맞는 출동 수준을 결정하고 MEDIC 또는 BLS 구급대를 출동시킨다.

구급대가 가고 있습니다. 전화 끊지 마십시오.

응급상황으로 판단되면, 구급대를 먼저 출동시키고 질문한다.

MPDS의 도입부 질문에 해당하는 이 질문 사항은 CBD의 노란색부분(YELLOW Tap Section)에 들어 있다. 그 외 의학용어와 약어는 다른 응급구조사 교재와 중복되기 때문에 생략했다. 그런데 이 책 앞머리에서 설명한 것처럼 우리나라에서는 집 전화로 신고하던, 휴대전화로 신고하던 신고자의 전화번호는 119 상황실에서 바로 파악된다. 따라서 4번 질문은 신고자 전화번호를 다시 확인하는 정도의 의미밖에 없다고 하겠다. 그리고 집 전화로 119에 신고하면 그 주소까지 파악된다. 물론, 환자 위치는 중요한 정보이기 때문에 신고자 전화번호 확인보다 더 신중하게 그 주소를 다시 한 번 확인토록 해야 할 것이다. 환자나 사고 장소 파악이 정말 중요한 경우는 휴대전화로 신고가 접수되었을 때다. 휴대전화 신고는 신고자에게 물어서 출동위치를 파악해야 하기 때문에 EMD가 신중해야 한다. 출동대원이 한 치의 오차도 없이 찾을 수 있도록 해야 할 것이다. 때론 공중전화로 신고가 들어오는 경우가 있는데, 그 위치는 파악이 되지만 신고자가 출동하는 구급대원의 전화를 받지 않는 경우가 많기 때문에 EMD가 신고자에게 공중전화가 울리면 받도록 알려주는 것이 현장 활동에 도움이 된다. 그 외 환자 나이나 성별이 중요한 신고도 있지만 마지막 6번 질문인 신고자 이름은 우리나라에서는 그다지 의미 있는 질문 같지는 않다.

Ⅳ. CBD 출동대상범주분류

CBD는 출동대상을 주 증상에 따라 26개의 범주로 분류하고 있다.

CBD 주 증상에 따른 출동대상 범주 분류

1. Abdominal / Back / Groin Pain
2. Anaphylaxis / Allergic Reaction
3. Infectious Disease
4. Bleeding (Non Trauma)
5. Breathing Difficulty
6. Cardiac Arrest
7. Chest Pain / Discomfort / Heart Problems
8. Choking
9. Diabetic
10. Environmental / Toxic Exposure
11. Medical Knowledge (Medical Facility only)
12. Head / Neck
13. Mental /Emotional / Psychological
14. OverDose / Poisoning
15. Pregnancy / Childbirth / GYN
16. Seizures
17. Sick (Unknown) / Other
18. Stroke (CVA)
19. Unconscious / Unresponsive / Syncope
20. Pediatric Emergencies
21. Assault / Trauma
22. Burns / Thermal / Electrical / Chemical
23. Drowning / Near Drowning / Diving or Water-Related Injury
24. Falls / Accidents / Pain
25. Motor Vehicle Accident (MVA)
26. Animal Bites

V. CBD 출동대상범주의 구성

CBD 출동 대상 범주 26개의 구성을 1번 범주인 복통/허리/서혜부 통증을 예로 들어 살펴보면 다음과 같다.

1. 복통/허리/서혜부 통증에 대한 기초지식

먼저 복통/허리/서혜부 통증에 대한 기초정보가 설명되어 있다. EMD가 두고두고 공부하면서 필요할 때마다 참고할 수 있도록 해당 주 호소에 대한 기초지식을 설명해놓은 것이다.

Background Information | **Abdominal/Back/Groin Pain**

Abdominal Pain
Abdominal pain may be caused by many conditions, some of which may be life-threatening. It is important to remember that abdominal pain associated with critical signs/symptoms of shock always indicates an unstable patient requiring a paramedic evaluation.

Critical causes of abdominal pain:

- **Cardiovascular Disease (Myocardial Infarction, Angina) -** Which may present as upper abdominal pain or indigestion because of the shared nerves in the region of the thorax and upper abdomen.
- **Abdominal Aortic Aneurysm -** Most often presents with severe abdominal pain, often radiating to the back, flank, groin/testicles and/or legs. In addition, most commonly these complaints will be accompanied with signs and symptoms of shock.
- **Ruptured Ectopic Pregnancy -** Typically presents with lower quadrant localized abdominal pain in a woman of child-bearing age who may or may not be aware they are pregnant. The presence of signs and/or symptoms of shock indicate the severity of the volume (blood) loss which may or may not be externally evident.
- **Gastrointestinal Bleeding -** May be critical due to blood loss. Vomiting red blood or expelling dark, tarry stools could be critical and if so would most likely present with signs and symptoms of shock. Vomiting coffee ground-like material may also indicate an ulcer disease, but suggests a much less rapid blood loss, and is not necessarily critical unless there are other symptoms of blood loss such as syncope or near syncope when sitting/standing.

Non-critical causes of abdominal pain may include:

- Gastroenteritis
- Appendicitis
- Bowel obstruction
- Pelvic inflammatory disease (PID)
- Gallbladder disease
- Kidney stone
- Gas secondary to constipation
- GERD - Gastric esophageal reflux disease

이 책에서는 출동대상 범주의 기초정보는 생략하려고 한다. 각 질병에 대한 설명은 응급 처치 교재에도 충분히 나와 있기 때문이다. 이 책은 주로 응급구조전공 학생이나 소방서 상황실 직원, 현장 구급대원과 1339에서 응급처치 상담원으로 일하는 응급구조사 또는 간호사를 위한 책이고, 이들은 이미 관련 학과에 재학 중이거나 졸업한 응급구조사나 간호사 또는 이미 자격증을 취득한 사람들이기 때문이다. 다만, 이 기초정보를 제외한 나머지는 충실히 소개하고자 한다. 그 내용이 EMD의 출동지시 뿐만 아니라 의료현장에서도 환자 평가에 또는 신고자나 환자와의 의사소통에 꼭 필요한 내용들이기 때문이다.

2. 복통/허리/서혜부 통증 신고에 대한 상황관리

출동기준/반응수준(Dispatch Criteria/Response Levels)과 출동형태(Response Modes), 중요 사항 질문(Vital Points Questions), 도착 전 의료안내(PAIs), 짧은 보고 사항(Short Report) 등이 포함된 녹색과 청색부분(GREEN and BLUE Tap Section)이 있는데, 바로 이 부분이 CBD의 뼈대에 해당하는 부분이라 하겠다.

Abdominal/Back/Groin Pain

Dispatch Criteria

Medic Response	
1M1	Unconscious or not breathing
1M2	Sign of shock: Syncope or near syncope when sitting/standing
1M3	Vomiting red blood, with sign of shock (syncope or near syncope when sitting/standing)
1M4	Black tarry stool, with sign of shock (syncope or near syncope when sitting/standing)
1M5	
1M6	
1M7	
BLS Red Response	
1R1	Pain with vomiting
1R2	Abdominal/back pain, no sign of shock
1R3	Flank pain/back pain (kidney stone)
1R4	
1R5	No verifiable info available from RP
1R6	Upper abdominal pain, age > 50
1R7	
BLS Yellow Response	
1Y1	Groin injury
1Y2	Back/side/groin pain - non-ambulatory
TRP	
1T1	Pain unspecified
1T2	
1T3	Chronic back pain - ambulatory
1T4	Side pain - ambulatory
1T5	Groin pain - ambulatory
1T6	Back pain - previous injury
1T7	Urinary catheter problem

Vital Points

- *Ask to speak directly to the patient, if possible!*

Medic:

- How does the patient look?
- How does the patient feel when they sit/stand up?
- Has the patient vomited?
  If yes, what does the vomit look like?
- Are the patient's bowel movements different than normal?
  If yes, how would you describe them?
- Is the pain above or below the belly button?
- Is there a possibility of pregnancy?
  - Has she felt dizzy?

Short Report:

- Does the patient have any other medical or surgical history?
- Is the patient wearing a Medic Alert tag?

Pre-arrival Instructions

- If patient unconscious and vomiting, position patient on their side and continue to sweep vomit out.
- Nothing by mouth.
- Allow position of comfort.
- Gather patient meds.

Short Report

- Gender
- Age
- Chief complaint
- Pertinent signs and symptoms
- Medical/surgical history, if relevant
- Other agencies responding

VI. CBD 도착 전 의료안내(PAI)

CBD PAI 항목은 다음과 같다.

1. 자동제세동기 사용법 설명
2. 성인 CPR
3. 소아(1-8세) CPR
4. 신생아 CPR
5. 영아(0-12개월) CPR
6. 임신 3기 여성 CPR
7. 기관/후두절개술로 목에 기공(Stoma)있는 환자 CPR
8. 기도폐쇄 - 임신 3기 또는 비만인 여성
9. 기도폐쇄 - 성인
10. 기도폐쇄 - 소아(1-8세)
11. 기도폐쇄 - 영아(0-12개월)
12. 의식 없음/호흡은 정상 - 기도 유지됨
13. 출산(임산부 혼자)
14. 출산

1) 1997년에는 영국에서 CBD를 도입하여 몇 가지 수정을 한 다음 CBD(UK) 1997버젼으로 만들어 사용하기 시작했다. 미국에서는 우선순위 범주(priority category)에 따라 구급대 반응 수준(EMT' s vs Paramedics, BLS ambulance vs ALS ambulance)를 결정하는데 반해 영국에서는 반응시간(response time)을 기준으로 사용하고 있다.

• CBD(UK)의 중증도 분류

영국 CBD에서는 임상적 상황 및 동반 증상을 고려하여 환자의 중증도를 A, B, C 세 가지 단계로 나누었다.

- 범주(Category) "A" 는 매우 위급한 상황이며, 즉각적인 처치가 필요한 상황.
- 범주(Category) "B" 는 매우 위급한 상황은 아니지만 심각한 상황으로 가능한 빠른 처치가 필요한 상황.
- 범주(Category) "C" 는 위급하지도 심각하지도 않은 상황이지만, 병원으로 후송은 필요한 상황.

• CBD(UK)의 반응수준

1. 도시에서 반응시간 기준
   - 범주(Category) "A" 는 : 모든 신고의 75%이상에서 8분내 현장 도착
   - 범주(Category) "B" 는 : 모든 신고의 95%이상에서 14분내 현장 도착
   - 범주(Category) "C" 는 : B의 기준과 동일
2. 시골지역에서의 반응시간 기준
   - 범주(Category) "A" 는 : 모든 신고의 75%이상에서 8분내 현장 도착
   - 범주(Category) "B" 는 : 모든 신고의 95%이상에서 19분내 현장 도착
   - 범주(Category) "C" 는 : B의 기준과 동일

03장

CBD 출동 대상 범주

CBD 출동대상 범주

1. 복통/허리/서혜부(groin) 통증
2. 아나필락시스(Anaphylaxis)/알러지 반응
3. 감염성 질환
4. 출혈(비 외상)
5. 호흡곤란
6. 심정지(Cardiac Arrest)
7. 가슴통증/불편감/심장문제
8. 기도폐쇄(Choking)
9. 당뇨환자
10. 환경응급/위험물질에 노출
11. 의료지식(요양시설만 해당)
12. 머리/목
13. 정신/정서/심리적 응급상황
14. 약물 과다복용/중독
15. 임신/출산/산부인과응급
16. 경련
17. 질병(원인 모름)/기타
18. 뇌졸중(뇌혈관질환)
19. 의식없음/반응없음/실신
20. 소아응급
21. 폭행/외상
22. 화상 - 열/전기/화학
23. 익사/익수/다이빙 또는 물과 관련된 손상
24. 추락/사고/통증
25. 교통사고
26. 동물에 물림(Animal Bites)

1. 복통/허리/서혜부(groin) 통증

출동기준(Dispatch Criteria)	
Medic Response	
1M1	무의식 또는 호흡 없음
1M2	쇽 증상: 실신 또는 앉거나 일어서면 실신 할 듯함
1M3	피를 토하고 쇽 증상보임(실신 또는 앉거나 일어서면 실신 할 듯함)
1M4	검은색 끈적끈적한 대변에 쇽 증상 보임(실신 또는 앉거나 일어서면 실신 할 듯함)
1M5	
1M6	
1M7	
BLS Red Response	
1R1	구토를 동반한 통증
1R2	복통/허리 통증, 쇽 증상 없음
1R3	옆구리 통증/허리 통증(담석)
1R4	
1R5	신고자로부터 유용한 확인 정보 없음
1R6	상복부 통증, 50세 이상
1R7	
BLS Yellow Response	
1Y1	서혜부 부상
1Y2	허리/옆구리/서혜부 통증 - 보행 불가능
TRP(Telephone Referral Program)	
1T1	딱 꼬집어 말 할 수 없는 통증
1T2	
1T3	만성적인 허리 통증 - 보행 가능
1T4	옆구리 통증 - 보행 가능
1T5	서혜부 통증 - 보행 가능
1T6	허리 통증 - 이전에 다친 허리
1T7	소변줄 때문에 신고

중요사항(Vital Points)

- 가능한 환자에게 직접 물어본다.

Medic:

- 지금 어떻습니까? (환자 상태는 어때 보입니까?)
- 앉거나 서면 어떤 느낌입니까?
- 토했습니까? 토했다면 구토물이 어떻게 보입니까?
- 장 움직임이 평소와 다른가요? 다르다면, 어떻게 다른지 설명해 주십시오.
- 통증 위치가 배꼽 위입니까? 아래입니까?
- 임신가능성이 있습니까? 어지럽습니까?

Short Report :

- 다른 질병이 있거나 수술한 적이 있습니까?
- 환자 몸에 질병알림표(Medic Alert tag)가 있습니까?

도착 전 의료안내(PAIs)

- 환자가 의식이 없고 구토를 할 경우에는, 몸을 옆으로 뉘여 구토물이 흘러나오도록 하십시오.
- 아무것도 먹이지 마십시오.
- 환자를 편한 자세로 있도록 하십시오.
- 환자가 먹는 약은 모두 모아 두세요.

짧은 보고사항(Short Report)

• 성별 • 나이 • 주 호소 • 관련 증상이나 징후 • 관련 과거 질병이나 수술 • 다른 출동기관

2. 아나필락시스(Anaphylaxis)/알러지 반응

출동기준(Dispatch Criteria)	
	Medic Response
2M1	무의식 또는 호흡 없음
2M2	호흡이 어려움 • 제대로 말을 못함 • 앉은 자세나 선 자세로 앞으로 몸을 기울려 호흡함
2M3	천명음이나 협착음이 들림
2M4	목이나 혀가 붓고 잘 삼키지 못하면서 제대로 말을 못함
2M5	속 증상: 실신 또는 앉거나 일어서면 실신 할 듯함
2M6	
	BLS Red Response
2R1	환자 자신이나 신고자가 에피네프린 주입기(EPI pen) 사용
2R2	목이나 혀가 붓고 잘 삼키지 못함
2R3	지난 30분 내에 아나필락시스 반응을 일으킴
2R4	
2R5	신고자로부터 유용한 확인 정보 없음
2R6	호흡곤란
	BLS Yellow Response
	TRP(Telephone Referral Program)
2T1	알러지 반응이 걱정되나 과거 그랬던 적은 없음
2T2	항원에 노출된 지 30분 넘어 알러지 반응이 생김. 호흡곤란은 없음
2T3	가렵고 두드러기가 생겼으나 호흡곤란은 없음
2T4	과거 알러지 반응이 있었음. 현재는 보이지 않음
2T5	약물 부작용이나 약한 약물 반응보임

중요사항(Vital Points)

- 가능한 환자에게 직접 물어본다.

Medic:

- 말하는데 어려움은 없습니까?
- 호흡할 때 힘듭니까?
- 삼킬 때 힘듭니까?
- 지금 어떻습니까(환자가 어때 보입니까)?
- 앉으면 어떻습니까?

BLS Red:

- 어떤 물질에 심각한 알러지 반응을 보인 적이 있습니까?
  만약 있었다면, 어떤 반응이었는지 말씀해 주십시오.
- 얼마동안 노출되었습니까?
- 증상에 변화가 있습니까?
- 어떤 약을 먹었습니까?

Short Report :

- 환자 몸에 질병알림표(Medic Alert tag)가 있습니까?

도착 전 의료안내(PAIs)

- 환자를 편한 자세로 있도록 하십시오.
- 조용히 하세요.
- 벌에 쏘인 경우: 가능하다면 벌침을 긁어내시고 그 부위에 얼음을 대 주십시오.
- 관련된 약은 모두 모아 두세요.
- 에피네프린 주입기(EPI pen)을 가지고 있습니까?
  있다면, 사용했습니까? 담당의사의 지시에 따라 사용하십시오.

짧은 보고사항(Short Report)

• 성별 • 나이 • 주 호소 • 관련 증상이나 징후 • 관련 과거 질병이나 수술 • 다른 출동기관

3. 감염성 질환

출동기준(Dispatch Criteria)

Medic Response

3M1 무의식 또는 호흡 없음
3M2 의식 저하(부르거나 건드려도 반응 없음)
3M3 쇽 증상: 실신 또는 앉거나 일어서면 실신 할 듯함
3M4 호흡이 어려움
- 제대로 말을 못함
- 앉은 자세나 선 자세로 앞으로 몸을 기울려 호흡함

BLS Red Response

3R1 * 확인 가능한 정보 없음

BLS Yellow Response

3Y1

TRP(Telephone Referral Program)

3T1 열, 기침
3T2 감염원에 노출되었으나 증상 없음
3T3 H1N1 인플루엔자 A로 치료받고 있음
3T4 집에서 간호하는데 필요한 의료 자문

* 3R1(확인 가능한 정보 없음) 코드는 H1N1 인플루엔자 A 감염 가능성은 있지만 그 환자의 상태나 증상에 대한 추가적인 정보를 더 파악할 수 없는 드문 경우에 적용되어야 한다.
여기서의 BLS 출동은 단순 질병환자와 감염환자를 구분하려는 목적이 있다.

중요사항(Vital Points)

- 가능한 환자에게 직접 물어본다.

Medic:

- 지금 어떻습니까? (환자 상태는 어때 보입니까?)
- 환자가 반응을 보입니까?
- 환자가 평소처럼 말을 합니까?
- 앉거나 서면 어떤 느낌입니까?
- 열이 있습니까?
- 기침을 합니까?
- 환자가 몸이 쑤신다고 하거나 호소하는 다른 증상이 있습니까?

도착 전 의료안내(PAIs)

출동대원 보호와 정보 제공을 위해 호흡성 감염 질환에 대한 검색 필요
Vital Points 사항 참고
- 환자를 편한 자세로 있도록 하십시오.
- 가능한 다른 사람과 접촉하지 않도록 한다.

짧은 보고사항(Short Report)

- 현장 대원 감염 위험에 대한 고지 • 성별 • 나이 • 주 호소 • 호흡기계 감염 방지 / 필요시 개인 보호 장비 착용 권고 • 관련 증상이나 징후 • 관련 과거 질병이나 수술 • 다른 출동기관

주의사항

안정된 상태의 환자인 경우에는(신경계에 문제가 없어 의식이 명료하고, 콧물 같은 문제를 제외하곤 호흡하는데 아무 어려움이 없이 호흡도 안정된 그리고 환자가 기절하거나 앉거나 일어서면 기절할 것처럼 느끼지 않는 즉, 순환계도 안정된 상태)바로 전화 상담직원(TRP)에게 연결해서 중증도 분류를 위한 상담을 받도록 한다. 그만큼 다른 사람을 감염시킬 가능성을 줄일 수 있기 때문이다. 이 TRP에는 H1N1 인플루엔자 A에 대비한 지침이 마련되어 있고, 다른 의학적 정보나 집에서 할 수 있는 간호 사항들 그리고 신고자에게 병원에 갈 다른 교통수단에 대한 정보 등을 제공한다.

독감 같은 증상이 아닌 증상을 호소하는 환자들은 다른 환자와 마찬가지로 그에 해당하는 출동대상 범주에 따라 상황관리를 하면 된다.

만약, 열이 있고 기침(독감처럼)을 하는 환자에게 구급대가 출동을 해야 하는 상황이라면, 출동대원들에게 마스크와 같은 개인 보호 장구를 착용하도록 한다. 아직 증상은 없지만 전염이나 예방법, 기타 불안 때문에 전화로 문의를 해오는 사람들은 해당 지역 공공 의료기관 긴급 전화(hot line)로 연결해 주거나 관련 웹 사이트를 소개하도록 한다.

4. 출혈(비 외상)

출동기준(Dispatch Criteria)

Medic Response

4M1 무의식 또는 호흡 없음
4M2 쇽 증상: 실신 또는 앉거나 일어서면 실신 할 듯함
4M3
4M4
4M5 피를 토하고 쇽 증상보임(실신 또는 앉거나 일어서면 실신 할 듯함)
4M6 검은색 끈적끈적한 대변에 쇽 증상 보임(실신 또는 앉거나 일어서면 실신 할 듯함)
4M7
4M8 다음 둘 중 하나와 함께 기침을 하면 피가 나옴
- 호흡이 어려움(제대로 말을 못하거나 앉은 자세, 선 자세 또는 앞으로 몸을 기울려 호흡함)
- 쇽 증상(실신 또는 앉거나 일어서면 실신 할 듯함)

4M9 질 출혈, 쇽 증상(실신 또는 앉거나 일어서면 실신 할 듯함)보임

BLS Red Response

4R1 Medic 출동에 해당하지 않는 출혈
4R2
4R3 기력이 떨어짐
4R4
4R5
4R6 지혈이 안 되는 코피
4R7 신고자로부터 유용한 확인 정보 없음

BLS Yellow Response

TRP(Telephone Referral Program)

4T1 방울형태의 질 출혈(vaginal spotting)
4T2 지혈되는 코피
4T3 소변에서 피가 보이거나 소변줄 문제

중요사항(Vital Points)

가능한 환자에게 직접 물어본다.

Medic:

- 상태가 어떻습니까? (환자 상태는 어때 보입니까?)
- 앉거나 일어나면 어떻습니까?
- 말하는데 힘들지는 않습니까?
- 호흡할 때 힘듭니까?
- 토했습니까?
- 장 움직임이 평소와 다른가요? 다르다면, 어떻게 다른지 설명해 주십시오.
- 기침할 때 피도 나옵니까?
- 평소(생리)보다 더 심한 질 출혈이 계속 되고 있습니까?

· BLS Red

- 출혈 부위가 어디입니까?
- 힘이 빠지는 것 같습니까?
- 임신 가능성이 있습니까?

출동대원 보호와 정보제공을 위해 호흡기계 감염에 대해 알아본다.

도착 전 의료안내 참고

Short Report :

- 복용중인 약이 있습니까? 있다면, 무엇입니까?
- 다른 질병이 있거나 수술한 적이 있습니까?

도착 전 의료안내(PAIs)

- 환자를 편한 자세로 있도록 하십시오.
- 아무것도 먹이지 마십시오.
- 외부 출혈의 경우에는 그 출혈부위를 깨끗한 천으로 꼭 누르십시오.
  천이 더 필요하면 대고 있던 천을 버리지 말고 그 위에 새 천을 대고 누르십시오.
- 코피의 경우에는 코끝을 잡고 있으십시오.
- 질이나 직장에 출혈이 있었다면 화장실 변기 물을 내리지 마십시오.
- 관련된 약은 모두 모아 두세요.

*호흡기계 감염 감시

* 환자가 열이 있습니까? 아직 모른다면, 환자를 만져보십시오. 뜨겁습니까?
* 환자가 기침을 합니까? 그렇다면, 기침한지 얼마나 되었습니까?
* 최근에 외국에 다녀오신 적이 있습니까?
* 몸에 발진(rash)이 났습니까?

주의 :

기침 또는 발진과 함께 환자에게 열이 있다면, 호흡기계 감염방지와 개인 보호 장비를 착용토록 한다.

짧은 보고사항(Short Report)

• 성별 • 나이 • 주 호소 • 호흡기계 감염 방지 / 필요시 개인 보호 장비 착용 권고
• 관련 증상이나 징후 • 관련이 있는 과거 질병이나 수술

5. 호흡곤란

출동기준(Dispatch Criteria)	
Medic Response	
5M1	무의식 또는 호흡 없음
5M2	호흡이 어려움 • 제대로 말을 못함(숨을 쉬려고 노력함) • 앉은 자세나 선 자세로 앞으로 몸을 기울려 호흡함
5M3	흉부 불편감과 함께 호흡곤란, 말을 제대로 못함, 25세 이상의 남여
5M4	
5M5	천명음이나 협착음이 들림
5M6	
5M7	
5M8	
BLS Red Response	
5R1	호흡곤란
5R2	팔다리나 입 주위에 따끔거리거나 마비되는 느낌
5R3	신고자로부터 유용한 확인 정보 없음
5R4	개 짖는 소리의 기침과 함께 호흡곤란, 6세 이하
5R5	숨 쉴 때 아프거나 호흡 시 통증
5R6	
BLS Yellow Response	
5Y1	산소용기에 산소가 떨어짐
5Y2	Pepper spray
5Y3	환자 보조(patient assist)
5Y4	과거에 그랬던 것과 같은 과 호흡/패닉반응
TRP(Telephone Referral Program)	
5T1	콧물 코 막힘, 저체온 증상

중요사항(Vital Points)

• 가능한 환자에게 직접 물어본다.

Medic:

- 말하는데 어려움은 없습니까?
- 호흡을 누워서 하지 못하고 앉아서 해야 합니까?
- 호흡할 때 몸을 앞으로 숙여야 합니까?
- 숨쉬기가 어렵습니까?
- 호흡곤란이 생기기 직전에 뭐를 하고 있었습니까?
- 약물을 흡입했습니까?
- 알러지 반응이 있을 가능성이 있습니까?
- 환자가 침을 흘리거나 삼키는데 힘들어 합니까?
  그렇다고 한다면, 호흡곤란의 원인이 이것입니까?
- 호흡곤란 치료제를 가지고 있고, 그것을 사용했습니까?
- 다른 질병이 있거나 수술 받은 적이 있습니까?

BLS Red:

- 지금 환자가 힘들어하는 다른 문제가 있습니까?

BLS Yellow:

- 산소 투여 처방을 받았습니까?

출동대원 보호와 정보제공을 위해 호흡기계 감염에 대해 알아본다.

도착 전 의료안내 참고

도착 전 의료안내(PAIs)

- 환자를 편한 자세로 있도록 하십시오.
- 앉은 자세가 환자에게 더 편할 수 있습니다.
- 환자에게 아무것도 하도록 하지 마시고 편안하게 있도록 하십시오.
- 가능한, 환자와 관련 있는 약은 모두 모아 두세요.

*호흡기계 감염 감시

* 환자가 열이 있습니까? 아직 모른다면, 환자를 만져보십시오. 뜨겁습니까?
* 환자가 기침을 합니까? 그렇다면, 기침한지 얼마나 되었습니까?
* 최근에 외국에 다녀오신 적이 있습니까?
* 몸에 발진(rash)이 났습니까?

주의 :

기침 또는 발진과 함께 환자에게 열이 있다면, 호흡기계 감염방지와 개인 보호 장비를 착용토록 한다.

짧은 보고사항(Short Report)

• 성별 • 나이 • 주 호소 • 관련 증상이나 징후 • 관련이 있는 과거 질병이나 수술

* 호흡기계 감염 방지 / 필요시 개인 보호 장비 착용 권고 • 다른 출동기관

6. 심정지(Cardiac Arrest)

출동기준(Dispatch Criteria)

Medic Response

6M1 무의식 또는 호흡 없음
6M2 DOA(도착 전 사망)가 분명함 - 어린아이

BLS Red Response

6R1 DOA(도착 전 사망)가 분명함 - CPR 시행하지 않음
6R2 신고 시 CPR을 원치 않는다고 말함

BLS Yellow Response

TRP(Telephone Referral Program)

중요사항(Vital Points)

Medic:

의식 상태에 관해 확신 할 수 없다면, 다음 질문을 통해 더 자세히 알아보기 바란다.

- 환자가 반응을 보입니까?
- 말에 대한 반응(환자가 묻는 말에 대답을 합니까?)
- 깨우면 환자가 반응을 합니까?

호흡이 정상인지 모르겠다면 다음 사항을 알아본다.

- 환자 가슴이 올라왔다 내려갔다 합니까?
- 환자가 어떻게 숨을 쉬는지 말해보십시오.
  호흡 소리는 어떤지 얼마나 자주 쉬는지 잘 들어보십시오.

- 죽음이 임박한 가쁜 호흡(agonal respirations)에 대한 신고자의 설명 -

- 헐떡거리는 호흡(gasping)
- 코고는 소리의 호흡(snoring)
- 코로 들이키는 듯 한 호흡(snorting)
- 그르렁거리는 호흡(gurgling)
- 힘에 겨운 호흡(moaning)
- 거의 숨을 쉬지 않음
- 어쩌다 한 번씩 호흡함
- 이따금 한 번씩 호흡함
- 드물고 불규칙한 호흡

** 환자 호흡이 정상인지 아닌지를 신고자가 구분하지 못한다면, 일단 환자가 숨을 제대로 쉬지 못한다고 전제하고 지체 없이 그 환자 나이에 해당하는 CPR 의료안내를 찾는다.

- 제세동기(AED)가 있습니까?

도착 전 의료안내(PAIs)

- 제세동기가 있다면, 바로 도착 전 의료안내(PAIs)에서 제세동기 사용 설명 부분을 찾는다.
- 환자가 의식이 없고 호흡이 정상이 아니라면, 바로 도착 전 의료안내(PAIs)에서 그 환자 나이에 해당하는 CPR 설명을 찾는다.
- 환자가 의식은 없지만 호흡이 정상이라면, 바로 도착 전 의료안내(PAIs)에서 의식 없음 / 호흡함(Unconscious/Breathing PAI) 설명을 찾는다.

짧은 보고사항(Short Report)

• 성별 • 나이 • 주 호소(원인을 안다면) · 관련 증상이나 징후 · 관련이 있는 과거 질병이나 수술 · 다른 출동 기관

7. 가슴통증/불편감/심장문제

출동기준(Dispatch Criteria)

Medic Response

7M1	무의식 또는 호흡 없음
7M2	지속적인 가슴통증을 호소하는 40세 이상의 남성
7M3	지속적인 가슴통증을 호소하는 45세 이상의 여성
7M4	제대로 말을 못할 정도의 호흡곤란을 호소하는 25세 이상
7M5	빈맥/심계항진을 보이는 40세 이상
7M6	쇽 증상-실신 또는 앉거나 일어서면 실신 할 듯함
7M7	당뇨환자
7M8	심장 이식 제세동기 쇼크 (Defib implant shock)

BLS Red Response

7R1	40세 미만의 남성
7R2	45세 미만의 여성
7R3	빈맥/심계항진을 보이는 40세 미만
7R4	신고자로부터 유용한 확인 정보 없음
7R5	급체(Indigestion)호소 • 40세 이상 남성 • 45세 이상 여성

BLS Yellow Response

7Y1	근육/흉벽/늑골 통증(Muscle/chest wall/rib pain)

TRP(Telephone Referral Program)

7T1	흉벽에 외상을 입은 40세 미만의 남성 또는 45세 미만의 여성
7T2	급체 : • 40세 미만 남성 • 45세 미만 여성

중요사항(Vital Points)

가능한 환자에게 직접 물어본다.

Medic:

- 통증 부위가 어디입니까?
- 몸 다른 곳에도 통증이 있습니까?
- 통증이 시작 된지 얼마나 됐습니까?
- 말하는데 어려움은 없습니까?
- 호흡할 때 힘듭니까?
- 지금 어떻습니까? (환자 상태는 어때 보입니까?)
- 똑바로 앉으면 어떻습니까?
- 심장이 빨리 뛰는 것 같습니까?
- 전에도 심장이 빨리 뛴 적이 있습니까?
- 당뇨환자 입니까?

TRP

- 헛구역질이나 구토를 합니까?

Short Report :

- NTG를 복용하고 있습니까?
  (도착 전 의료안내 참고)
- 전에 심장 수술을 했거나 심근경색(MI)치료를 받은 적이 있습니까?

도착 전 의료안내(PAIs)

- 환자를 앉히거나 편히 눕도록 하십시오.
- 환자가 안정을 취할 수 있도록 하십시오.
- 환자에게 처방받은 NTG가 있습니까?
  환자가 NTG를 처방받았고 의식이 분명하고 두통이 없다면 의사가 처방해준 대로 NTG를 복용토록 하십시오.
- 관련된 약은 모두 모아 두세요.
- 신고자나 환자가 아스피린 복용에 대해 물어온다면 약 복용 권고가 권한 밖임을 알린다.

짧은 보고사항(Short Report)

- 성별 • 나이 • 주 호소 • 관련 증상이나 징후 • 관련이 있는 과거 질병이나 수술
- NTG 복용으로 증상이 안정되는지의 여부 (NTG with/without relief)

8. 기도폐쇄(Choking)

출동기준(Dispatch Criteria)

Medic Response

8M1 무의식 또는 호흡 없음
8M2 말을 못하거나 울지 못함(아기)
8M3 파랗게 질림(turning blue)

BLS Red Response

8R1 말을 하고 움(아기)
8R2 호흡에 문제없음
8R3 신고자로부터 유용한 확인 정보 없음

BLS Yellow Response

8Y1 기도에 아무 문제가 없고, 환자 본인이 잘 유지함

TRP(Telephone Referral Program)

중요사항(Vital Points)

가능한 환자에게 직접 물어본다.

Medic:

- 환자 가슴이 올라갔다 내려갔다 합니까?
- 아이가 말을 하거나 웁니까?
- 환자 얼굴이 파랗게 질려 있습니까?
- 환자가 뭘 먹고 있거나 입에 들어 있는 것이 있었습니까?
- 6살 이하의 아이인 경우에는, 아이의 몸이 뜨겁습니까? 라고 묻는다.
  열성 경련을 기도 폐쇄로 오해하고 신고하는 경우가 종종 있기 때문이다.
- 기도 폐쇄가 아니라는 것이 확인되었다면 소아 관련 범주로 간다.

도착 전 의료안내(PAIs)

- 환자가 말을 못하고 아이의 경우 울지 못하면, 바로 도착 전 의료안내(PAIs)에서 그 환자 나이에 해당하는 기도폐쇄 설명을 찾는다.
- 환자가 숨을 쉴 수 있고 아이의 경우에는 말을 하고 운다면
  편안한 자세로 있게 한다.
  기침을 하도록 한다.

짧은 보고사항(Short Report)

• 성별 • 나이 • 주 호소 • 관련 증상이나 징후 • 관련이 있는 과거 질병이나 수술

9. 당뇨환자

출동기준(Dispatch Criteria)

Medic Response

9M1 무의식 또는 호흡 없음
9M2 호흡이 어려움
- 제대로 말을 못함(숨을 쉬려고 노력함)
- 앉은 자세나 선 자세로 앞으로 몸을 기울려 호흡함

9M3 의식상태가 변화거나 떨어짐(시키는 대로 하지 못함)
9M4 쇽 증상: 실신 또는 앉거나 일어서면 실신 할 듯함
9M5 가슴통증이나 불편감 호소
9M6
9M7
9M8 경련

BLS Red Response

9R1 지남력이 떨어지고 평소하지 않던 이상한 행동을 보임(하라는 대로 하기는 함)
9R2 상태가 좋지 않음, 기운이 없거나 말로 표현하기 힘든 상태(non-specific)
9R3
9R4 신고자로부터 유용한 확인 정보 없음
9R5

BLS Yellow Response

TRP(Telephone Referral Program)

9T1 깨어있음/정신이 멀쩡함
9T2
9T3 혈당 수치가 150이상이고 아무 증상 없음

중요사항(Vital Points)

• 가능한 환자에게 직접 물어본다.

Medic:

- 말하는데 어려움은 없습니까?
- 숨쉬기가 어렵습니까?
- 환자가 평소처럼 행동합니까? 아니라면, 어떻게 다릅니까?
- 환자가 당신을 알아보고 시키는 대로 합니까?
- 묻는 말에 대답을 합니까?
- 환자가 자기 이름을 대답하거나 지금 있는 장소를 알고 있습니까?
- 환자가 어떤 상태로 보입니까?
- 환자가 경련을 했습니까?
- 환자가 당뇨약을 먹고 있습니까? 그렇다면, 언제 약을 먹었습니까?
- 뭔가를 가장 마지막으로 먹은 지가 언제입니까?
- 환자의 혈당 수치가 얼마 나옵니까?
- 환자를 똑바로 앉히면 어떻습니까?
- 지금 환자가 힘들다고 말하는 다른 문제가 있습니까?

BLS Red:

- 환자가 힘이 없어 보입니까?

도착 전 의료안내(PAIs)

- 의사의 지시를 받기 전 까지는 절대 환자에게 약을 먹여서는 안 된다.
- 환자 스스로 삼킬 수 있다면 설탕물 2-3 숟가락을 마시게 한다.
- 환자 스스로 삼키지 못하면 아무것도 주지 않는다.
- 환자 주위를 깨끗이 치운다.
- 환자가 먹는 약을 모두 모아둔다(아직 하지 않았다면). 혈당 측정기가 있고 사용할 줄 안다면 혈당을 측정한다. 그 측정 결과는 구급대원에게 알려준다.

짧은 보고사항(Short Report)

• 성별 • 나이 • 주 호소 • 관련 증상이나 징후 • 관련이 있는 과거 질병이나 수술

10. 환경응급/위험물질에 노출

출동기준(Dispatch Criteria)

Medic Response

10M1 무의식 또는 호흡 없음
10M2 호흡이 어려움
- 제대로 말을 못함(숨을 쉬려고 노력함)
- 앉은 자세나 선 자세로 앞으로 몸을 기울려 호흡함

10M3 의식상태가 떨어지고 부르거나 흔들어도 반응이 없음
10M4 쇽 증상: 실신 또는 앉거나 일어서면 실신 할 듯함
10M5 화상으로 인한 물집/얼굴, 목, 가슴 또는 등의 피부가 벗겨짐

BLS Red Response

10R1 화학물질(섭취, 흡입, 피부접촉), M(medic) 출동 기준에 해당하지 않음
10R2 주체할 수 없을 정도로 몸을 떠는 환자
10R3 환자 몸이 지나치게 뜨거움
10R4 다른 손상
10R5 신고자로부터 유용한 확인 정보 없음
10R6 호흡곤란

BLS Yellow Response

10Y1 Pepper spray

TRP(Telephone Referral Program)

10T1 위험물질에 노출되었지만 증상은 없음

중요사항(Vital Points)

- 가능한 환자에게 직접 물어본다.

Medic:

- 무슨 일이 있었습니까?
- 무엇이 힘든가요?
- 말하는데 어려움은 없습니까?
- 숨쉬기가 어렵습니까?
- 환자가 어떤 상태로 보입니까?
- 환자를 똑바로 앉히면 어떻습니까?
- 환자가 당신을 알아보고 시키는 대로 합니까?
- 묻는 말에 대답을 합니까?
- 환자가 평소처럼 행동합니까? 아니라면, 어떻게 다릅니까?
- 시간이 얼마나 지났습니까? (얼마나 됐습니까?)

BLS Red:

- 무엇에 노출되었습니까?

Short Report :

- 노출 된지 얼마나 됐습니까?

도착 전 의료안내(PAIs)

열에 노출:

- 그늘로 환자를 이동시킨다.
- 체온이 떨어지도록 옷을 느슨하게 풀어주거나 벗긴다.
- 의식상태가 떨어졌다면 아무것도 먹이지 않는다.

추위에 노출:

- 환자가 차갑고 건조한 상태라면 환자를 덮어준다.
- 환자가 차갑고 젖어있다면 젖은 옷을 벗기고 환자를 덮어준다.
- 아무것도 먹지 않도록 한다.

화학물질/독성물질에 노출

- 공기가 오염되지 않는 곳으로 환자를 옮긴다.
- 환자를 만지지 않는다.
- 오염된 환자 옷은 가능한 한 제거한다.
- 눈은 흐르는 물에 계속 세척하고 오염물질에 닿지 않도록 한다.
- 가루 형태의 화학물질이라면 먼저 털어낸 다음 흐르는 물로 세척한다.
- 가능한 오염 화학물질에 대한 정보를 파악한다.
- 아무것도 먹지 않도록 한다.

짧은 보고사항(Short Report)

- 출동대원들에게 현장 위험성 고지 • 성별 • 나이 • 주 호소 • 관련 증상이나 징후
- 관련이 있는 과거 질병이나 수술

11. 의료지식(요양시설만 해당)

출동기준(Dispatch Criteria)

Medic Response

11M1 비정상 심전도(EKG), 부정맥
- 심근경색(MI)여부 진단 필요

11M2 정맥로 확보(IV)가 필요한 환자
11M3 현재 주 증상에 대한 약을 맞고 있는 환자
11M4 수축기 혈압 90이하
11M5 산소포화도 90이하
11M6 맥박이 130회 이상이거나 60회 이하
11M7 혈당치가 60이하이고 의식상태도 떨어짐
11M8 보건교사(School Nurse)가 학생을 간호하고 있거나 또는 처방약이 필요한 경우
11M9 환자에게 에피네프린 투여가 필요하거나 투여 받았다고 시설관계자가 언급, ALS 출동을 요청

BLS Red Response

11R1 심장과는 관계없음(Non-Cardiac)
11R2 상태가 안정된 환자
11R3 투약이나 정맥로 확보(IV)가 필요 없음
11R4 수축기 혈압 90이상
11R5 산소포화도 90이상
11R6 맥박 60 - 130회 사이

BLS Yellow Response

11Y1 구급차 대기/단순 환자 이송
- 이용할 사설 구급차가 없을 경우

중요사항(Vital Points)

- 가능한 환자에 대해 알고 있는 사람에게 직접 물어본다.

Medic:

- 환자 옆에 의사나 간호사가 있습니까?
- 없다면, 환자 주 증상에 해당하는 범주를 찾는다.
- 환자 상태를 알고 있는 사람에게 질문한다.
- 환자 상태가 안정적 입니까?
- 생체징후(vital signs)는 어떻습니까?
- 환자가 오늘 약을 투약 받았습니까?

BLS Red:

- 단순히 환자 이송만 필요합니까?
- 오늘 뭐 때문에 진찰 받으려고 하십니까?

도착 전 의료안내(PAIs)

- 구급대가 도착하면 입구에서 안내해 주시기 바랍니다.

짧은 보고사항(Short Report)

• 성별 • 나이 • 주 호소 • 관련 증상이나 징후 • 관련이 있는 과거 질병이나 수술 • 다른 출동기관

12. 머리/목

출동기준(Dispatch Criteria)

Medic Response

12M1 무의식 또는 호흡 없음
12M2 의식상태가 떨어지고 부르거나 흔들어도 반응이 없음
12M3
12M4
12M5
12M6
12M7 아래 증상과 함께 갑자기 시작된 심한 두통
- 말이 어눌해짐
- 물체가 잘 안보이거나 두 개로 보임
- 몸에 힘이 빠지고 마비가 옴
- 구토

BLS Red Response

12R1 인지능력이 떨어지지만(disoriented) 걷거나 말은 함
12R2 신고자로부터 유용한 확인 정보 없음
12R3
12R4 잘 안보임(visual difficulty)
12R5 현기증/어지럼증
12R6

BLS Yellow Response

12Y1
12Y2

TRP(Telephone Referral Program)

12T1 두통
12T2 편두통
12T3 머리나 목, 얼굴에 가벼운 통증
12T4 눈, 귀, 코, 목에 통증
12T5

중요사항(Vital Points)

• 가능한 환자에게 직접 물어본다.

Medic:

- 두통이 갑자기 시작되었습니까? 아니면 천천히 진행된 두통입니까?
- 잘 안 보입니까?
- 환자가 당신을 알아보고 시키는 대로 합니까?
- 물어보는 말에 제대로 대답을 합니까?
- 환자가 자기 이름을 대답하거나 지금 있는 장소를 알고 있습니까?
- 전에도 두통이 있었다면 그 때와는 다른 두통입니까?
- 두통이 시작될 때 무엇을 하고 있었습니까?
- 환자의 행동이 어떻습니까? 평소와 다르다면, 무엇이 그런가요?
- 환자가 어떤 상태로 보입니까?

TRP:

- 최근에 아팠거나 다친 적이 있습니까?
- 두통 치료를 받은 적이 있습니까?

Short Report :

- 환자 몸에 질병알림표(Medic Alert tag)가 있습니까?

도착 전 의료안내(PAIs)

- 아무것도 먹이지 마십시오.
- 환자를 편한 자세로 있도록 하십시오.
- 관련된 약은 모두 모아 두세요.

짧은 보고사항(Short Report)

• 성별 • 나이 • 주 호소 • 관련 증상이나 징후 • 관련 과거 질병이나 수술

13. 정신/정서/심리적 응급상황

출동기준(Dispatch Criteria)

Medic Response

13M1 무의식 또는 호흡 없음
13M2 총으로 자살 시도, 칼에 찔리거나 으깨진 상처 또는 관통상
13M3 환자 섬망(Delirium)상태로 경찰이 요청

BLS Red Response

13R1 자해로 인한 부상
13R2 평소와 다른 이상한 행동
13R3 공황발작(Panic attack), 과거력은 알 수 없음
13R4
13R5 신고자로부터 유용한 확인 정보 없음

BLS Yellow Response

13Y1 자해나 타인에 대한 위협 때문에 경찰이 현장 대기 요청
13Y2 Pepper Spray 또는 전기충격기(Taser)
13Y3 환자 보조(patient assist)
13Y4 과거에도 있었던 것과 같은 공황발작(과호흡)

TRP(Telephone Referral Program)

13T1 약이 떨어진 정신과 환자

중요사항(Vital Points)

• 가능한 환자에게 직접 물어본다.

Medic:

• 무슨 일이 있었습니까?
• 지금 계신 곳이 안전합니까?
• 용의자가 근처에 있습니까? 있다면, 어떤 상황인지 말씀해주십시오?
• 그 사람(환자)이 무기를 가지고 있거나 무기를 손에 넣을 수 있는 상황입니까?
• 환자가 자해를 했습니까?
  자해를 했다면, 무엇으로 했습니까?
  어떤 상처입니까?
  자해한 몸 부위가 어디입니까?

BLS Red:

• 보시기에 자해할 가능성이 있습니까?
  있다면, 무엇으로요?
• 환자가 당신을 알아보고 시키는 대로 합니까?
• 묻는 말에 대답을 합니까?
• 환자가 어떤 약물이나 술을 마신 상태입니까?
• 환자가 평소처럼 행동합니까?
  아니라면, 어떤 점이 다르거나 이상합니까?

도착 전 의료안내(PAIs)

• 다른 사람을 해칠 우려가 없다면, 환자가 그 자리를 벗어나지 않도록 하십시오.
• 환자를 자극하지 마십시오.
• 지금 있는 곳이 위험하고 그 자리를 피하는데 위험이 없다면 피하십시오.
• 환자가 손에 넣을 수 있는 위험한 물건이 있습니까?
• 관련된 약은 모두 모아 두세요.

짧은 보고사항(Short Report)

• 용의자나 수상한 차량 등 출동대원들에게 현장 위험성 고지 • 성별 • 나이 • 주 호소
• 관련 증상이나 징후 • 관련이 있는 과거 질병이나 수술 • 다른 출동기관

14. 약물 과다복용/중독

출동기준(Dispatch Criteria)

Medic Response

14M1 무의식 또는 호흡 없음
14M2 호흡이 어려움
- 제대로 말을 못함(숨을 쉬려고 노력함)
- 앉은 자세나 선 자세로 앞으로 몸을 기울려 호흡함

14M3 의식상태가 떨어지고 부르거나 흔들어도 반응이 없음
14M4 환자 스스로 과다복용
14M5 부식성 물질 섭취, 삼킬 때 힘든 증상도 있음
14M6 환자 섬망(Delirium)상태로 경찰이 요청
14M7 급성으로 술이나 약물에 중독된 상태/때론 둘 모두(부르거나 깨워도 반응 없음)
14M8
14M9
14M10 술이나 약물을 하고나서 경련하거나 또는 중독이나 금단으로 인한 경련

BLS Red Response

14R1 처방전(over-the-counter)없이 살 수 있는 약을 일부러 또는 잘못알고 먹음
14R2 신고자로부터 유용한 확인 정보 없음
14R3 과다복용으로 신고 되었으나 환자 본인이 먹지 않았다고 하거나 먹었는데 그 약이나 물질이 무엇인지 확인이 안 되는 경우
14R4 화학물질(섭취, 흡입, 피부접촉), M(medic) 출동 기준에 해당하지 않음
14R5 잘 못 알고 과다 복용함
14R6 호흡곤란
14R7 급성으로 술이나 약물에 중독된 상태/때론 둘 모두(환자 반응 있음)
14R8 금단증세(환자 반응 있음)

BLS Yellow Response

14Y1
14Y2 불법 약물
14Y3 Pepper Spray 또는 전기충격기(Taser)

TRP(Telephone Referral Program)

14T1 위험물질에 노출되었지만 증상은 없음

중요사항(Vital Points)

• 가능한 환자에게 직접 물어본다.

Medic:

• 말할 수 있습니까?
• 숨쉬기가 어렵습니까?
• 환자가 당신을 알아보고 시키는 대로 합니까?
• 묻는 말에 대답을 합니까?
• 삼키기가 힘듭니까?
• 환자가 무엇을 먹었습니까?
술과 관련이 있나요? 그렇다면, 환자가 몇 살입니까?
기분을 좋게 하는 약물(recreational drugs)입니까? 그렇다면, 무엇입니까?
처방받은 약입니까? 그렇다면, 무엇을 얼마나 먹었습니까?
• 환자가 경련을 했습니까?
• 환자가 구토를 했습니까?

BLS Red:

• 환자가 약을 먹었다면 그 약은 처방받은 약입니까? 그렇다면, 얼마나 먹었습니까?
• 환자가 약물을 먹고 얼마나 지났습니까?

Short Report :

• 환자가 폭력적입니까?
• 환자가 손에 넣을 수 있는 위험한 물건이 있습니까?
• 환자가 평소처럼 행동합니까? 아니라면, 어떻게 다릅니까?

도착 전 의료안내(PAIs)

• 환자가 의식은 없지만 호흡이 정상이라면, 바로 도착 전 의료안내(PAIs)에서 의식 없음 / 호흡함(Unconscious/Breathing PAI) 설명을 찾는다.
• 환자가 반응을 보이고 누워있다면 환자 옆을 떠나지 않도록 한다.
• 현재 있는 곳이나 집이 안전하기만 하다면 그 장소에 있도록 한다.
• 환자가 먹은 약물의 용기를 확보하도록 한다.
• 환자를 화장실 같은 곳에 혼자 있도록 하면 안 됩니다.
• 아무것도 먹지 않도록 한다.
• 관련된 약은 모두 모아 두세요.

짧은 보고사항(Short Report)

• 현장 대원 감염 위험에 대한 고지 • 성별 • 나이 • 주 호소 • 관련 증상이나 징후
• 관련 과거 질병이나 수술 • 다른 출동기관

15. 임신/출산/산부인과 응급

출동기준(Dispatch Criteria)

Medic Response

15M1 무의식 또는 호흡 없음
15M2 임산부 질 출혈로 쇼크 증상 보임(실신 또는 앉거나 일어서면 실신 할 듯함)
15M3 쇽 증상: 실신 또는 앉거나 일어서면 실신 할 듯함
15M4 분만통증/자궁수축:
- 초산부(첫 출산) 2분미만으로 수축이 반복됨
- 경산부(둘째 출산) 5분미만으로 수축이 반복됨
- 이전에 분만통이 시작 된지 1시간이 안 되어 출산함

15M5
15M6 난산: 둔위태위(breech presentation)등 자궁내 태아 위치가 비정상
15M7 출산
15M8 복부에 손상, 수축있음, 임신 20주 이상
15M9 임신 20주가 넘은 임산부의 경련

BLS Red Response

15R1 질 출혈
15R2 초산부(첫 출산) 2분마다 수축이 반복됨
15R3 경산부(둘째 출산) 5분마다 수축이 반복됨
15R4 복부에 손상, 수축 없음, 임신 20주 이상
15R5
15R6 신고자로부터 유용한 확인 정보 없음

BLS Yellow Response

TRP(Telephone Referral Program)

15T1 임신 20주 미만이나 다음 증상을 동반한 월경
- 월경통 • 골반에 통증 • 점상(spotting)형태의 질 출혈

15T1 양수가 터짐, 수축은 없음

중요사항(Vital Points)

• 가능한 환자에게 직접 물어본다.

Medic:

- 출혈이 있습니까?
- 환자가 어떤 상태로 보입니까?
- 똑바로 앉으면 어떻습니까?
- 무엇이 힘든가요?
- 수축이 시작한지 얼마나 됐습니까?
- 수축이 시작되고 다음 수축이 시작될 때까지 간격이 얼마나 됩니까?
- 첫 번째 출산입니까?
- 임신 몇 주 입니까?
- 산부인과 검진을 받고 있습니까?
- 어디 다친 데가 있습니까?
- 산모가 경련을 했습니까?
- 장이 움직이는 것처럼 느껴집니까?
- 이미 아기가 나왔다면, 아기는 호흡을 합니까?

BLS Red:

- 임신기간 동안 문제는 없었습니까?

도착 전 의료안내(PAIs)

- 아기가 막 나올 것 같다고 한다면, 바로 도착 전 의료안내(PAIs)에서 출산(Childbirth PAI) 설명을 찾는다.
- 산모가 화장실을 가도록 해서는 안 된다.
- 산모는 옆으로(좌측)눕게 한다.
- 산모를 따뜻하게 해준다.
- 관련된 약은 모두 모아 둔다.
- 깨끗한 옷이나 수건 등을 준비한다.

짧은 보고사항(Short Report)

• 성별 • 나이 • 주 호소 • 관련 증상이나 징후 • 관련 과거 질병이나 수술 • 산부인과 검진 여부

16. 경련

출동기준(Dispatch Criteria)

Medic Response

16M1	경련 후에 호흡 없음
16M2	현재 경련을 5분 이상 하고 있음
16M3	다발성 경련(multiple seizures), 3시간이상
16M4	경련에 앞서 심한 두통
16M5	당뇨
16M6	임신 중, 20주 이상
16M7	술이나 약물을 하고나서 경련하거나 또는 중독이나 금단으로 인한 경련
16M8	머리에 부상을 당하고 하루가 지나지 않아 경련
16M9	

BLS Red Response

16R1	처음 경련함
16R2	과거에 경련을 했던 사람의 경련
16R3	경련, 병력은 알려지지 않음
16R4	신고자로부터 유용한 확인 정보 없음
16R5	
16R6	

BLS Yellow Response

TRP(Telephone Referral Program)

16T1	경련 전조증상(aura)

중요사항(Vital Points)

- 가능한 환자에게 직접 물어본다.

Medic:

- 경련을 한지 얼마나 됐습니까?
- 아직 경련을 하고 있습니까?
- 전에도 경련을 한 적이 있습니까?
- 당뇨환자 입니까?
- 환자가 여성이라면, 임신 중입니까? 임신 중이라면, 몇 주입니까?
- 환자가 약물, 기분을 좋게 하는 약물(recreational drugs)이나 음주를 자주 하던 사람입니까?
- 최근에 머리를 다친 적이 있습니까? 다친 적이 있다면, 언제입니까?
- 경련이 끝나면 환자가 호흡은 어떻게 하는지 꼭 반복해서 평가하십시오!

Short Report :

- 환자 몸에 질병알림표(Medic Alert tag)가 있습니까?

도착 전 의료안내(PAIs)

- 환자가 의식이 없고 호흡이 없다면, 바로 도착 전 의료안내(PAIs)에서 그 환자 나이에 해당하는 CPR 설명을 찾는다.
- 환자가 의식은 없지만 호흡이 정상이라면, 바로 도착 전 의료안내(PAIs)에서 의식 없음 / 호흡함(Unconscious/Breathing PAI) 설명을 찾는다.
- 환자 주위에 위험한 물건이 없도록 한다.
- 환자 몸을 억압하지 않는다.
- 환자에게 아무 것도 먹이지 않는다.
- 경련이 끝나면 호흡을 평가한다.
- 환자를 옆으로 해서 누인다.
- 만약 경련환자가 어린이라면, 체온이 떨어지도록 옷을 벗겨준다.
- 관련된 약은 모두 모아 두세요.

도착 전 의료안내(PAIs)

• 성별 • 나이 • 주 호소 • 관련 증상이나 징후 • 관련 과거 질병이나 수술 • 다른 출동기관

17. 질병(원인 모름)/기타

출동기준(Dispatch Criteria)

Medic Response

17M1 무의식 또는 호흡 없음
17M2 의식상태가 떨어지고 부르거나 흔들어도 반응이 없음
17M3
17M4
17M5 속 증상: 실신 또는 앉거나 일어서면 실신 할 듯함

BLS Red Response

17R1 현기증이나 어지럼증
17R2 전신쇠약/딱히 어디라고 말하기 어려운 통증(unspecified pain)
17R3 신고자로부터 유용한 확인 정보 없음
17R4 환자보호회사(Medical alarm company)로부터 연락, 응급상황발생
17R5
17R6
17R7

BLS Yellow Response

17Y1
17Y2
17Y3
17Y4 환자 보조(patient assist)
17Y5 경찰 출동 요청 전화
17Y6 질병인식표, 비 응급질병으로 확인되거나 정보 없음

TRP(Telephone Referral Program)

17T1 다음과 같은 인플루엔지 증상
• 메스꺼움 • 구토 • 오한 • 목이 부음 • 기침 • 두통
17T2 특정한 증상이 없는데도 혈압이 높음
17T3 체온/열
17T4 **기타**

중요사항(Vital Points)

• 가능한 환자에게 직접 물어본다.

Medic:

• 똑바로 앉으면 어떻습니까? (환자를 똑바로 앉히면 어떻습니까?)
• 환자가 어떤 상태로 보입니까?
• 무엇을 하고 있습니까?
• 무엇이 불편한가요?
• 환자가 당신을 알아보고 시키는 대로 합니까?
• 묻는 말에 대답을 합니까?
• 환자가 평소처럼 행동합니까? 아니라면, 어떻게 다릅니까?
• 어디가 불편합니까? 어디입니까?

출동대원 보호와 정보 제공을 위해 호흡성 감염 질환에 대한 검색 필요
도착 전 의료안내(PAIs) 사항 참고

Short Report :

• 환자가 가족이 아니라면?
질병알림표가 있는지 찾아보았습니까?
혹시 냉장고 안에 인슐린이 있는지 확인하셨습니까?

도착 전 의료안내(PAIs)

• 환자를 따뜻하게 해주십시오.
• 편안하게 있도록 하십시오.
• 환자와 관련 있는 약은 모두 모아 두세요.

*호흡기계 감염 감시

* 환자가 열이 있습니까? 아직 모른다면, 환자를 만져보십시오. 뜨겁습니까?
* 환자가 기침을 합니까? 그렇다면, 기침한지 얼마나 되었습니까?
* 최근에 외국에 다녀오신 적이 있습니까?
* 몸에 발진(rash)이 났습니까?

주의 :

기침 또는 발진과 함께 환자에게 열이 있다면, 호흡기계 감염방지와 개인 보호 장비를 착용토록 한다.

짧은 보고사항(Short Report)

• 성별 • 나이 • 주 호소* 호흡기계 감염 방지 / 필요시 개인 보호 장비 착용 권고
• 관련 증상이나 징후 • 관련이 있는 과거 질병이나 수술 • 다른 출동기관

18. 뇌졸중(뇌혈관질환)

출동기준(Dispatch Criteria)

Medic Response

18M1 무의식 또는 호흡 없음
18M2 아래 증상과 함께 갑자기 시작된 심한 두통
- 말이 어눌해짐 • 물체가 잘 안보이거나 두 개로 보임
- 몸에 힘이 빠지고 마비가 옴 • 구토

18M3 의식상태가 떨어지고 부르거나 흔들어도 반응이 없음
18M4
18M5
18M6

BLS Red Response

18R1 한쪽에 힘이 빠짐, 마비
18R2 약해짐/무감각/저림 또는 서거나 걷지 못함
18R3 당뇨
18R4 호흡곤란
18R5 신고자로부터 유용한 확인 정보 없음
18R6 인지능력이 떨어짐, 알아듣기 힘든 말 또는 말을 제대로 못함

BLS Yellow Response

TRP(Telephone Referral Program)

중요사항(Vital Points)

- 가능한 환자에게 직접 물어본다.

Medic:

- 증상이 언제 시작됐습니까?
- 환자의 정상적인 모습을 마지막으로 본 게 언제입니까?
  증상이 시작 된지 6시간미만이라면,
  출동대원들에게 바로 뇌졸중 치료지침을 따르도록 한다.
- 환자가 반응을 보입니까?
- 부르는 말에 반응을 보입니까?(묻는 말에 대답을 하거나 시키는 대로 합니까?)
- 환자를 깨우려고 할 때 반응이 있습니까?
- 환자가 평소와 다르다면 어떤 점이 다릅니까?
- 환자가 두통을 호소했었나요?
- 환자의 말이 어눌해졌나요?
- 환자가 숨을 쉬는데 힘들어 합니까?
- 환자가 당뇨가 있습니까?

BLS Red:

- 환자가 어떤 상태로 보입니까?

Short Report :

- 환자가 어떤 질병을 가지고 있거나 수술한 적이 있습니까?

도착 전 의료안내(PAIs)

- 환자를 안정시키십시오.
- 편한 자세로 있도록 하십시오.
- 아무것도 먹이지 마십시오.
- 환자와 관련 있는 약은 모두 모아 두세요.
- 혈당측정기가 있고 신고자나 보호자가 혈당측정을 할 수 있다면 환자의 혈당을 측정하게한다.
  구급대원이 현장에 도착하면 그 결과를 알려주십시오.

짧은 보고사항(Short Report)

- 성별 • 나이 • 주 호소 • 빠른 이송이 필요한 뇌졸중 지침에 해당하는 환자
- 관련 증상이나 징후(증상 시작이 아직 6시간이 안 되었을 때 해당함)
- 관련이 있는 과거 질병이나 수술 • 다른 출동기관

19. 의식없음/반응없음/실신

출동기준(Dispatch Criteria)

Medic Response

19M1 **확인된** 무의식
19M2 의식상태가 떨어지고 부르거나 흔들어도 반응이 없음
19M3
19M4 급성으로 술이나 약물에 중독된 상태/때론 둘 모두(부르거나 깨워도 반응 없음)
19M5 호흡이 어려움
- 제대로 말을 못함(숨을 쉬려고 노력함)
- 앉은 자세나 선 자세로 앞으로 몸을 기울려 호흡함

19M6 쇽 증상: 실신 또는 앉거나 일어서면 실신 할 듯함
19M7
19M8 흉통/흉부불편/심계항진과 관련 있는 실신, 나이는 40세 이상
19M9

BLS Red Response

19R1 **아직 확인되지 않은** 무의식
19R2 실신을 여러 번 반복함(같은 날에)
19R3 신고자로부터 유용한 확인 정보 없음
19R4 한 번의 실신
19R5 급성으로 술이나 약물에 중독된 상태/때론 둘 모두(환자 반응 있음)
19R6 두통을 동반한 실신
19R7 현기증이나 어지럼증
19R8

BLS Yellow Response

19Y1 운전대위에 쓰러져있음 - 경찰 출동 요청
19Y2

TRP(Telephone Referral Program)

19T1
19T2

중요사항(Vital Points)

- 가능한 환자에게 직접 물어본다.

Medic:

- 환자가 반응을 보입니까?
- 부르는 말에 반응을 보입니까?(묻는 말에 대답을 합니까?)
- 환자를 깨우려고 할 때 반응이 있습니까?
- 환자가 정신을 잃은 게 오늘 처음입니까?
- 환자가 정신을 잃기 전에 무엇을 하고 있었습니까?
- 환자가 정신을 잃기 전에 뭐 불편하다고 호소한 점이 있었습니까?
- 환자가 약물, 기분을 좋게 하는 약물(recreational drugs)이나 음주를 자주 하던 사람입니까?
- 환자가 숨을 쉬는데 힘들어 합니까?
- 환자가 말은 정상적으로 합니까?
- 똑바로 앉으면 어떻습니까? (환자를 똑바로 앉히면 어떻습니까?)
- 심장이 빨리 뛰는 심계항진이 느껴지십니까?
- 어디가 불편합니까? 어디입니까?

Short Report :

- 환자가 어떤 질병을 가지고 있거나 수술한 적이 있습니까?
- 환자 몸에 질병알림표(Medic Alert tag)가 있습니까?

도착 전 의료안내(PAIs)

- 환자가 의식이 없고 호흡이 없다면, 바로 도착 전 의료지도(PAIs)에서 그 환자 나이에 해당하는 CPR 설명을 찾는다.
- 환자가 의식은 없지만 호흡이 정상이라면, 바로 도착 전 의료지도(PAIs)에서 의식 없음 / 호흡함(Unconscious/Breathing PAI) 설명을 찾는다.
- 환자가 의식이 있다면 환자를 똑바로 눕힌다.
- 환자가 구토를 한다면 옆으로 눕힌다.
- 환자를 혼자 놔두지 않는다.
  혹시 심폐소생술(CPR)이 필요할지 모르니 이에 대한 준비를 한다.
- 가능하다면 환자와 관련된 약을 모두 모아둔다.

짧은 보고사항(Short Report)

• 성별 • 나이 • 주 호소 • 관련 증상이나 징후 • 관련이 있는 과거 질병이 나 수술 • 다른 출동기관

20. 소아응급

출동기준(Dispatch Criteria)

Medic Response

20M1 무의식/무반응 : 무기력하거나 축 처짐, 또는 깨워도 잘 일어나지 않거나 안 깨남
20M2 깨어남. 안색이 좋지 않음 : 입술이 파랗고 피부가 얼룩덜룩하거나 회색
20M3 호흡이 어려움
- 제대로 말을 못함(숨을 쉬려고 노력함)
- 앉은 자세나 선 자세로 앞으로 몸을 기울려 호흡함

20M4 경련: • 시간당 3번 이상의 다발성 경련
- 경련이 오래감. 현재 경련을 하고 있음. 5분 이상

20M5 약물 과다복용, 먹고 30분이 지나지 않음
20M6 삼키기 어려운 증상이 동반된 부식성 물질을 먹음.
20M7 생명을 위협하는 선천성 결함이나 이상
20M8 다음 증상과 함께 빠른 증상 발현(10시간 이내)을 보이는 질병이나 감염
- 갑자기 의식상태가 나빠짐 • 무기력하거나 축 처짐 또는 움직이지 않음
- 잘 삼키지 못하고 침을 흘림

BLS Red Response

20R1 호흡곤란
20R2 한 번 또는 여러 번의 경련, 다음과 같은 이유로 인한 경련이 멈춤
- 처음으로 한 경련 • 예전에도 경련한 적이 있음 • 열이 있음

20R3 약물 과다복용 : • 확인이 안 됨 • 먹고 30분 이내
20R4 부식성 물질 : • 확인이 안 됨 • 삼키기가 어렵지 않음
20R5 선천적으로 건강에 이상이 있고 아래와 같은 상황에 놓임
- 몸이 좋지 않음 • 특별한 증상은 없음 • 신고자가 환자 평가를 요청함

BLS Yellow Response

20Y1 기도폐쇄가 확인됨 - 이물질이 튀어나오고 기도에 문제없음. 다른 증상도 없음
20Y2

TRP(Telephone Referral Program)

20T1 경미한 피부 발진
20T2 귀에 통증/치아(젖니 발생)
20T3 체온, 열, 경미한 감기증상

중요사항(Vital Points)

• 가능한 환자 옆에 있는 사람에게 직접 물어본다.

Medic:

- 아이가 반응을 보입니까?
- 아이가 어때 보입니까?
- 아이 피부색깔은 어떻습니까?
- 아이가 숨을 쉬는데 힘들어 합니까?
- 아이가 뭐를 먹고 있었습니까? 아니면 아이가 입에 뭔가를 넣고 있었습니까?
- 아이가 경련을 했습니까?
- 아이가 아팠습니까?
  예라면, 그 증상이 갑자기 시작되는 병입니까?
  예라면, 얼마나 됐습니까?
- 열이 있거나 몸이 뜨겁습니까?
- 아이가 침을 흘리거나 삼킬 때 힘들어 했습니까?

BLS Red:

- 어떤 병이 있거나 선천성 질환이 있는 아이입니까?

Note :

신고자가 의심스럽다거나 아동 학대는 아닌지 생각해 보고, 이전에 무슨 일이 있었는지 확인해 보십시오! 다쳤다는 손상기전과 아이의 부상이나 상태가 맞지 않다면 경찰에 도움을 요청할 필요가 있습니다.

도착 전 의료안내(PAIs)

- 환자가 의식이 없고 호흡이 정상이 아니라면, 바로 도착 전 의료안내(PAIs)에서 그 환자 나이에 해당하는 CPR 설명을 찾는다.
- 아이를 안정시키십시오.
- 아무것도 먹이지 마십시오.
- 아이가 열이 있는데 경련(열성경련)을 한다면 체온이 떨어지도록 옷을 벗기십시오.

짧은 보고사항(Short Report)

• 성별 • 나이 • 주 호소 • 관련 증상이나 징후 • 관련이 있는 과거 질병이 나 수술 • 다른 출동기관

21. 폭행/외상

출동기준(Dispatch Criteria)

Medic Response

21M1 무의식/호흡 없음 확인

21M2 **머리를 다치고 나서**
- 의식상태가 떨어지고 부르거나 흔들어도 반응이 없음
- 지남력이 떨어지거나 공격적으로 변함
- 경련

21M3 총상, 칼로 인한 손상, 짓이김 손상 또는 관통상

21M4 지혈이 안 되는 출혈

21M5 호흡이 어려움
- 제대로 말을 못함(숨을 쉬려고 노력함)
- 앉은 자세나 선 자세로 앞으로 몸을 기울려 호흡함

BLS Red Response

21R1

21R2

21R3 경미한 손상

21R4 팔 다리 골절

21R5 외상 후, 한 번 실신함

21R6 신고자로부터 유용한 확인 정보 없음

21R7 지혈이 가능한 큰 열상

21R8 호흡곤란

21R9 가벼운 머리/목/어깨 부상

BLS Yellow Response

21Y1

21Y2

21Y3

21Y4 경찰대기(손상 정도를 확인 요청함)

21Y5 성폭행

21Y6 Pepper Spray 또는 전기충격기(Taser)

21Y7

TRP(Telephone Referral Program)

21T1 이전에 입었던 경미한 손상

21T2 눈에 띄는 부상 부위 없지만 걱정됨

21T3 최근에 받은 외과 치료와 관련된 통증

21T4 특정 한 부위에 국한된 골절이나 탈구(손가락/발가락)

21T5 지혈되는 작은 열상

중요사항(Vital Points)

- 가능한 환자에게 직접 물어본다.

Medic:

- 용의자가 근처에 있습니까? **있다면**, 어떤 상황인지 말씀해주십시오?
- 지금 계신 곳이 안전합니까?
- 무슨 일이 있었는지 말씀해주십시오?
- 말할 수 있습니까?
- 숨쉬기가 어렵습니까?
- 환자가 당신을 알아보고 시키는 대로 합니까?
- 묻는 말에 대답을 합니까?
- 환자가 공격적입니까?(자꾸 싸우려고 합니까?)
- 환자가 경련을 하고 있습니까?
- 환자가 무엇으로 폭행을 당했습니까?
- 몸 어디를 다쳤습니까?
- 환자에게 출혈이 있습니까?
  출혈이 있다면: 출혈량은 얼마나 됩니까? 얼마동안 피를 흘렸습니까?
  압박으로 지혈이 가능합니까?
- 최근에 머리를 다친 적이 있습니까?
  그렇다면: 언제입니까?

Short Report : (신고접수자/상황실직원)

- 경찰에는 알렸습니까?
- 용의자가 아직 현장에 있다면 출동 중인 응급구조사나 소방대원에게 용의자의 인상착의나 타고 있는 차량에 대한 정보 제공을 고려하십시오.

도착 전 의료안내(PAIs)

- 몸에 박힌 물체는 빼거나 만지지 마십시오.
- 만약 외부 출혈이 있다면 깨끗한 천으로 출혈 부위를 꼭 누르십시오.
  절대로 떼지 마시고 천에 피가 배어 나오면 천위에 다른 천을 대고 누르십시오.
- 환자를 똑바로 눕히고 흥분하지 말고 가만히 있도록 하십시오.
- 환자를 따뜻하게 해주십시오.
- 범죄 현장은 치우지 말고 그대로 두고 범인이 사용한 흉기나 무기도 손대지 마십시오.
- 증거를 보존하십시오.
- 환자는 옷을 갈아입거나 목욕, 샤워를 하지 않는 것이 좋습니다.
- 현장이 안전하기만 하다면, 증인은 현장에 남아있도록 합니다.

짧은 보고사항(Short Report)

- **출동 대원에게 현장의 위험성 고지** • 성별 • 나이 • 주 호소 • 관련 증상이나 징후
- 관련 과거 질병이나 수술 • 다른 출동기관

22. 화상-열/전기/화학

출동기준(Dispatch Criteria)

Medic Response

22M1 무의식/호흡 없음

22M2

22M3 호흡이 어려움
- 제대로 말을 못함(숨을 쉬려고 노력함)
- 앉은 자세나 선 자세로 앞으로 몸을 기울려 호흡함

22M4 기도, 코, 입, 목에 화상 : (다음 중 한 가지 증상 동반)
- 쉰 목소리 • 말하기가 어려움 • 삼키기가 어려움

22M5

22M6 얼굴, 목, 가슴 또는 등에 물집이 생기거나 피부가 벗겨지는 화상

22M7 전선이나 전기 패널 박스로 인한 220볼트 이상의 전기화상

22M8

BLS Red Response

22R1 뜨거운 액체로 인한 화상

22R2 배터리 폭발

22R3

22R4 몸 일부에 경미한 화상

22R5 눈에 입은 화학 화상

22R6 신고자로부터 유용한 확인 정보 없음

22R7 호흡곤란

22R8 손, 발 또는 생식기 화상

BLS Yellow Response

22Y1 Pepper Spray 또는 전기충격기(Taser)

22Y2 가정용 전기 제품에 감전, 증상 없음

TRP(Telephone Referral Program)

22T1 성냥이나 담뱃불로 인한 작은 화상

22T2 냉동상(Freezer burns)

22T3 햇빛으로 인한 심한 화상

중요사항(Vital Points)

- 가능한 환자에게 직접 물어본다.

Medic:

- 화상부위가 어디입니까?
- 화상 범위는 얼마나 됩니까? 물집이 생겼습니까? 피부가 벗겨집니까?
- 말할 수 있습니까?
- 숨쉬기가 어렵습니까?
- 환자가 당신을 알아보고 시키는 대로 합니까?
- 뭔가를 삼키기가 힘듭니까?
- 머리나 얼굴에 화상을 입었다면 :
  - 환자가 기침을 합니까?
  - 환자의 코털이 불에 탔습니까?
  - 입이나 코 주위에 화상을 입었습니까?
  - 환자가 남성이라면 콧수염이 불에 탔습니까?
  - 어떻게 감전을 당했습니까?

BLS Red:

- 집에서 감전됐다면 그 전원은 무엇입니까?
- 환자가 지금도 그 전원에 접촉되어 있습니까?
- 감전 말고 다른 손상도 입었습니까?

도착 전 의료안내(PAIs)

- 환자가 의식이 없고 호흡이 정상이 아니라면, 바로 도착 전 의료안내(PAIs)에서 그 환자 나이에 해당하는 CPR 설명을 찾는다.
- 환자가 의식은 없지만 호흡이 정상이라면, 바로 도착 전 의료안내(PAIs)에서 외상환자 의식 없음 / 호흡함 (Unconscious/Breathing Trauma PAI) 설명을 찾는다.

열화상(열, 연기흡입, 뜨거운 물질)

- 깨끗한 천이나 이불로 환자를 살짝 덮어 열 손실을 방지한다.
- 뜨거운 열원으로부터 환자를 떼어 놓는다.
- 연소중인 물질(뜨거운 기름, 플라스틱, 타르 등)이 아직도 몸에 붙어있다면 얼음 말고 차갑고 깨끗한 물을 그 부위에 흘려 적시도록 한다.

전기화상(감전, 낙뢰피해)

- 안전하다면 전기를 끈다.

화학물질로 인한 화상

- 오염된 의복은 가능한 벗도록 한다.
- 화상을 입은 부위와 눈을 흘러내리는 물로 씻는다. 콘택트렌즈는 제거한다.
- 화학물질이 분말형태라면 하나도 남김없이 털어버리고 물로 씻어낸다.
- 화학물질(산/알칼리 등)에 대한 정보를 관련 기관이나 인터넷을 통해 파악한다.

짧은 보고사항(Short Report)

- **출동 대원에게 현장의 위험성 고지** • 성별 • 나이 • 주 호소 • 관련 증상이나 징후
- 관련 과거 질병이나 수술 • 다른 출동기관

23. 익사/익수/다이빙 또는 물과 관련된 손상

출동기준(Dispatch Criteria)

Medic Response

23M1 무의식/호흡 없음

23M2 호흡이 어려움
- 제대로 말을 못함(숨을 쉬려고 노력함)
- 앉은 자세나 선 자세로 앞으로 몸을 기울려 호흡함

23M3

23M4 스쿠버 다이빙 사고

BLS Red Response

23R1 물에 빠짐(가라앉음), 환자 의식 있음

23R2 환자 기침함

23R3 다른 손상 : 목/등

23R4 신고자로부터 유용한 확인 정보 없음

23R5 호흡곤란

23R6 물과 관련된 경미한 손상을 입었지만 물에 가라앉지는 않음
- 사지 골절
- 지혈되는 큰 열상

BLS Yellow Response

23Y1

TRP(Telephone Referral Program)

23T1 물과 관련된 경미한 손상을 입었지만 물에 가라앉지는 않음
- 특정 한 부위에 국한된 골절이나 탈구(손가락/발가락)
- 지혈되는 작은 열상

중요사항(Vital Points)

• 가능한 환자에게 직접 물어본다.

Medic:

- 환자가 아직 물에 있습니까? 아니면 물 밖으로 나왔습니까?
- 말할 수 있습니까?
- 숨쉬기가 어렵습니까?
- 스쿠버 다이빙 사고입니까?

BLS Red:

- 환자가 물에 빠진 시간이 얼마나 됩니까?
- 환자를 물속에서 구조했습니까?
- 환자가 무엇을 하던 중에 이 사고가 났습니까?

Short Report :

- 환자가 물 밖에 있습니까?
- 환자가 땅에 올라와 있습니까? 아니면 보트에 있습니까?

도착 전 의료안내(PAIs)

- 환자가 의식이 없고 호흡이 정상이 아니라면, 바로 도착 전 의료안내(PAIs)에서 환기와 함께 그 환자 나이에 해당하는 CPR 설명을 찾는다.
- 환자가 의식은 없지만 호흡이 정상이라면, 바로 도착 전 의료안내(PAIs)에서 외상환자 의식 없음 / 호흡함 (Unconscious/Breathing Trauma PAI) 설명을 찾는다.
- 주위에 구명조끼나 물에 뜰만한 것 들이 있다면 익수자에게 던져준다.
- 환자를 따뜻하게 해서 체온 손실을 방지한다.
- 환자의 움직임을 최소화해서 환자의 머리와 목을 보호한다.
- 환자가 구토를 하면 몸을 옆으로 돌려준다(log roll).

짧은 보고사항(Short Report)

• 성별 • 나이 • 주 호소 • 관련 증상이나 징후 • 다른 출동기관

24. 추락/사고/통증

출동기준(Dispatch Criteria)

Medic Response

24M1 무의식 또는 호흡 없음
24M2 의식상태가 떨어지고 부르거나 흔들어도 반응이 없음
24M3 호흡이 어려움
- 제대로 말을 못함(숨을 쉬려고 노력함)
- 앉은 자세나 선 자세로 앞으로 몸을 기울려 호흡함

24M4 쇽 증상을 보이는 외상: 실신 또는 앉거나 일어서면 실신 할 듯함
24M5 추락(3M 이상), 환자는 여전히 쓰러져 있음
24M6 좌측과 우측의 대퇴부 골절
24M7 절단/손가락이나 발가락 위가 어딘가에 낌
24M8 마비증상이 발생한 외상
24M9 지혈이 안 되는 동맥 출혈

BLS Red Response

24R1 실신
24R2 다음 증상과 관련이 있거나 또는 증상을 보인 다음 쓰러짐
- 가슴통증이나 답답함 • 어지럼증 • 투통 • 당뇨환자

24R3 절단/손가락이나 발가락이 어딘가에 낌
24R4 머리/목/어깨에 경미한 손상
24R5 눈에 띄는 손상 없이 어딘가에 갇혀버린 환자
24R6 지혈되는 큰 열상
24R7 • 사지 골절 • 한 쪽의 대퇴부골절 • 골반 골절이나 탈구
24R8 신고자로부터 유용한 확인 정보 없음
24R9 호흡곤란

BLS Yellow Response

24Y1
24Y2 환자 보조(patient assist)
24Y3
24Y4 골반에 통증이 있지만 보행 가능

TRP(Telephone Referral Program)

24T1 지혈이 되는 작은 열상, 멍이나 타박상
24T2 사고와 관련, 호소하는 증상 없음
24T3 목/등/어깨 통증
24T4 손가락이나 발가락 골절 또는 탈구

중요사항(Vital Points)

- 가능한 환자에게 직접 물어본다.

Medic:

- 말하는데 어려움은 없습니까?
- 숨쉬기가 어렵습니까?
- 환자가 당신을 알아보고 시키는 대로 합니까?
- 묻는 말에 대답을 합니까?
- 환자가 공격적인가요?
- 몇 미터 높이에서 떨어졌습니까?
- 떨어진 바닥은 무엇입니까?
- 절단부위는 어디입니까?
- 지금 절단 부위를 갖고 있습니까?
- 손가락이나 발가락을 움직일 수 있습니까?
- 출혈이 있습니까? 피가 난다면, 어디에서 나고 있습니까?

BLS Red:

- 눈에 띄는 손상이 있습니까?
- 환자가 치료 받고 있는 질병이 있거나 추락하기 직전에 호소하는 증상이 있었습니까?
- 사고로 다쳤다면 어디를 다쳤습니까?

도착 전 의료안내(PAIs)

- 환자가 의식은 없지만 호흡이 정상이라면, 바로 도착 전 의료안내(PAIs)에서 외상환자 의식 없음 / 호흡함(Unconscious/Breathing Trauma PAI) 설명을 찾는다.
- 만약 기계와 관련된 사고라면, 작동을 멈춘다. (그 기계 전문가를 현장으로 부른다)
- 그대로 있는 것이 안전하기만 하다면, 환자를 옮기지 않는다.
- 환자를 담요로 덮어주고 침착성을 잃지 않도록 한다.
- 환자가 아무것도 먹지 않도록 한다.
- 만약 외부 출혈이 있다면 깨끗한 천으로 출혈 부위를 꼭 누르십시오.
  절대로 떼지 마시고 천에 피가 배어 나오면 천위에 다른 천을 대고 누르십시오.
- 가능한 사고 목격자를 현장에 남아있게 한다.

짧은 보고사항(Short Report)

- 출동 대원에게 현장의 위험성 고지 • 성별 • 나이 • 주 호소 • 관련 증상이나 징후
- 관련 과거 질병이나 수술 • 다른 출동기관

25. 교통사고

출동기준(Dispatch Criteria)	
	Medic Response
25M1	무의식 또는 호흡 없음
25M2	의식상태가 떨어지고 부르거나 흔들어도 반응이 없음
25M3	호흡이 어려움 • 제대로 말을 못함(숨을 쉬려고 노력함) • 앉은 자세나 선 자세로 앞으로 몸을 기울려 호흡함
25M4	시속 40마일(약 64km/H)이상의 속도로 발생한 다음과 같은 사고 • 차량과 고정된 구조물 • 차량 대 차량 (정면출동 또는 측면충돌) • 차와 오토바이 • 차량 전복사고, 사람이 안에 갇혀있음
25M5	
25M6	쇽 증상을 보이는 외상: 실신 또는 앉거나 일어서면 실신 할 듯함
25M7	운전자나 동승자가 튕겨져 나감
25M8	차 대 보행자/자전거 - 환자가 아직 쓰러져 있음
	BLS Red Response
25R1	사고로 다침 • 차량속도는 40마일(약 64km/H)미만 • 차량속도는 40마일(약 64km/H)이상이지만, Medic 출동 기준에 해당되지 않음 • 부상 정도가 파악 안 됨
25R2	차량이 전복되었고 차량속도는 40마일(약 64km/H)미만
25R3	신고자로부터 유용한 확인 정보 없음
25R4	사람이 안에 갇혀있고 차량속도는 40마일(약 64km/H)미만
25R5	차 대 보행자/자전거 - 가벼운 부상
	BLS Yellow Response
25Y1	
25Y2	현장에 출동한 경찰 또는 소방관이 환자 평가를 위해 구급대 출동 요청

중요사항(Vital Points)

• 가능한 환자에게 직접 물어본다.

Medic:

• 사고가 난 차량의 속도는 얼마나 됐습니까?
• 차와 무엇이 부딪쳤습니까?
• 신고자(목격자)께서는 지금 사고 현장에 계십니까? 아니면 사고 현장을 떠나셨습니까?
• 다친 사람이 몇 사람입니까?
• 환자가 반응이 있습니까? 시키는 대로 합니까?
• 환자가 호흡을 힘들어 하지는 않습니까?
• 사고 차량 안에 있던 사람들이 모두 밖으로 나왔습니까?
  부상 때문에 밖으로 나오지 못하고 차에 갇혀있는 사람은 없습니까?
• 차 밖으로 튕겨진 나온 사람은 없습니까?

BLS Red:

• 환자가 지금 불편하다고(아프다고) 호소하는 문제가 있습니까?

Short Report :

• 현장에 위험 요소가 있습니까? (차량에 화재, 강에 빠져 있음, 바닥에 전선 등)

도착 전 의료안내(PAIs)

• 그대로 있는 것이 안전하기만 하다면, 환자의 머리와 목 보호를 위해 환자를 옮기지 않는다.
• 만약 외부 출혈이 있다면 깨끗한 천으로 출혈 부위를 꼭 누르십시오.
  절대로 떼지 마시고 천에 피가 배어 나오면 천위에 다른 천을 대고 누르십시오.
• 현장이 안전하다면, 가능한 사고 목격자를 현장에 남아있게 한다.

짧은 보고사항(Short Report)

• **출동 대원에게 현장의 위험성 고지** • 성별 • 나이 • 주 호소 • 관련 증상이나 징후
• 관련 과거 질병이나 수술 • 다른 출동기관

26. 동물에 물림(Animal Bites)

출동기준(Dispatch Criteria)

Medic Response

26M1 무의식 또는 호흡 없음
26M2 지혈이 안 되는 출혈
26M3 호흡이 어려움
- 제대로 말을 못함(숨을 쉬려고 노력함)
- 앉은 자세나 선 자세로 앞으로 몸을 기울려 호흡함

26M4 얼굴이나 목을 심하게 물림
- 기도 확보가 잘 안됨(Airway compromised)
- 의식상태가 떨어짐
- 상처가 지혈이 안 됨

26M5 독이 있는 동물에 물림
26M6 쇽 증상을 보이는 외상: 실신 또는 앉거나 일어서면 실신 할 듯함

BLS Red Response

26R1 얼굴이나 목을 물렸고 상처는 지혈이 됨
26R2 신고자로부터 유용한 확인 정보 없음
26R3 호흡곤란

BLS Yellow Response

TRP(Telephone Referral Program)

26T1 물린 부위에 부종
26T2 독이 없는 동물에 목 아래를 물렸고 상처는 지혈이 됨

중요사항(Vital Points)

• 가능한 환자에게 직접 물어본다.

Medic:

- 말하는데 어려움은 없습니까?
- 호흡할 때 힘듭니까?
- 어디를 물렸습니까?
- 출혈이 있습니까?
- 상처부위를 꼭 누르면 지혈이 됩니까?
- 어떤 동물에 물렸습니까?
- 지금 어떻습니까(환자가 어때 보입니까)?
- 앉으면 어떻습니까?

TRP :

- 물린 부위가 부었습니까?

Short Report :

- 문 동물을 가둬 두었습니까?
- 구조대나 동물구조단에 연락했습니까?
- 동물의 이름을 모르면 어떻게 생겼는지 설명해 주십시오.

중요사항(Vital Points)

- 동물을 가둬두십시오. 그렇게 하는 것이 위험하다면 하지 마십시오.
- 환자를 안정시키고 움직이지 않도록 하십시오.
- 만약 외부 출혈이 있다면 깨끗한 천으로 출혈 부위를 꼭 누르십시오.
  절대로 떼지 마시고 천에 피가 배어 나오면 천위에 다른 천을 대고 누르십시오.
- 현장이 안전하다면, 가능한 사고 목격자를 현장에 남아있게 한다.

짧은 보고사항(Short Report)

• 출동 대원에게 현장의 위험성 고지 • 성별 • 나이 • 주 호소 • 관련 증상이나 징후
• 관련 과거 질병이나 수술 • 다른 출동기관(구조대나 동물구조단)

04장

MPDS 이해하기

Ⅰ. MPDS의 탄생과 발전

우선출동체계(MPDS-medical priority dispatch system)는 1977년 Dr. Jeff Clawson이 개발하여 1978년 미 유타주 솔트레이크시 소방서에서 처음 사용한 구급차 출동 지시 시스템이다. MPDS는 정확한 응급처치(구급차)를 정확한 시간에, 정확한 방법으로, 정확한 장소에 보내는 것을 목적으로 고안한 프로그램으로 처음에는 카드를 묶은 책자 형태로 사용하였다.

카드로 된 MPDS출동 지시 프로토콜

최근에는 컴퓨터 소프트웨어 프로그램(Pro-QA)으로 개발하여 사용하고 있다. 그동안 18번 개정되었고 2008년 MPDS 12.0 버젼이 출시되었다. 여기에는 핵심질문(Key Question), 도착 전 안내, 환자평가에 따른 행동지침 혹은 출동 차량 결정 등이 포함되어 있다. MPDS는 현재 24개국(영국, 아일랜드, 독일, 이태리, 뉴질랜드, 아제르바이잔, 오스트레일리아 등) 3,000여 이상의 상황실에서 운영하고 있는 구급차 출동 시스템이다[1].

우선출동 시스템의 하나인 MPDS는 가시방석에 앉은 EMD가 응급상황이라는 여러 개의 공을 공중에 돌리면서 하나도 떨어뜨리지 않고 빈틈으로 새지 않도록 해주는 뼈대의 역할을 수행한다. 그리고 이런 MPDS를 움직이는 열쇠가 있는데, 바로 EMD가 업무에 참고하는 지침서(Protocols)이다. 지침서는 미리 정해진 문장형태로 되어 있어 EMD에게 그 변경의 여지를 주지 않는 것 같지만, 사실 응급처치 절차만큼 살아있는 과정으로서 EMD가 그 역량을 발휘할 수 있는 공간이 충분히 주어져있다. 지침서를 EMD 개인의 임의적인 판단대로 적용하는 것도 문제지만, 기계적인 적용 역시 MPDS 시스템의 숨통을 조이는 행위이다.

II. MPDS의 핵심 구성 요소

1. 길잡이 질문(Case Entry Protocol)
2. 출동대상 범주(35개의 주 증상)
3. 해당 범주(주 증상)의 핵심질문(Key Questions)
4. 해당 범주(주 증상)의 중증도 결정 세부 사항(Determinants)과 이에 따른 중증도 코드(Determinant Codes)
5. 중증도에 따른 구급차 반응체계(response configurations)
6. 응급상황관리자에 의한 응급처치 안내 : 출동 지시 후 안내와 도착 전 안내
7. 길잡이 질문(Case Entry Protocol)의 구성

   길잡이 질문이란 모든 구급 신고를 해결하는 과정의 출발점이자 문제 해결의 첫 열쇠라 하겠다.

   1) 길잡이 질문의 주요 구성요소
      - 환자가 발생한 위치 확인
      - 신고자의 전화번호 확인
      - 환자의 주 증상 확인
      - 환자 나이 확인
      - 환자의 의식 상태 확인
      - 환자의 호흡 유무 확인
   2) 길잡이 질문의 주요 기능
      - 첫째, 상황이 발생한 장소와 도움 요청자의 전화번호를 가장 먼저 확인함으로써 갑자기 발생할 수 있는 연락 두절에 대비한다.
      - 둘째, 주 증상을 묻는 질문을 통해 각각의 도움요청에 해당되는 출동대상 범주(주 증상)을 결정한다.
      - 셋째, 환자의 치료에 있어 환자의 생체 징후와 같은 역할을 하는 환자의 주 증상과 나이, 의식상태, 호흡이라는 4가지 질문(Four Commandments)을 통해 촌각을 다투는 응급상황(호흡정지나 심정지)에 해당할 경우에는 구급차를 ECHO 출동시켜 신속하게 대응할 수 있도록 한다.

III. MPDS의 출동대상범주

MPDS는 출동대상을 주 증상에 따라 35개의 범주로 분류하고 있다.

MPDS의 주 증상에 따른 출동대상 범주 분류(35개의 주 증상)

1. Abdominal Pain / Problems
2. Allergies (Reactions) / Envenomations (Stings, Bites)
3. Animal Bites / Attacks
4. Assault / Sexual Assault
5. Back Pain (Non-Traumatic or Non-Trauma)
6. Breathing Problems
7. Burns (Scalds) / Explosion (Blast)
8. Carbon Monoxide / Inhalation / HAZMAT / CBRN
9. Cardiac or Respiratory Arrest / Death
10. Chest Pain (Non-Traumatic)
11. Chocking
12. Convulsions / Seizures
13. Diabetic Problems ·
14. Drowning (Near) / Diving / SCUBA Accident
15. Electrocution / Lighting
16. Eye Problems / Injuries
17. Falls
18. Headache
19. Heart Problems / A.I.C.D(automated implanted cardiac defibrillator)
20. Heat / Cold Exposure
21. Hemorrhage / Lacerations
22. Inaccessible Incident / Other Entrapments (Non-Vehicle)
23. Overdose / Poisoning (Ingestion)
24. Pregnancy / Childbirth / Miscarriage
25. Psychiatric / Abnormal Behavior / Suicide
26. Sick Person(Specific Diagnosis)
27. Stab / Gunshot / Penetrating Trauma
28. Stroke (CVA)
29. Traffic / Transportation Incident
30. Traumatic Injuries (Specific)

31. Unconscious / Fainting (Near)
32. Unknown Problem (Man Down)
33. Transfer / Interfacility / Palliative Care
34. ACN(Automatic Crash Notification)
35. Health Care Professional Admission(UK only)

MPDS의 35개 주 증상은 그 발생 원인이나 긴급성에 따라 다음과 같이 분류할 수 있다

주 증상이 질병에 해당하는 범주(Medical Incident Protocols)

1. Abdominal Pain / Problems
2. Allergies (Reactions) / Envenomations (Stings, Bites)
5. Back Pain (Non-Traumatic or Non-Trauma)
10. Chest Pain (Non-Traumatic)
12. Convulsions / Seizures
13. Diabetic Problems
18. Headache
19. Heart Problems / A.I.C.D(automated implanted cardiac defibrillator)
20. Heat / Cold Exposure
23. Overdose / Poisoning (Ingestion)
25. Psychiatric / Abnormal Behavior / Suicide
26. Sick Person(Specific Diagnosis)
28. Stroke (CVA)
33. Transfer / Interfacility / Palliative Care
35. Health Care Professional Admission(UK only)

주 증상이 외상에 해당하는 범주(Traumatic Incident Protocols)

3. Animal Bites / Attacks
4. Assault / Sexual Assault
7. Burns (Scalds) / Explosion (Blast)
16. Eye Problems / Injuries
17. Falls
21. Hemorrhage / Lacerations
22. Inaccessible Incident / Other Entrapments (Non-Vehicle)
27. Stab / Gunshot / Penetrating Trauma
29. Traffic / Transportation Incident
30. Traumatic Injuries (Specific)

34. ACN(Automatic Crash Notification)

주 증상이 응급상황에 해당하는 범주(Time-Life Incident Protocols)

6. Breathing Problems
8. Carbon Monoxide / Inhalation / HAZMAT / CBRN
9. Cardiac or Respiratory Arrest / Death
11. Chocking
14. Drowning (Near) / Diving / SCUBA Accident
15. Electrocution / Lighting
24. Pregnancy / Childbirth / Miscarriage
31. Unconscious / Fainting (Near)
32. Unknown Problem (Man Down)

1. 각 출동 범주(주 증상)의 핵심 질문(Key Questions)

길잡이 질문으로 주 증상이 결정되면 이제 그 해당 범주에 있는 핵심질문을 하게 되는데, MPDS 35개의 주 증상 범주마다 각각의 핵심질문이 있고 핵심질문은 평균 4.4개 이다.

1) 핵심질문의 목적(기능)

- 해당 신고에 가장 적합한 구급자원과 출동 형태를 결정한다.
- 구급대 도착 전 의료안내가 필요한 상황인지 확인한다.
- 핵심질문을 통해 파악한 현장과 환자에 대한 정보를 현장에 출동하는 구급대원에게 제공함으로서 이들이 그 상황에 필요한 장비와 마음의 준비를 하도록 한다.
- 현장에 있는 사람들이나 출동 대원에게 위험 요인은 없는지 확인한다.

2. MPDS의 중증도 결정 세부 사항과 이에 따른 중증도 결정 코드(Determinant Codes)

MPDS는 각각의 해당 범주(주 증상)에 따라 그 해당 범주에 해당하는 핵심 질문을 신고자에게 묻고 이렇게 획득한 정보를 토대로 중증도 결정 세부 사항에 따라 환자의 중증도, 즉 우선순위를 결정하게 된다.

MPDS는 환자의 중증도를 초기에는 알파(Alpha), 브라보(Bravo), 찰리(Charlie), 델타(Delta)등 4단계로 분류하였고, 최근에는 오메가(Omega)와 에코(Echo)을 추가하여 총 6단계로 분류하여 사용하고 있다. 중증도는 응급의료 반응의 수준 및 형태를 결정하는데 중요한 요소라고 하겠다.

- "Omega" 수준은 단순한 전화 조언 요청이나 오래된 외상(6시간 이상 지난 손상).
- "Alpha" 수준은 비 긴급(non-urgent, non-emergency)상황.
- "Bravo" 수준은 심각하지는 않지만, BLS 수준의 빠른 평가와 처치가 필요한 상황.
- "Charlie" 수준은 "Bravo" 수준보다는 심각한 수준이지만, 응급 상황은 아님.
- "Delta" 수준은 심각하고 위급한 상황.
- "Echo" 수준은 가장 심각하고 위급한 상황.

10번 범주에 해당하는 흉통 환자(Non-Traumatic Chest Pain)를 예로 흉통 환자에 해당 하는 핵심질문과 중증도 결정 세부사항, 중증도는 다음과 같다.

핵 심 질 문

1. 의식이 정상입니까?
2. 호흡이 정상입니까?
3. 피부색 변화가 있나요?
4. 구토나 구역질이 있나요?
5. 심장 질환이 있나요?
6. 12시간 이내에 약을 복용한 적이 있습니까?

중증도 결정 세부사항		중증도(우선순위)
Delta	1. 심한 호흡곤란 2. 의식변화 3. 식은 땀 4. 구역질/구토	10D1 10D2 10D3 10D4
Charlie	1. 비정상적 호흡 2. 심장질환 과거력 3. 코카인 복용 4. 35세 이상, 정상호흡	10C1 10C2 10C3 10C4
Alpha	1. 12-34세, 정상호흡 2. 12세 이하, 정상호흡(약물복용)	10A1 10A2
Omega	1. 12세 이하, 정상호흡(약물복용 없음)	10O1

MPDS의 코드체계는 Nature codes, Severity code, subcode 등 3가지 구성요소로 이루어져 있다. 위 표 중증도(우선순위)에 있는 10D1를 보면 다음과 같다. 10은 Nature code로 MPDS의 주

증상에 따른 출동대상 범주 분류에서 주 증상에 알파벳 순서대로 부여된 번호를 말한다. 따라서 10은 알파벳 순서대로 열 번째에 해당하는 흉통환자를 말한다. 그리고 번호 10번 뒤에 있는 영문 대문자 D는 Severity code로서 심각하고 위급한 상황을 의미하는 Delta를 나타낸다. 마지막 숫자 1은 subcode로 환자의 나이나 동반된 증상에 따라 세분화된 중증도 결정 세부사항이다.

3. 중증도에 따른 구급차 반응체계 (response configurations)

MPDS에서 응급의료의 반응 수준 및 체계는 환자의 중증도(우선순위)에 따라 결정되는데, 응급의료의 반응 수준에는

1) 필요한 인력 - First Responders와 EMTs, 그리고 Paramedics
2) 출동할 구급차의 종류 - BLS 구급차와 ALS 구급차
3) 출동 구급차의 수 - BLS 구급차 1대와 ALS 구급차 1대 또는 BLS 1대 +ALS 1대
4) 출동형태 - Hot(비상등 +사이렌) 출동과 그렇지 않는 Cold출동 등을 포함하고 있다.

MPDS의 중증도에 따른 응급의료 반응 수준 결정의 일반적인 원리는 다음과 같다.

- "Alpha" 단계는 주로 BLS 구급차만 출동하고 비상등과 사이렌을 사용하지 않는 출동형태 (Cold출동)를 취한다.
- "Bravo" 단계는 주로 BLS 구급차만 출동하고 비상등과 사이렌을 사용하는 출동형태 (Hot출동)를 취한다.
- "Charlie" 단계는 주로 ALS 구급차만 출동하고 비상등과 사이렌을 사용하지 않는 출동형태 (Cold)를 취한다.
- "Delta" 와 "Echo" 단계는 주로 BLS와 ALS 구급차가 동시에 출동하고 비상등과 사이렌을 사용

MPDS의 반응 수준 결정의 원리

코드	상황	반응수준
Omega	단순한 전화 조언 요청이나 오래된 외상	BLS Cold 출동
Alpha	비긴급(non-urgent, non-emergency)상황	
Bravo	심각하지는 않지만 BLS 수준의 빠른 평가와 처치가 필요한 상황	BLS Hot 출동
Charlie	Bravo보다는 심각한 상황이지만 응급상황은 아님	ALS Cold 출동
Delta	심각하고 위급한 상황	BLS와 ALS 동시 Hot 출동
Echo	가장 심각하고 위급한 상황	

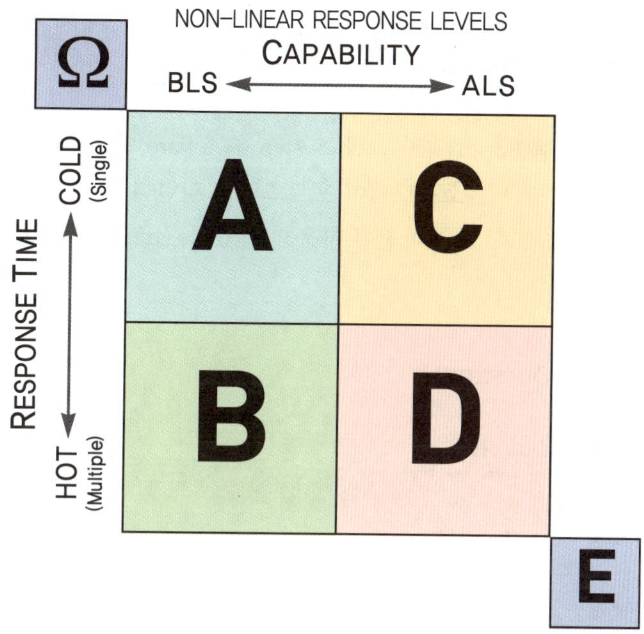

MPDS의 반응수준 결정의 원리

하는 출동형태(Hot)를 취한다.

중증도에 따른 응급의료 반응 수준의 결정은 모든 EMS체계가 같을 필요는 없으며, 각각의EMS 체계마다 그 지역적 특성이나 지역 응급의료 자원 등을 고려하여 해당 지역에 적합하도록 이루어져야 한다.

4. 응급상황관리자에 의한 응급처치 안내 : 출동 지시 후 안내와 도착 전 안내

MPDS는 응급상황관리자(EMD)가 구급차를 출동시키고 나서 즉각적인 기본 응급처치를 제공하는 출동지시 후 안내(Post-dispatch Instructions)를 각 범주별로 기술하고 있으며, 또한 구급대 현장 도착 전에 신고자에게 신고자 자신 또는 환자의 추가적인 손상을 예방하도록 도와주고, 환자 상태가 심각한 상황에서는 환자를 소생시키거나 도와 줄 수 있는 내용의 도착 전 안내(Pre-Arrival Instructions)내용을 담고 있다.

IV. MPDS 운용 프로그램 PRO-QA

우선출동시스템 프로그램(Priority Dispatch System Software)인 Pro-QA는 MPDS라는 우선출동시스템을 컴퓨터에서 운영하는 소프트웨어 프로그램을 말한다. 초창기 카드로 만든 책자 프로토콜에서 발전해온 것으로 현재 12.1 버전이 사용되고 있다. 소프트웨어 방식의 MPDS 진행과정은 다음과 같다.[1)]

1. 도입부 질문(Entry Questions)

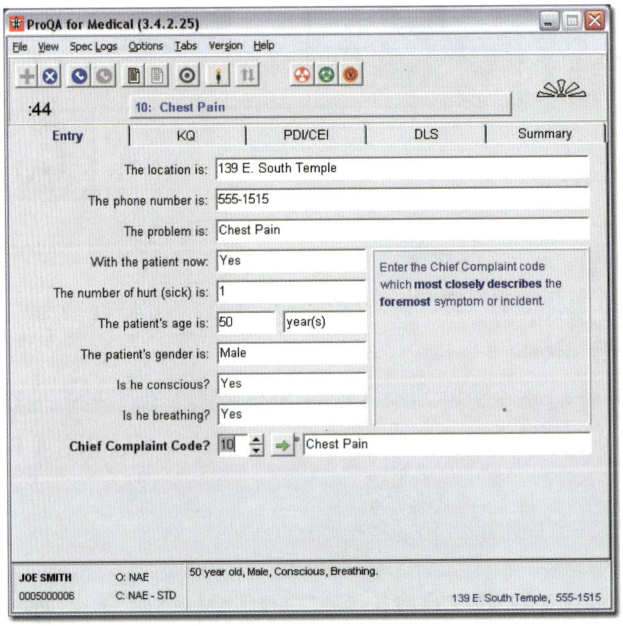

1) 화재, 경찰 관련 신고접수 출동시스템인 FPDS(Fire Priority Dispatch System)와 PPDS(Police Priority Dispatch System)도 사용되고 있다. 도입부질문, 핵심질문, 도착 전 지도, 정보제공 등 MPDS와 비슷한 구조로 구성되어 운영된다. www.prioritydispatch.net에서 구급, 화재, 경찰 관련 우선출동시스템 정보를 얻을 수 있고 시범 사례도 볼 수 있다.

2. 핵심질문(Key Questions) - 환자 주 호소 확인

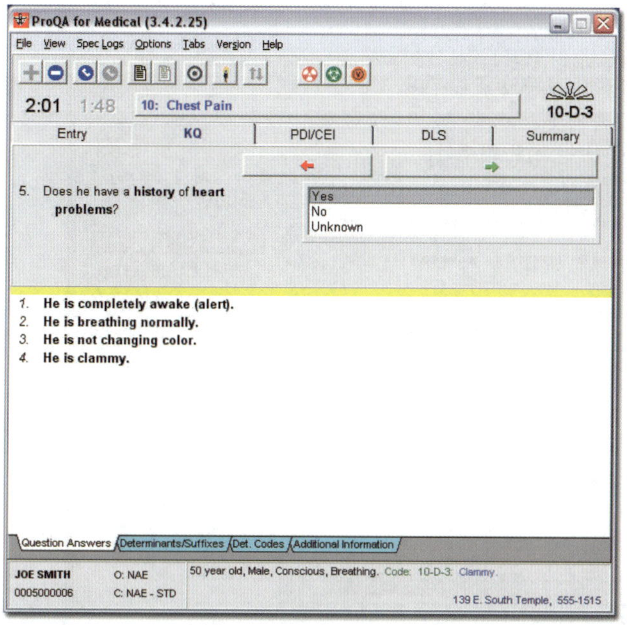

3. 구급출동지시화면(Send Dispatch Screen)

출동코드가 정해지고 해당 코드의 세부 핵심 질문에 따라 출동레벨이 정해지면 노란색 출동 아이콘(icon)이 나오고, EMD가 그 아이콘 아래 출동 코드를 클릭하면 된다.

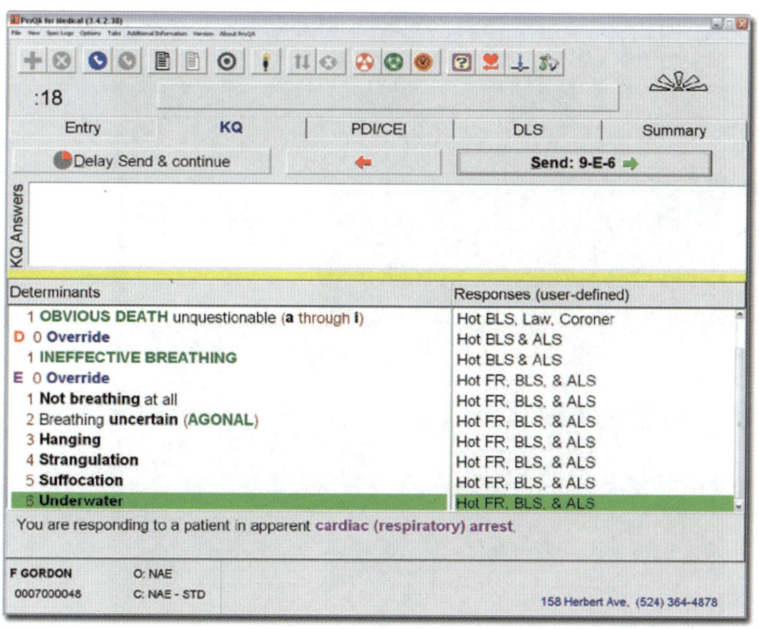

4. Post Dispatch Instructions(PDI)와 Critical EMD Information(CDI)

구급대 출동 지시 후 환자 주 증상에 적절한 응급처치 안내나 정보제공

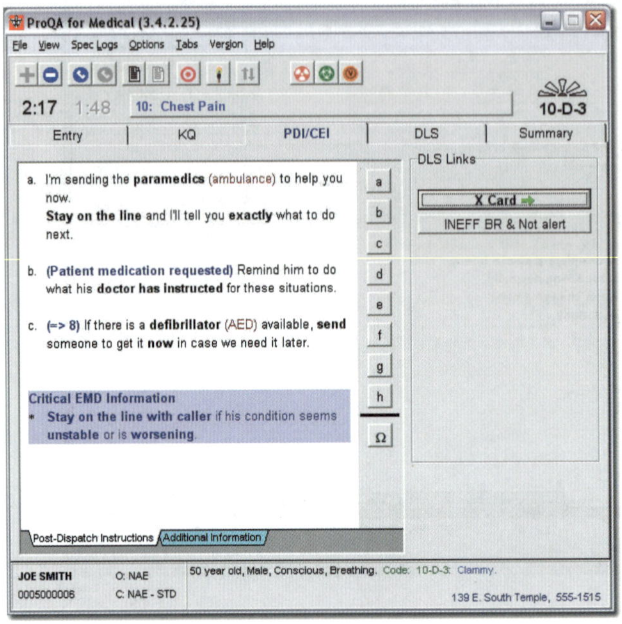

5. Dispatch Life Support(DLS) Links

DLS Links는 PDI에서 PAI로 연결되는 이동 메카니즘이다.

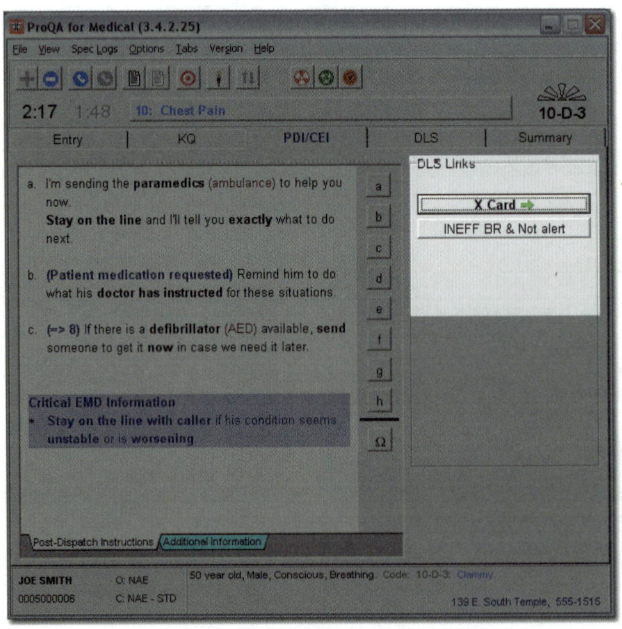

6. Dispatch Life Support(DLS)

응급상황에서는 환자 주 증상 에 따라 환자에게 필요한 응급처치를 확인해서 신고자에게 하도록 해야 하는데, 이 기능이 EMD가 구급대 도착 전 의료안내(PAI)를 신고자에게 쉽게할 수 있도록 도와준다.

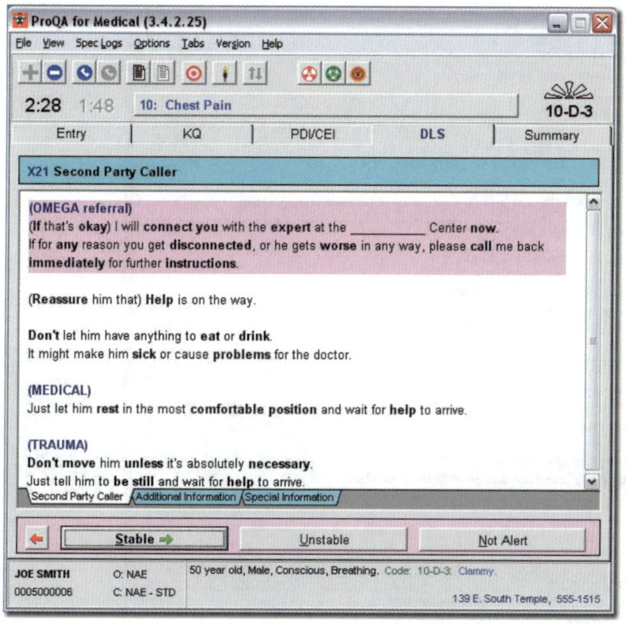

7. Summary TAP

신고 처리과정에서 파악한 모든 정보를 보여준다. Pro-QA는 컴퓨터와 연결되어 있기 때문에 이렇게 수집된 정보는 모두 컴퓨터에 저장된다. 그리고 구급대 MDT 화면이나 종이로 출력되어 구급대원에게 전달된다.

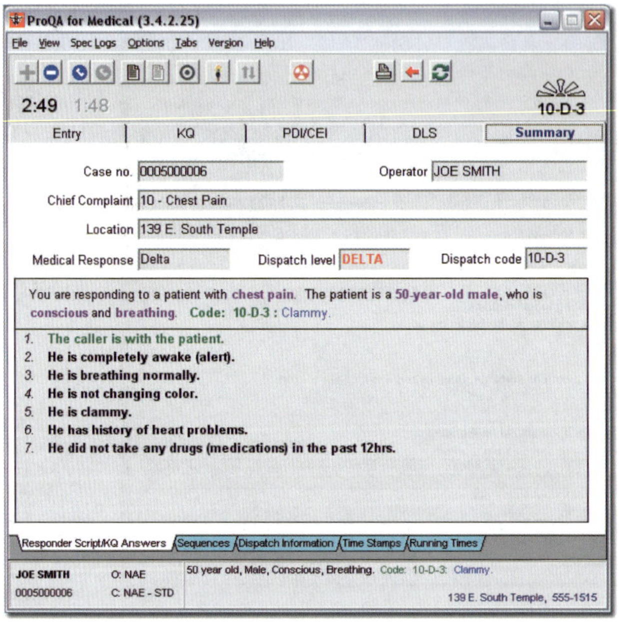

05장

MPDS 출동 대상 범주

응급상황 범주
Time/life-critical events

1. 심정지/DOA
2. 기도폐쇄
3. 무의식/실신
4. 임신/출산
5. 익수사고
6. 감전사고
7. 일산화탄소/흡입/위험물질

질환범주
Medical Chief Complaint Types

1. 아픈 사람/질 병
2. 흉통/심장질환
3. 호흡관련 문제
4. 뇌졸중/뇌혈관질환 의심
5. 당 뇨
6. 복 통
7. 두 통
8. 허리통증
9. 경련/발작
10. 알러지/벌레에 쏘임
11. 약물남용/중독/복용
12. 정신이상/행동장애/자살
13. 쓰러짐/정보가 한정됨

손상범주
Traumatic Incident Types

1. 다친 사람/외 상
2. 교통사고
3. 출혈/열상
4. 추락/낙상환자
5. 산업현장재해
6. 화 상
7. 열/한냉 손상
8. 눈 손상/질환
9. 폭행/가정폭력/성폭행
10. 폭행/자상/총상
11. 동물에 물림

MPDS 구급 신고 접수 시 공통 질문 사항

1. 환자 발생 장소 파악 및 확인(주소 또는 위치)
2. 신고자 전화번호 파악 및 확인
3. 무엇을 도와드릴까요?
4. 성함이 어떻게 되십니까?

5. 환자가 의식이 있습니까?(말을 할 수 있나요?)

아니오 | 예

예 → 나이, 성별, 주소(chief complant)를 확인하고 해당목록을 참고한다. 전화를 끊지 말 것.

아니오 → 일반/전문 구급차를 동시에 출동시키고 신고자에게 구급차 출동 사실을 알린다.

6. 환자가 정상적으로 호흡을 하고 있습니까?

아니오 | 예 | 잘 모름

잘 모름 → 환자의 가슴이 올라오는지 확인하고 오십시오. (→ 6번 질문으로)

예 → 바로 무의식/실신표 참고.

아니오 → 7. 환자가 도와 줄 수 있습니까? (심폐소생술을 할 줄 아십니까?)

아니오 | 예

예 → 환자 나이에 맞는 심폐소생술을 하십시오.

아니오 → 심폐소생술을 알려드리겠습니다. 끊지 마십시오.

응급상황 범주 Time/life-critical events

1 심정지 / DOA

핵심질문

1. 환자의 의식은 명료합니까?
2. 환자의 호흡은 정상입니까?(호흡관련 항목 참조)
3. 신고자가 환자의 의식 상태를 정확히 모르면 다음 사항을 물어본다.
   ① 반응이 있습니까?
   말을 합니까? 물어보면 대답을 합니까? 말하면 알아듣습니까?
   ② 환자가 움직입니까?
   움찔합니까? 팔이나 다리를 움직입니까?
   ③ 동공에 움직임이 없습니까 아니면 확대되어 있습니까?
4. 숨을 쉬는지 잘 모르면 다음 사항을 물어본다.
   ① 환자 가슴이나 배가 올라왔다 내려갔다 하는지 주의 깊게 보도록 한다.
   ② 숨 쉬는 소리와 횟수를 잘 듣고 환자 호흡에 대해 설명토록 한다.

죽음에 임박한 호흡(agonal respirations)은 다음처럼 설명을 하는 경우가 많다

- 헐떡거리는 호흡(gasping)
- 코고는 듯 한 호흡(snoring)
- 걸걸거리는 호흡(gurgling)
- 아주 미약한 호흡(barely)
- 약한 때론 강한 신음소리 같은 호흡 (moaning weak or heavy occasional)

5. 노환 또는 만성 질환자(말기 암 등)입니까?
   그렇다면, DNR(Do not resuscitation) Order을 받았습니까?
   DNR Order을 받지 않았다면 CPR을 원하십니까? 아니라면, 어떤 도움을 원하십니까?
6. DOA 상황(해당 지침에 따른다)

구급출동

ALS/BLS 구급차 동시 출동 상황	BLS 구급차 출동 상황
1. 무의식/무호흡 2. 제대로 호흡을 못함 3. 원인 미상의 DOA 가능성	1. 현장 처치 지침서를 따른다 2. 호스피스 확인 3. 사망추정

구급대 출동 지시 후 즉시 조치사항

1. Agonal Respirations은 심정지가 임박한 호흡으로 호흡으로서 효과가 없다.
   신중하게 확인할 필요가 있다.

구급대 도착 전 응급처치 안내

1. 환자 나이에 맞는 CPR 처치 안내로 이동.

출동 구급대에 알릴 기초 현장 정보

나이, 성별, 상세한 환자 위치, 주 호소, 관련 증상, 과거력(질병/수술)
DNR(Do not resuscitation) Order여부 등

2 기도폐쇄

핵심질문

1. 환자의 의식은 명료합니까?
2. 환자의 호흡은 정상입니까(호흡관련 항목 참조)?
3. 무엇을 하고 있었습니까(무엇을 먹었습니까)?
4. 아직도 입안에 음식물이 있습니까?
5. 환자가 숨을 어떻게 쉬는지 설명해주십시오?
   가슴이 올라갔다 내려갔다 합니까?
   들숨과 날숨이 원활합니까?(Does air enter freely?)
6. 환자가 말을 하거나 소리 내어 울 수 있습니까?
7. 환자의 얼굴에 청색증이 나타납니까?(파란색으로 변합니까?)
8. 환자가 몇 살입니까?

구급출동

ALS/BLS 구급차 동시 출동 상황	BLS 구급차 출동 상황
1. 무의식/호흡을 제대로 못함 2. 소리 내어 울거나 말을 하지 못함 3. 청색증	1. 소리 내어 울거나 말을 함 2. 어려움 없이 호흡함 3. 현재 기도유지에는 문제가 없고 병원 이송이 필요한 환자

구급대 출동 지시 후 즉시 조치사항

1. 전화를 끊지 않도록 한다.
2. 환자 상태를 계속 주시하고 그 변화를 즉각 말하도록 한다.
3. 완전 기도폐쇄로 진행시 환자 나이에 해당하는 CPR을 할 수 있도록 미리 대비시킨다.

구급대 도착 전 응급처치 안내

1. (불완전 기도 폐쇄이면) 기침을 계속 시키도록 한다. 등을 두드리지 않는다.
2. (완전 기도 폐쇄이면)환자 나이에 맞는 CPR 처치 안내로 이동.
3. 환자 상태에 변화가 생기면 바로 출동 구급대에 연락한다.

출동 구급대에 알릴 기초 현장 정보

나이, 성별, 상세한 환자 위치, 주 호소, 관련 증상, 과거력(질병/수술)
완전/불완전 기도폐쇄 여부

3 무의식 / 실신

핵심질문

1. 환자의 의식은 명료합니까? 호흡은 정상입니까?(호흡관련 항목 참조)
2. 오늘 처음 의식을 잃었습니까? 깨웠는데도 일어나지 않습니까?
3. 무엇을 하다가 의식을 잃었습니까?
4. 의식을 잃기 전에 뭐가 불편하다고 말하지 않았습니까? 있다면, 무엇입니까?
5. 묻는 말에 대답을 합니까? 환자가 음주 상태입니까?
6. 환자가 술과 함께 약이나 불법 약물(코카인 등)을 먹었습니까?
   "예" 라면 ➡ 약물남용 처치로 이동
7. 환자가 반응을 보이거나 간단한 지시사항을 따라 할 수 있습니까?
8. 환자가 앓고 있는 질병이 있거나 수술 받은 적이 있습니까? 무엇입니까?
9. 환자를 일으켜 앉혔을 때 어땠습니까?
10. 질병 인식표를 차고 있습니까? 있다면, 뭐라고 적혀있습니까?

구급출동

ALS/BLS 구급차 동시 출동 상황	BLS 구급차 출동 상황
1. 무의식/호흡을 제대로 못함 2. 하루 동안 여러 번 실신반복 3. 1분 이상 의식을 잃거나 반응이 없음 4. 약물과 술을 과용함 5. 호흡곤란. 6. 다음 증상을 보이면서 실신함: 두통, 흉통/가슴이 답답함/심계항진, 당뇨, 장/질 출혈, 복통, 앉았을 때/서있을 때 실신, 또는 의식 상태가 계속 나빠짐 7. 50세 이상인 사람이 처음 실신함 8. 알콜 중독, 깨워도 일어나지 않음	1. 의식을 잃었었지만 정신이 돌아왔고 심각한 증상 없음 2. 운전대위에 엎드려 있음-원인 확인 안 됨 3. 경미한 부상만 입은 의식회복 환자 4. 약물과는 관계없는 알콜 중독 환자 또는 단순 과음자(깨우면 일어남) 5. 거의 실신할 것 같은 환자 (심각한 증상 없음)

구급대 출동 지시 후 즉시 조치사항

1. 환자 의식이 없으면 무의식환자 기도 유지 지침으로 이동.
2. 환자가 의식이 없고 호흡을 제대로 하지 못하면 해당 CPR 안내로 이동.

구급대 도착 전 응급처치 안내

1. 환자를 똑바로 눕힌다.
2. 구토를 하면 옆으로 눕힌다.
3. 환자 옆에 있으면서, 만일에 대비 CPR 준비를 한다.
4. 환자가 복용중인 약이 있으면 가능한 챙긴다.
5. 환자 상태에 변화가 생기면 바로 119에 전화주세요!!

출동 구급대에 알릴 기초 현장 정보

나이, 성별, 상세한 환자 위치, 주 호소, 관련 증상, 과거력(질병/수술)

4 임신/출산

핵심질문

1. 환자의 의식은 명료합니까? 환자의 호흡은 정상입니까?
2. 임신 몇 개월입니까? 출산예정일은 언제 입니까?
3. 반복되는 복통(cramping)이 있습니까? 그렇다면, 얼마나 자주 반복됩니까?
4. 출혈이 있습니까? 그렇다면, 생리처럼 뚝뚝 떨어지거나(spotting) 아니면 줄줄 흐르는 출혈입니까? 앉아있으면 환자는 어떻다고 합니까?
5. 초산부입니까?
6. 경산부라면 이전 임신에서는:
   출산하는데 시간이 얼마나 걸렸었습니까? 어떤 문제는 없었습니까?
   자연 분만이었습니까, 아니면 제왕절개로 출산하였습니까?
7. 임신 기간 중 진단받았거나 염려되는 문제가 있습니까? 경련을 했습니까?
8. 아기의 머리나 손, 발, 엉덩이 혹은 탯줄이 보입니까?
9. 이미 분만 한 상태라면, 신생아가 숨은 제대로 쉬고 있습니까?

구급출동

ALS/BLS 구급차 동시 출동 상황	BLS 구급차 출동 상황
1. 무의식/호흡곤란. 의식상태 떨어짐 2. 출산이 임박했거나 이미 출산 3. 실신을 동반한 질 출혈 4. 앉히면 실신하거나 실신할 것 같은 산모 5. 이전에 난산한 적이 있는 임산부 6. 임신 20주 이상 된 임산부의 출혈 7. 출산 예정일 보다 4주 이상 빠른 조산 8. 임신 20주 이상 된 임산부 복통 9. 경련 10. 다태아 출산(Multiple births)	1. 출산날짜가 아직 남아있는 임산부 2. 임신 20주 미만으로 현기증 없이 질 출혈 임산부 3. 임신 20주 미만인 임산부 복통 4. 양수파열 5. 다음 증상을 동반한 임신 20주 미만 임산부나 생리중인 여성: - 복통, 골반부위 통증, - 뚝뚝 떨어지는(spotting) 질 출혈

구급대 출동 지시 후 즉시 조치사항

1. 환자 의식이 없으면 무의식환자 기도 유지 지침으로 이동.
2. 환자가 의식이 없고 호흡을 제대로 하지 못하면 해당 CPR 안내로 이동.
3. 출산이 임박했거나 이미 출산을 했으면 출산 처치 안내로 이동.

구급대 도착 전 응급처치 안내

1. 화장실에 가지 않도록 한다. 환자를 왼쪽 방향 옆으로 누워있도록 한다.
2. 환자를 따뜻하게 해준다. 환자가 복용중인 약이 있으면 가능한 챙기십시오.
3. 화장실에 갔다면 변기를 내리지 말고 사용한 패드는 모아둔다.
4. 환자 상태에 변화가 생기면 바로 119에 전화주세요!!

출동 구급대에 알릴 기초 현장 정보

나이, 성별, 상세한 환자 위치, 주 호소, 관련 증상, 과거력(질병/수술),
이송 산부인과에 연락

5 익수사고

핵심질문

1. 환자가 아직 물에 있습니까? 아니면 구조된 상태입니까?
2. 물에 빠진 사람이 몇 명입니까?
3. 환자의 의식은 명료합니까?
4. 환자의 호흡은 정상입니까? (호흡관련 항목 참조)
5. 얼마동안 물에 빠져 있었습니까?
6. 무엇을 하던 중에 물에 빠졌습니까?
7. 스쿠버 다이빙 사고입니까? 환자가 지금 보트에 있습니까, 땅에 올라와 있습니까?

구급출동

ALS/BLS 구급차 동시 출동 상황	BLS 구급차 출동 상황
1. 무의식, 숨을 제대로 못 쉼 2. 호흡곤란 3. 스쿠버 다이빙 사고 4. 다이빙 사고(경추손상 가능성) 5. 허벅지(thigh) 골절	1. 물에 가라앉지 않았던 환자 2. 기침을 하는 환자 3. 심각한 증상이 없는 기타 부상 4. 경미한 부상(열상/골절)

구급대 출동 지시 후 즉시 조치사항

1. 환자 의식이 없으면 무의식환자 기도 유지 지침으로 이동.
2. 환자가 의식이 없고 호흡을 제대로 하지 못하면 해당 CPR 안내로 이동.
3. 보트가 필요한 상황입니까?

구급대 도착 전 응급처치 안내

1. 수난구조대와 구급대가 출동했습니다.
2. 익수자 구조훈련을 받지 않았다면 구조하러 절대 물에 들어가지 마십시오.
3. 주위에 튜브, 밧줄 등 익수자 구조에 사용할 만한 물건을 찾아 던져주십시오.
4. 환자는 가능한 옮기지 마십시오.
5. 환자를 따뜻하게 해주십시오.
6. 환자 상태나 현장 상황에 변화가 생기면 바로 119에 전화주세요!!

출동 구급대에 알릴 기초 현장 정보

나이, 성별, 상세한 환자 위치, 주 호소, 관련 증상, 과거력(질병/수술),
수난 구조대, 스쿠버 팀, 경찰 등 출동 여부, 현장의 위험성 여부

6 감전사고

핵심질문

1. 환자의 의식은 명료합니까?
2. 환자의 호흡은 정상입니까(호흡관련 항목 참조)?
3. 몇 명이 무엇에 감전되었습니까?
4. 몇 볼트 전원에 감전되었습니까?
5. 환자가 지금도 감전 상태입니까?
6. 화상부위를 전부 말씀해주십시오?
7. 집에서 감전되었다면, 어떤 전기제품 - 드라이(dry)기나 스토브, 기타 220볼트 전기 제품 때문입니까?
8. 환자가 감전 말고 어디 다친 데가 있습니까?
   "예" 라면 ➡ 어디를 얼마나 다쳤습니까?

구급출동

ALS/BLS 구급차 동시 출동 상황	BLS 구급차 출동 상황
1. 무의식, 숨을 제대로 못 쉼 2. 의식상태 저하. 3. 다수의 사상자 발생 현장 (multiple casualty incident criteria) 4. 의사의 사망 판정 전, DOA가 의심되는 환자 5. 기도, 코, 입 주변 화상 6. 체표면 20% 이상의 화상 7. 220볼트나 그 이상 전원에 감전된 환자	1. 심각한 증상 없이 가정용 전기 제품에 감전된 환자

구급대 출동 지시 후 즉시 조치사항

1. 환자 의식이 없으면 무의식환자 기도 유지 지침으로 이동.
2. 환자가 의식이 없고 호흡을 제대로 하지 못하면 해당 CPR 안내로 이동.
3. 소방차가 필요합니까?

구급대 도착 전 응급처치 안내

1. 물기가 있는 바닥을 조심한다.
2. 아직 전원에 접촉상태인 환자는 만지지 않는다.
3. 전기를 전도시키는 액체를 흘리지 않도록 주의한다.
4. 위험하지 않다면, 전원을 내리십시오.
5. 환자 상태나 현장 상황에 변화가 생기면 바로 119에 전화주세요!!

출동 구급대에 알릴 기초 현장 정보

나이, 성별, 상세한 환자 위치, 주 호소, 관련 증상, 과거력(질병/수술),
한전, 소방차, 구조대, 경찰 등 유관 기관 출동 여부, 현장의 위험성 여부

7 일산화탄소/흡입/위험물질

핵심질문

1. 환자의 의식은 명료합니까?
2. 호흡은 정상입니까(호흡관련 항목 참조)?
3. 당신과 환자는 안전한 장소에 있습니까? 아니라면, **먼저 안전한 장소로 피하십시오!!**
4. 중독, 오염원(the source of the contamination)은 무엇입니까?
5. 중독, 오염물질의 명칭은 무엇입니까?
6. 누출이 계속되고 있습니까?

구급출동

ALS/BLS 구급차 동시 출동 상황	BLS 구급차 출동 상황
1. 무의식 2. 제대로 호흡을 못함 3. 의식상태 저하 4. 가정용 세제, 부동액, 솔벤트(solvents), 메탄올, 청산칼리, 살충제의 흡입/복용 5. 제대로 삼키지 못하거나 호흡곤란 6. 환자가 여러 사람인 경우/ 대량재해	1. 환자 옷이나 피부에 심각한 증상 없이 화학물질이 묻음 2. 환자 옆에 없는 제 3자의 신고

구급대 출동 지시 후 즉시 조치사항

1. 환자 의식이 없으면 무의식환자 기도 유지 지침으로 이동.
2. 한 사람도 빠짐없이 안전한 장소로 대피토록 한다.
3. 위험물질 관련 기관에 해당 정보를 요청한다.
4. 소방/구조/화생방구조대를 출동시킨다.
5. 해당 위험물 관련 안전 관리팀은 필요하지 않는가?

구급대 도착 전 응급처치 안내

1. 먼저 신고자 자신이 오염당하지 않도록 하십시오.
2. 가능한, 오염된 옷을 벗도록 하십시오.
3. 가능한, 콘택트렌즈는 빼십시오.
4. 오염물질이 화학물질이면 그에 관한 정보를 파악한다.
5. 화학물질이 분말이면 물로 씻지 말고 털어내도록 한다.
6. 눈에 묻은 화학물질은 물로 씻어내 화상을 입지 않도록 한다.
7. 화상부위는 차가운 물(얼음 말고)이 있으면 그 안에 담근다.
8. 환자 상태 또는 현장 상황에 변화가 생기면 바로 119에 전화주세요!!

출동 구급대에 알릴 기초 현장 정보

나이. 성별. 상세한 환자 위치. 주 호소. 관련 증상. 과거력(질병/수술).
소방/구조/화생방구조대 출동여부. 해당 위험물 관련 안전 관리팀 출동여부. 112 **순찰차 출동여부.**
현장의 위험성 여부

질환 범주 Medical Chief Complaint Types

1 아픈 사람 / 질 병

핵심질문

1. 의식은 명료합니까?
2. 호흡은 정상입니까?(호흡관련 항목 참조)
3. 증상이 갑자기 시작되었습니까 아니면 조금씩 심해졌습니까?
4. 환자분이 저와 통화할 수 있습니까?
   예: 어디가 아프시죠? ➡ 해당 항목으로 이동
   아니오: 지금 환자분이 무엇을 하고 있는지 말씀해보십시오.
   환자가 불편해하는 점(증상)이 무엇입니까? ➡ 해당 항목으로 이동
5. 단순 외래치료나 입원 치료는 사설 구급차나 장애인 택시 안내.

구급출동

ALS/BLS 구급차 동시 출동 상황	BLS 구급차 출동 상황
1. 원인을 알 수없는 무의식/의식 상태 저하 2. 원인을 알 수없는 무호흡/비정상호흡 3. 실신을 여러 번 반복함 (Multiple fainting episodes)	1. 전신쇠약 2. 전신통증 3. 상태악화가 없는 만성 질환자 4. 감기증상 5. 심각한 증상 없는 고혈압 6. 고열 7. 보조만 필요한 환자(patient assist). 8. 배뇨곤란 등, 비 응급상황

구급대 출동 지시 후 즉시 조치사항

1. 환자 의식이 없으면 무의식환자 기도 유지 지침으로 이동.
2. 환자가 의식이 없고 호흡을 제대로 하지 못하면 해당 CPR 안내로 이동.
3. 환자의 주 호소가 특정 처치 지침서에 해당하면 EMD는 즉시 그 지침에 따라 대응한다.

구급대 도착 전 응급처치 안내

1. 가능하다면 환자가 복용중인 약을 챙겨두십시오.
2. 환자 상태에 변화가 생기면 바로 119에 전화주세요!!

출동 구급대에 알릴 기초 현장 정보

나이. 성별. 상세한 환자 위치. 주 호소. 관련 증상. 과거력(질병/수술)

2 흉통 / 심장질환

핵심질문

1. 환자의 의식은 명료합니까?
2. 환자의 호흡은 정상입니까? (호흡관련 항목 참조)
3. 가슴 어디에 통증이 있습니까? 다른 곳에도 통증이 있습니까? 있다면, 어디입니까?
4. 통증이 시작된 지 얼마나 됐습니까? 지속적입니까? 간헐적입니까?
5. 협심증, 심근경색 같은 심장관련 질환이 있습니까?
6. 심장관련 수술을 받은 적이 있습니까?
7. 땀을 많이 흘리고 피부가 축축합니까?
8. 환자가 구역질을 하거나 구토를 했습니까?
9. 흉통과 더불어 심장이 빨리 뛴다고 합니까? 전에도 심장이 빨리 뛴 적이 있었습니까?
10. 환자가 NTG 복용을 했습니까? NTG 복용으로 통증이 사라졌습니까?

구급출동

ALS/BLS 구급차 동시 출동 상황	BLS 구급차 출동 상황
1. 무의식/호흡을 제대로 하지 못 함 2. 의식상태 저하 3. 다음 심각한 증상을 동반한 흉통호소 - 호흡곤란(short of breath) - 식은땀과 축축한 피부 - 실신 - 구역질	1. 심각한 증상이 없는 35세 이하 환자 2. 흉통이 없는 단순 심계항진

구급대 출동 지시 후 즉시 조치사항

1. 환자 의식이 없으면 무의식환자 기도 유지 지침으로 이동.
2. 환자가 의식이 없고 호흡을 제대로 하지 못하면 해당 CPR 안내로 이동.

구급대 도착 전 응급처치 안내

1. 환자가 편안한 자세로 차분하게 있도록 합니다. 꽉 조인 옷은 느슨하게 해줍니다.
2. 환자가 NTG를 가지고 있습니까?
   - 가지고 있다면: NTG 복용을 했습니까?
   - 복용하지 않았으면, 의사지시대로 복용하십시오(환자는 앉아있어야 합니다).
3. 환자가 아스피린을 먹을 수 있습니까?
   - 그렇다면: 전에 구강이나 직장(rectum)에 피가 난적이 있었는지 물어 보십시오.
   - 없었다면, 신고자에게 성인용 아스피린 1알을 환자에게 먹이도록 한다.
4. 환자가 복용중인 약은 가능한 모아 가져간다.
5. 환자 상태에 변화가 생기면 바로 119에 전화주세요!!

출동 구급대에 알릴 기초 현장 정보

나이. 성별. 상세한 환자 위치. 주 호소. 관련 증상. 과거력(질병/수술).
이송 병원에 환자 상태와 이송중임을 사전 연락

3 호흡관련 문제

핵심질문

1. 환자의 의식은 명료합니까?
2. 무엇 때문에 호흡곤란이 생겨 119에 신고하게 되었습니까?
3. 호흡곤란이 얼마나 계속되었습니까?
4. 호흡곤란 때문에 말을 제대로 못하고 있습니까?
5. 호흡을 하려면 환자가 똑바로 앉아야 합니까?
6. 호흡곤란 말고 다른 문제도 있습니까? 전에도 이런 호흡곤란을 겪은 적이 있습니까?
7. 환자가 앓고 있는 질병이 있거나 수술한 적이 있습니까?
8. 호흡곤란이 시작되기 직전 환자가 무엇을 하고 있었습니까?
9. 흉통이 있거나 식은땀을 흘리고 있습니까?
10. 환자에게 알러지가 있습니까?
11. 환자가 무엇을 삼킬 때 삼키기가 힘들어서 침을 흘립니까?
12. 천식 약을 복용하고 있거나 복용한 적이 있습니까?
13. 만약 호흡곤란이 갑자기 시작되었다면:
    환자가 출산이나 다리 골절로 최근에 입원한 적이 있었습니까?

구급출동

ALS/BLS 구급차 동시 출동 상황	BLS 구급차 출동 상황
1. 무의식 2. 의식상태 저하 3. 흉통을 동반한 호흡곤란 4. 말을 제대로 잇지 못함 5. 천식이 있거나 다른 호흡관련 질병 6. 물질흡입(inhaled substance) 7. 최근 출산/다리 골절/2-3개월 입원 8. 침 흘림/연하곤란(제대로 삼키지 못함) 9. 팔다리나 입 주위 얼얼함(tingling)이나 마비증상이 있는 35세 이상 환자	1. 다툼이나 흥분으로 인한 과호흡 증상 2. 만성 호흡곤란 환자로 평소와 같은 호흡 곤란 상태 3. 감기나 코 막힘으로 인한 불편 4. 가정 내 산소가 떨어짐 5. 보조만 필요한 환자(patient assist)

구급대 출동 지시 후 즉시 조치사항

1. 환자 의식이 없으면 무의식환자 기도 유지 지침 참고.
2. 환자가 의식이 없고 호흡을 제대로 하지 못하면 환자나이에 맞는 심폐소생술 참고

구급대 도착 전 응급처치 안내

1. 가능하면 환자가 앉아 있도록 도와주십시오.
2. 환자가 복용중인 약은 가능한 모아 가져가도록 하세요.
3. 환자 상태에 변화가 생기면 바로 119에 전화주세요!!

출동 구급대에 알릴 기초 현장 정보

나이, 성별, 상세한 환자 위치, 주 호소, 관련 증상, 과거력(질병/수술),
유관 기관 출동 여부, 현장의 위험성 여부

4 뇌졸중/뇌혈관질환 의심

핵심질문

1. 환자의 의식은 명료합니까?
2. 환자의 호흡은 정상입니까?(호흡관련 항목 참조)
3. 보기에 환자가 어떻습니까?
4. 당뇨환자 입니까? "예" 라면 ➡ 당뇨환자 지침으로 이동.
5. 환자가 반응을 보이거나 간단한 지시사항을 따라 할 수 있습니까?
6. 그 행동이 평소와 다른 점이 있다면 어떻게 다릅니까?
7. 발음이 부정확하거나 어눌하지는 않습니까?
8. 팔다리에 마비가 있습니까? 팔다리에 감각이 이상하다고 합니까?
9. 얼굴에 마비가 있습니까?(입이 돌아갔습니까? 또는 웃어보라고 하면 부자연스럽습니까?)
10. 환자가 머리가 심하게 아프다고 합니까?(두통항목 참고)
11. 언제부터 이런 증상이 시작되었습니까?(발생 시간이 중요합니다.)
11. 최근에 다치거나 사고를 당한 적이 있습니까?
12. 전부터 뇌졸중이 있었습니까? 그렇다면 현재 증상이 더 나빠졌습니까?

구급출동

ALS/BLS 구급차 동시 출동 상황	BLS 구급차 출동 상황
1. 무의식/제대로 호흡을 못 함 2. 의식 상태에 분명한 변화가 보임 3. 경련 4. 마비로 한 쪽 사지의 힘이 약하거나 얼굴 마비, 발음이 어눌한 증상이 처음 나타남	1. 기존 뇌졸중 환자로 새로운 증상 변화가 없음 2. 다툼 등으로 과호흡 증상을 동반한 손발 마비

구급대 출동 지시 후 즉시 조치사항

1. 환자 의식이 없으면 무의식환자 기도 유지 지침으로 이동.
2. 환자가 의식이 없고 호흡을 제대로 하지 못하면 해당 CPR 안내로 이동.

구급대 도착 전 응급처치 안내

1. 구급대가 가고 있습니다. 환자를 안정시키고 침착하게 행동하십시오.
2. 환자의 의식이 없거나 호흡곤란이 있으면 목을 똑바로 해주고 베개는 베 주지 마십시오.
3. 아무 것도 먹이지 마십시오.
4. 가능하다면 환자가 복용중인 약을 챙겨두십시오.
5. 환자 상태에 변화가 생기면 바로 119에 전화주세요!!

출동 구급대에 알릴 기초 현장 정보

나이. 성별. 상세한 환자 위치. 주 호소. 관련 증상. 과거력(질병/수술).
이송 병원에 환자 상태와 이송중임을 사전 연락

5 당뇨

핵심질문

1. 의식은 명료합니까?
2. 호흡은 정상입니까?(호흡관련 항목 참조)
3. 시간, 장소, 사람에 대한 질문에 정상적으로 대답합니까?
4. 행동이 평소와 같습니까? 평소와 달리 이상한 점이 있습니까?
5. 혈당을 어떻게 조절합니까?(약이나 인슐린)
6. 마지막으로 한 음식섭취는 언제입니까?
7. 이렇게 되시기 전에 마지막으로 본 정상적인 모습은 언제입니까?
8. 환자가 힘이 없거나 어지럽고 쓰러질 것 같습니까?
9. 땀을 많이 흘리고 있습니까?
10. 경련을 했습니까?

구급출동

ALS/BLS 구급차 동시 출동 상황	BLS 구급차 출동 상황
1. 무의식 2. 호흡을 제대로 못함 3. 의식 상태 저하 4. 경련 5. 땀을 많이 흘림	1. 깨어있음/의식상태 명료 2. 몸이 불편함

구급대 출동 지시 후 즉시 조치사항

1. 환자 의식이 없으면 무의식환자 기도 유지 지침으로 이동.
2. 환자가 의식이 없고 호흡을 제대로 하지 못하면 해당 CPR 안내로 이동.
3. 혈당측정이 가능하다면 신고자나 환자 보호자에게 혈당을 측정하도록 한다.

구급대 도착 전 응급처치 안내

1. 환자 스스로 삼키지 못하면 아무것도 먹이지 마십시오.
2. 환자 스스로 삼킬 수 있으면 설탕을 탄 주스 2~3숟가락을 먹인다.
3. 환자가 편안해하는 자세로 있도록 한다.
4. 환자가 복용중인 약이 있으면 가능한 챙긴다.
5. 환자 상태에 변화가 생기면 바로 119에 전화주세요!!

출동 구급대에 알릴 기초 현장 정보

나이. 성별. 상세한 환자 위치. 주 호소. 관련 증상. 과거력(질병/수술).
신고자가 보호자가 측정한 혈당수치

6 복통

핵심질문

1. 환자의 의식은 명료합니까?
2. 환자의 호흡은 정상입니까?(호흡관련 항목 참조)
3. 복통은 환자가 다쳐서 생겼습니까?(배를 다치지는 않았습니까?)
4. 어떤 복통입니까?
5. 구토를 했습니까? "예" 라면 ➡ 구토물이 어떻습니까?
6. 통증 부위가 배꼽 위인가요?
7. 명치부위 복통에 체한 것 같습니까?(남녀 성인에서 심근경색 의심)
8. 환자가 12살에서 50살 사이의 여성이라면, 임신가능성 여부를 물어 보십시오? 환자가 어지럽다고 합니까? 질 출혈이 있습니까? "예" 라면 ➡ 양은 얼마나 되지요?
9. 치료받고 있는 병이 있거나 수술한 적이 있습니까?

구급출동

ALS/BLS 구급차 동시 출동 상황	BLS 구급차 출동 상황
1. 무의식/호흡곤란 2. 의식상태 저하 3. 빨간/검붉은 피를 토하거나 커피색 구토물 4. 검고 끈적한 변 5. 심장 질환이 있는 상복부 복통 환자 6. 등이나 옆구리에 갑자기 시작된 찢어지는 듯한 통증(50세 이상에서 심장이나 대동 맥 질환 의심) 7. 하복부 통증을 호소하는 12세에서 50세 사이 여성(어지럼증, 실신이나 심각한 질 출혈과 관련) 8. 실신하거나 실신할 것 같은 상태의 복통 환자(50세 이상) 9. 자리에 앉히면 실신하거나 실신할 것 같은 환자(저혈압)	1. 구토를 동반한 복통 2. 옆구리 통증(신석) 3. 복통(비 외상성) 4. 딱히 꼬집어 말 할 수 없는 통증

구급대 출동 지시 후 즉시 조치사항

1. 환자 의식이 없으면 무의식환자 기도 유지 지침으로 이동.
2. 환자가 의식이 없고 호흡을 제대로 하지 못하면 해당 CPR 안내로 이동.

구급대 도착 전 응급처치 안내

1. 환자가 먹거나 마시지 않도록 하십시오.
2. 환자가 복용중인 약은 가능한 모아 가져가세요!
3. 환자 상태에 변화가 생기면 바로 119에 전화주세요!!

출동 구급대에 알릴 기초 현장 정보

나이. 성별. 상세한 환자 위치. 주 호소. 관련 증상. 과거력(질병/수술)

7 두 통

핵심질문

1. 환자의 의식은 명료합니까?
2. 환자의 호흡은 정상입니까?(호흡관련 항목 참조)
3. 환자 스스로 자신이 누구인지 어디에 있는지 알고 있습니까?
4. 전에도 두통을 앓은 적이 있습니까?
5. 이전 두통과 지금 두통에 다른 점이 있습니까?
6. 이렇게 심한 두통은 처음입니까?
7. 두통이 지속적 이었습니까 아니면 갑자기 시작되었습니까?
8. 두통이 시작될 때 환자는 무엇을 하고 있었습니까?
9. 두통 말고 다른 통증이 있습니까? "예" 라면 ➡ 어디 입니까?
10. 최근에 환자가 앓거나 다친 적이 있습니까? "예" 라면 ➡ 무엇입니까?
11. 환자에게 질병 알림표(a medic alert tag)가 있습니까?
    "예" 라면 ➡ 뭐라고 쓰여 있습니까?

구급출동

ALS/BLS 구급차 동시 출동 상황	BLS 구급차 출동 상황
1. 다음 중증의 증상을 동반한 두통 - 의식상태 저하 - 의식상태 변화 - 지금까지 가장 심한 두통 - 편두통 과거력이 없고, 앞이 잘 안보임	1. 중증의 증상이 없는 두통 2. 평소와 같은 정도의 두통

구급대 출동 지시 후 즉시 조치사항

1. 환자 의식이 없으면 무의식환자 기도 유지 지침으로 이동.
2. 환자가 의식이 없고 호흡을 제대로 하지 못하면 해당 CPR 안내로 이동.

구급대 도착 전 응급처치 안내

1. 아무것도 먹지 않도록 하십시오.
2. 환자가 편안해하는 자세로 있도록 도와주십시오.
3. 환자가 복용중인 약이 있으면 가능한 생겨가도록 하십시오.
4. 환자 상태에 변화가 생기면 바로 119에 전화주세요!!

출동 구급대에 알릴 기초 현장 정보

나이. 성별. 상세한 환자 위치. 주 호소. 관련 증상. 과거력(질병/수술)

8 허리통증

핵심질문

1. 환자의 의식은 명료합니까?
2. 환자의 호흡은 정상입니까?(호흡관련 항목 참조)
3. 허리통증은 환자가 다쳐 생겼습니까?
4. 환자가 어지럽거나 쓰러질 것 같다고 했습니까?
5. 환자가 앓고 있는 질병이 있거나 수술한 적이 있습니까?
6. 환자에게 질병 알림표(a medic alert tag)가 있습니까?
   "예" 라면 ➡ 뭐라고 쓰여 있습니까?

구급출동

ALS/BLS 구급차 동시 출동 상황	BLS 구급차 출동 상황
1. 무의식/호흡곤란 2. 의식상태 저하 3. 외상과 관련 없이 발생한 허리통증이고 심장질환이 있는 환자. 4. 실신하거나 실신할 것 같은 상태의 허리 통증 환자(50세 이상)	1. 옆구리/허리통증(신석) 2. 허리통증(비외상성) 3. 딱히 꼬집어 말 할 수 없는 허리통증 4. 만성 허리통증

구급대 출동 지시 후 즉시 조치사항

1. 환자 의식이 없으면 무의식환자 기도 유지 지침으로 이동.
2. 환자가 의식이 없고 호흡을 제대로 하지 못하면 해당 CPR 안내로 이동.

구급대 도착 전 응급처치 안내

1. 허리 통증이 부상에 의한 것이고 환자 주위에 위험 요소가 없다면 움직이지 말고 그대로 있도록 한다.
2. 환자가 먹거나 마시지 않도록 하십시오.
3. 가장 편한 자세로 있게 한다.
4. 환자가 복용중인 약은 가능한 모아 가져간다.
5. 환자 상태에 변화가 생기면 바로 119에 전화주세요!!

출동 구급대에 알릴 기초 현장 정보

나이. 성별. 상세한 환자 위치. 주 호소. 관련 증상. 과거력(질병/수술)

9 경련 / 발작

핵심질문

1. 환자의 의식은 명료합니까? 환자의 호흡은 정상입니까?(호흡관련 항목 참조)
2. 환자가 지금 무엇을 하고 있습니까? 지금도 경련을 하고 있습니까?
3. 얼마동안 경련을 했습니까? 전에도 경련을 한 적이 있습니까?
4. **심장질환**/당뇨가 있습니까?
5. 아이라면: 아이에게 병이 있습니까? 아이가 열이 있거나 몸이 뜨겁습니까?
6. 여자라면: 임산부입니까?
7. 최근 머리를 다친 적이 있습니까?
   "예" 라면 ➡ 언제 다쳤습니까? 경련 전입니까 경련 후입니까?

구급출동

ALS/BLS 구급차 동시 출동 상황	BLS 구급차 출동 상황
1. 무의식/호흡을 제대로 못함 2. 의식상태 저하 3. 경련이 멈추고 무호흡상태 4. 5분 이상 지속되는 경련 5. 여러 번 반복되는 경련 6. 열성경련 7. 병력 없는 최초 경련 8. 당뇨 환자 경련 9. 임산부 경련 10. 약물 남용 후 경련 11. 최근 머리를 다친 후 경련 12. 이전 경련과는 다른 경련	1. 경련 과거력이 있는 환자가 한번 경련을 한 경우 2. 경련이 멈추고 정상적인 호흡을 하는 경우 3. 간질 병력의 환자가 경련 후 호흡은 정상 이지만 아직 의식이 또렷하지 않은 경우

구급대 출동 지시 후 즉시 조치사항

1. 이전 경련 과거력을 모르는 사람의 경련은 최초 경련으로 간주한다.
2. 환자가 경련 후 의식이 없으면 무의식환자 기도 유지 지침으로 이동.

구급대 도착 전 응급처치 안내

1. 지금 경련중이면 환자 주위에 위험한 물건을 치우시고 입안에 아무것도 넣지 마십시오.
2. **경련이 멈췄으면 환자가 숨을 쉬는지(어떻게 쉬는지) 꼭 확인하십시오.**
   호흡을 하지 않으면 환자 나이를 확인해서 그 나이에 해당하는 심정지/호흡부전관련 항목을 참고한다.
3. 경련이 멈췄으면 환자를 옆으로 돌려 눕혀주세요.
4. 환자가 아이인 경우, 열이 있거나 몸이 뜨거우면 옷을 벗겨 체온을 낮추도록 한다.
5. 환자 상태에 변화가 생기면 바로 119에 전화주세요!!

출동 구급대에 알릴 기초 현장 정보

나이. 성별. 상세한 환자 위치. 주 호소. 관련 증상. 과거력(질병/수술).
현장의 위험성 여부

10 알러지 / 벌레에 쏘임

핵심질문

1. 환자의 의식은 명료합니까?
2. 호흡은 정상입니까?(호흡관련 항목 참조)
3. 무엇을 환자가 불편해합니까?
4. 삼키는데 어려움이 있습니까?
5. 일으켜 앉히면 환자가 어떻게 반응합니까?
6. 발진(rash)이나 두드러기(hives)가 생겼습니까?
7. 가렵다고 합니까?
8. 환자가 전에 무언가에 알러지 반응을 보인 적이 있었습니까?
   그렇다면, 그 알러지 반응이 어땠는지 말씀해 주십시오. 그 때가 언제였습니까?
9. 환자 증상이 더 심해지고 있습니까?
10. 환자에게 질병 알림표(a medic alert tag)가 있습니까?
    있다면, 뭐라고 쓰여 있습니까?

구급출동

ALS/BLS 구급차 동시 출동 상황	BLS 구급차 출동 상황
1. 무의식/제대로 호흡을 못함 2. 의식상태 저하 3. 호흡곤란 4. 연하곤란(제대로 삼키지 못함) 5. 제대로 말을 잇지 못함 6. 목구멍(throat)이나 얼굴에 부종 7. 실신 8. 과거에 심각한 알러지 반응이 있었음 9. 몸 여러 곳에 가려움증이나 두드러기	1. 알러지가 생기고 30분 이상이 지나 신고한 경우 2. 알러지 과거력은 없지만 알러지 반응에 대한 불안으로 신고한 경우 3. 호흡 곤란없이 꽤 시간이 지났는데도 알러지 반응이 지속되는 경우 4. 가려움증이나 두드러기가 몸 한곳에만 있는 경우

구급대 출동 지시 후 즉시 조치사항

1. 환자 의식이 없으면 무의식환자 기도 유지 지침으로 이동.
2. 환자가 의식이 없고 호흡을 제대로 하지 못하면 해당 CPR 안내로 이동.

구급대 도착 전 응급처치 안내

1. 가장 편한 자세로 있게 한다.
2. 베개를 베 주지 말고 목을 수평하게 유지한다.
3. 환자에게 호흡곤란(느린 호흡)증세나 심정지가 발생하는지 주의 깊게 살핀다.
4. 쏘인 침은 가능한 카드로 긁어서 빼낸다. 집어서 빼내지 않도록 한다.
5. 쏘인 곳에 얼음찜질을 한다.
6. 환자가 복용중인 약은 가능한 모아 가져간다.
7. 에피네프린 주사나 알러지 처치 도구가 있습니까?
   "예" 라면 ➡ 의사가 가르쳐 준대로 그것을 사용해 본적이 있나요?
8. 환자 상태에 변화가 생기면 바로 119에 전화주세요!!

출동 구급대에 알릴 기초 현장 정보

나이. 성별. 상세한 환자 위치. 주 호소. 관련 증상. 과거력(질병/수술)
유관 기관 출동 여부, **현장의 위험성 여부**

11 약물남용/중독/복용

핵심질문

1. 정신이 멀쩡해 보입니까? 호흡은 정상입니까?(호흡관련 항목 참조)
2. 무엇을 먹었는지 짐작이 가십니까? 행동이 어떻습니까? 폭력적입니까?
3. 환자가 손에 넣을 수 있는 무기가 주위에 있습니까?
4. 환자가 약을 먹었다면, 처방받은 약 입니까?
5. 무슨 약을 언제, 얼마만큼 먹었습니까? 약이 아니라면 무엇입니까?
6. 불법 약물이나 처방받지 않은 약을 먹었습니까? 그렇다면, 술과 함께 먹었습니까?
7. 나이는 몇 살입니까?
8. 알콜이나 정신과 치료, 또는 다른 약물중독관련치료를 받고 계신 분입니까?
9. 구토를 했습니까? 구토물이 어떻게 보입니까?

구급출동

ALS/BLS 구급차 동시 출동 상황	BLS 구급차 출동 상황
1. 다음 중증의 증상을 동반한 약물남용/중독/복용 - 무의식/제대로 호흡을 못함 - 약물남용으로 인한 의식상태 저하 - 흉통이 있는 코카인복용 - 가정용 세제, 부동액, 솔벤트(solvents), 메탄올, 청산가리, 살충제를 먹음 - 제대로 삼키지 못함 - 알콜 중독(깨워도 장시간 일어나지 않음) - 술과 함께 약물 남용	1. 중증의 증상이 없는 약물 복용 2. 스스로 먹었거나/착오로 인한 약물복용 3. 환자 옆에 없는 사람이 다른 곳에서 신고 4. 환자가 약을 먹지 않았다고 부인하거나, 약이나 다른 뭔가를 먹었는지 확실치 않은 신고 5. 약은 먹지 않은 알콜 중독자가 깨워서 일어난 경우

구급대 출동 지시 후 즉시 조치사항

1. 환자 의식이 없으면 무의식환자 기도 유지 지침으로 이동.
2. 환자가 의식이 없고 호흡을 제대로 하지 못하면 해당 CPR 안내로 이동.
3. 약물 중독센터나 해당 약물에 대한 정보를 파악한다.

구급대 도착 전 응급처치 안내

1. 환자를 집이나 안전한 장소에 있게 하고 주위에 위험한 물건을 치우십시오.
2. 약물의 종류나 양을 추정할 수 있는 모든 약봉지나 캡슐 껍질 등을 모아 가져간다.
3. 의사나 중독센터의 지시가 없다면, 구토제(ipecac) 포함, 아무것도 먹이지 않는다.
4. 경찰 도움이 필요합니까?
5. 환자 상태에 변화가 생기면 바로 119에 전화주세요!!

출동 구급대에 알릴 기초 현장 정보

나이. 성별. 상세한 환자 위치. 주 호소. 관련 증상. 과거력(질병/수술).
유관 기관 출동(경찰) 여부. 현장의 위험성 여부. 복용 약물에 대한 정보

12 정신이상/행동장애/자살

핵심질문

1. 당신(현장)은 안전합니까? 아니라면 피하십시오!!
2. 무슨 일이 있었습니까?
3. 환자가 폭력적입니까?
4. 환자(또는 환자 주위에)가 흉기나 위험한 무기를 가지고 있습니까?
5. 환자가 자해를 합니까? 자살 위험이 있습니까?
   그렇다면: 무엇으로 자해하고 있습니까? 어디에 상처가 있습니까?(외상환자 지침 참고)

〈환자주위에 있어도 위험하지 않는 경우에만〉

6. 환자의 의식은 명료합니까?
7. 환자의 호흡은 정상입니까?(호흡관련 항목 참조)
8. 행동이 평소와 다르거나 이상한 점이 있습니까?
   "예" 라면 ➡ 정신질환이 있습니까? 알콜 중독자나 상습적으로 폭력을 가하는 사람입니까?
   당뇨환자 입니까? 약물이나 술을 마셨습니까?

구급출동

ALS/BLS 구급차 동시 출동 상황	BLS 구급차 출동 상황
1. 무의식이나 무호흡 2. 의식상태 저하 3. 당뇨환자의 비정상적인 행동	1. 정신질환이 있는 환자의 비정상적 행동 2. 단순 주취자의 난동 3. 자해, 자살 소동 또는 타인에 대한 위협 4. 경찰의 구급대 대기 요청 5. 위험하지 않은 자해(손목 열상 등) 6. 정신과 또는 알콜 치료병원으로의 이송

구급대 출동 지시 후 즉시 조치사항

1. 환자 의식이 없으면 무의식환자 기도 유지 지침으로 이동.
2. 환자가 의식이 없고 호흡을 제대로 하지 못하면 해당 CPR 안내로 이동.
3. 보호자가 없거나 보호자가 돌볼 수 없는 경우, 구청 위기대응팀에 연락.
4. 경찰 도움이 필요합니까?

구급대 도착 전 응급처치 안내

1. 환자를 가능한 자신과 다른 사람에게 위협이 되지 않는 장소에 있게 하십시오.
2. 환자를 되도록 자극하지 않도록 하십시오.
3. 위험하다 싶으면 바로 현장을 떠나십시오.
4. 가능하다면 환자가 복용중인 약을 챙겨두십시오.
5. 경찰 도움이 필요합니까?
6. 환자 상태에 변화가 생기면 바로 119에 전화주세요!!

출동 구급대에 알릴 기초 현장 정보

나이. 성별. 상세한 환자 위치. 주 호소. 관련 증상. 과거력(질병/수술).
유관 기관 출동(경찰 또는 경찰특공대) 여부. 현장의 위험성 여부

13 쓰러짐 / 정보가 한정됨

핵심질문

1. 쓰러진 사람과 어떻게 되십니까?
2. 쓰러지는 것을 보셨습니까 아니면 쓰러져 있는 것을 보셨습니까?
3. 사고를 당한 것처럼 보입니까? 외상이 있습니까?
4. 주변이 위험하지 않다면 불러서 깨워보시겠습니까?
5. 의식이 있습니까? 부르는 말에 반응을 합니까?
6. 호흡은 정상입니까?(호흡관련 항목 참조)
7. 호소하는 증상이 있습니까? 구급차가 필요합니까?
8. 음주자입니까?
9. 노숙자처럼은 보이지 않습니까?
10. 구급대와 경찰이 도착할 때까지 현장에 계실 수 있습니까?

구급출동

ALS/BLS 구급차 동시 출동 상황	BLS 구급차 출동 상황
1. 원인을 알 수없는 무의식/의식 상태 저하 2. 원인을 알 수없는 무호흡/비정상호흡 3. 환자가 여러 명인 경우 4. 대량 재해 상황	1. 신고자가 신고만 하고 현장을 떠난 경우 2. 차를 타고가다 쓰러져 있는 사람을 보고 신고한 경우 3. 단순 비 외상 과음자 4. 의식과 호흡에 문제가 없는 노숙인 5. 의식과 호흡에 문제가 없는 사람이 지나가는 사람에게 119 신고를 부탁한 경우 6. 본인이 공중전화로 신고한 경우 7. 5번 6번 신고는 EMD가 응급성 판단

구급대 출동 지시 후 즉시 조치사항

1. 환자 의식이 없으면 무의식환자 기도 유지 지침으로 이동.
2. 환자가 의식이 없고 호흡을 제대로 하지 못하면 해당 CPR 안내로 이동.
3. 환자 상태가 특정 처치 지침서에 해당하면 EMD는 즉시 그 지침에 따라 대응한다.

구급대 도착 전 응급처치 안내

1. 구급대가 출동 중입니다.
2. 정확한 위치 확인을 위해 선생님께 전화를 드릴 것입니다. 꼭 받아주십시오.
3. 환자 상태에 변화가 생기면 바로 119에 전화주세요!!

출동 구급대에 알릴 기초 현장 정보

나이, 성별, 상세한 환자 위치, 주 호소, 관련 증상, 과거력(질병/수술),
유관 기관 출동(경찰 또는 경찰특공대) 여부, 현장의 위험성 여부

손상범주 Traumatic Incident Types

1 다친 사람 / 외 상

핵심질문

1. 환자의 의식은 명료합니까?
2. 환자의 호흡은 정상입니까? (호흡관련 항목 참조)
3. 어떻게 다쳤습니까?
4. 어디에서 다쳤습니까?
5. 어떤 일이 있었는지 말씀해주시겠습니까?
6. 출혈이 있습니까? "예" 라면 ➡ 출혈부위, 출혈량, 출혈 시간, 압박으로 출혈이 멈추는지 등을 확인하여 응급처치 안내

구급출동

ALS/BLS 구급차 동시 출동 상황	BLS 구급차 출동 상황
1. 무의식/호흡곤란	1. 손이나 발에 관통상/짓이김 손상
2. 의식상태 저하	2. 손상부위를 정확히 모르거나 내부 손상
3. 머리, 목, 몸통, 허벅지(thigh)에 관통상이나 짓이김(crushing) 손상	3. 경미한 손상
4. 다발성 사지 골절	4. 피해자가 크게 다치지 않았지만 걱정이 되어 보호자가 신고한 경우
5. 무릎 위 다리 손상	5. 국소적인 사지 골절
6. 지혈이 안 되는 출혈	6. 현장 처치가 필요한 경우
	7. 경찰이 구급대 대기를 요청한 경우

구급대 출동 지시 후 즉시 조치사항

1. 환자 의식이 없으면 무의식환자 기도 유지 지침으로 이동.
2. 환자가 의식이 없고 호흡을 제대로 하지 못하면 해당 CPR 안내로 이동.
3. 경찰/구조대/소방차의 도움이 필요합니까?

구급대 도착 전 응급처치 안내

1. 주위에 위험 요인이 없다면 환자를 그대로 있도록 하십시오.
2. 몸에 박힌 물체는 빼거나 만지지 마십시오.
3. 만약 출혈이 있다면, 깨끗한 수건을 출혈부위에 대고 누르십시오.
4. 피가 수건에 배어 나오면 떼지 말고 그 위에 다른 수건을 대십시오.
5. 호흡에 방해가 되지 않는 처치만 하십시오.
6. 환자를 따뜻하게 해주십시오.
7. 침착하게 행동하십시오.
8. 절단 부위는 깨끗한 플라스틱 백에 보관하되 얼음은 넣지 마십시오. 치아는 우유에 담가 보관하십시오.
9. 환자 상태에 변화가 생기면 바로 119에 전화주세요!!

출동 구급대에 알릴 기초 현장 정보

나이. 성별. 상세한 환자 위치. 주 호소. 관련 증상. 과거력(질병/수술).
경찰/소방차/구조대 출동 여부. 현장의 위험성 여부

2 교통사고

핵심질문

1. 지금 위험한 상황입니까? (현장은 안전합니까?)
   차량에 화재, 기름유출, 위험물질 등
2. 사고가 어떻게 났습니까?
3. 환자가 몇 명입니까?
4. 환자의 의식은 명료합니까?
5. 환자의 호흡은 정상입니까? (호흡관련 항목 참조)
6. 사고 차량은 무엇입니까?
7. 차량 내에 갇혀있거나 차에서 튕겨져 나온 사람이 있습니까?

구급출동

ALS/BLS 구급차 동시 출동 상황	BLS 구급차 출동 상황
1. 무의식/호흡곤란 2. 의식상태 저하 3. 사고 발생 전 흉통 4. 다음과 같은 손상기전 - 차량(차/오토바이) 대 고정된 물체 - 정면이나 측면출동 차량 교통사고 - 차량 대 보행자, 오토바이, 또는 자전거 - 환자가 끼어있거나 튕겨져 나감 - 차량 전복 5. 중증의 손상 기전(critical criteria)에 해 당하는 머리와 목, 몸통, 대퇴부의 부상 6. 부상자가 여러 사람인 경우	1. 중증의 손상기전에 해당하지 않는 사고로 인한 부상 2. 단순 접촉사고 3. 국소적인 사지 골절 4. 경찰이 구급대 대기나 현장 처치를 요청한 경우

구급대 출동 지시 후 즉시 조치사항

1. 환자 의식이 없으면 무의식환자 기도 유지 지침으로 이동.
2. 환자가 의식이 없고 호흡을 제대로 하지 못하면 해당 CPR 안내로 이동.
3. 경찰에 신고했습니까? 구조대/소방차의 도움이 필요합니까?

구급대 도착 전 응급처치 안내

1. 주위에 위험 요인이 없다면 환자를 그대로 있도록 한다.
2. 만약 출혈이 있다면, 깨끗한 수건을 출혈부위에 대고 누르십시오.
3. 피가 수건에 배어 나오면 떼지 말고 그 위에 다른 수건을 대십시오.
4. 환자 상태에 변화가 생기면 바로 119에 전화주세요!!

출동 구급대에 알릴 기초 현장 정보

나이. 성별. 상세한 환자 위치. 주 호소. 관련 증상. 과거력(질병/수술).
소방차/구조대 출동 여부. 현장의 위험성 여부

3 출혈 / 열상

핵심질문

1. 환자의 의식은 명료합니까?
2. 환자의 호흡은 정상입니까?
3. 출혈부위는 어디입니까? 만약 질(vaginal)에 출혈이 있다면, 임신 중입니까?
4. 피가 뿜어져 나오는 출혈입니까?
5. 환자가 혈우병(hemophiliac)을 앓고 있습니까?
6. 만약 부상에 의한 출혈이라면 ➡
   출혈부위, 출혈량, 출혈 시간, 압박으로 출혈이 멈추는지 등을 확인하여 응급처치 안내
7. 환자(피해자)가 신고자 질문에 대답을 할 수 있습니까?

구급출동

ALS/BLS 구급차 동시 출동 상황	BLS 구급차 출동 상황
1. 무의식/호흡곤란 2. 의식상태 저하 3. 동맥출혈 4. 혈우병환자의 출혈 5. 심각한 직장출혈 6. 피를 토하거나 커피색깔의 피를 토함 7. 입에서 피를 토하고 호흡곤란 동반 8. 목이나 서혜부(groin), 겨드랑이에 심각한 출혈 9. 하복부 통증과 실신을 동반한 임신 20주 이상 임산부의 질 출혈	1. 출혈부위에 상관없이 심하지 않은 출혈

구급대 출동 지시 후 즉시 조치사항

1. 환자 의식이 없으면 무의식환자 기도 유지 지침으로 이동.
2. 환자 의식이 없고 호흡을 제대로 하지 못하면 해당 CPR 안내로 이동.

구급대 도착 전 응급처치 안내

1. 만약 출혈이 있다면, 깨끗한 수건을 출혈부위에 대고 누르십시오. 피가 수건에 배어나오면 떼지 말고 그 위에 다른 수건을 대십시오.
2. 비 출혈(코피)은, 환자에게 엄지와 검지로 코 양쪽을 꼭 집어 누르게 한 다음, 약간 숙인 자세로 앉아 그대로 구급대가 도착할 때 까지 기다리도록 한다. 이 때 입안의 피는 뱉어 내도록 한다. 코피를 삼키면 구토가 유발될 수 있다.
3. 환자에게 움직이지 않도록 한다.
4. 담요로 환자를 덮어주고 차분하게 있도록 한다.
5. 먹거나 마시지 않도록 한다.
6. 환자가 복용중인 약이 있으면 가능한 챙기십시오.
7. 만약 절단 부위가 있으면, 깨끗한 플라스틱 백에 보관하되 얼음은 넣지 마십시오.
   만약 부러진 치아나 빠진 치아가 있으면 우유에 담가 보관하십시오.
8. 환자 상태에 변화가 생기면 바로 119에 전화주세요!!

출동 구급대에 알릴 기초 현장 정보

나이. 성별. 상세한 환자 위치. 주 호소. 관련 증상. 과거력(질병/수술).
유관 기관 출동 여부. **현장의 위험성 여부**

4 추락 / 낙상환자

핵심질문

1. 환자의 호흡은 정상입니까?
2. 환자의 의식은 명료합니까?
3. 어느 정도 높이에서 떨어(넘어)졌습니까?
4. 환자가 떨어진 바닥은 무엇입니까?
5. 명백한 손상이 있습니까? 어떤 손상입니까?
6. 환자가 떨어(넘어)지기 전에 통증이나 질병을 호소했습니까?
7. 환자가 손가락이나 발가락을 움직일 수 있습니까?
   (손가락이나 발가락을 제외한 다른 신체부위는 움직이지 않도록 하십시오).
8. 출혈이 있습니까?
   "예" 라면 ➡ 출혈부위, 출혈량, 출혈 시간, 압박으로 출혈이 멈추는지 등을 확인하여 응급처치 안내

구급출동

ALS/BLS 구급차 동시 출동 상황	BLS 구급차 출동 상황
1. 무의식/호흡곤란	1. 잠시 의식을 잃었지만 곧 의식을 회복하고 심각한 증상이 보이지 않는 환자
2. 의식상태 저하	2. 3미터 이하 높이에서 추락
3. 3미터 이상 높이에서 추락	3. 심각한 증상 없이 목과 등에 통증호소
4. 통증, 흉부 불편 감, 어지럼증, 두통, 당뇨 같은 증상을 호소하고 쓰러지거나 이와 관련 있는 쓰러짐	4. 조절이 가능한 출혈
5. 마비증상보임	5. 작은 열상, 부종이나 찰과상만 있음
6. 조절이 안 되는 출혈	6. 보조만 필요한 환자(patient assist)
7. 다발성 골절	7. 사고와 관련 있지만 다른 문제를 호소하지 않는 환자
8. 대퇴부 골절	8. 팔다리에 국한된 골절

구급대 출동 지시 후 즉시 조치사항

1. 구조대의 도움이 필요합니까?
2. 환자 의식이 없으면 무의식환자 기도 유지 지침으로 이동.
3. 환자가 의식이 없고 호흡을 제대로 하지 못하면 해당 CPR 안내로 이동.

구급대 도착 전 응급처치 안내

1. 작동중인 기계는 끈다.
2. 환자 주위에 위험 요인이 없으면 환자를 옮기지 않는다.
3. 환자에게 움직이지 않도록 한다.
4. 담요로 환자를 덮어주고 차분하게 있도록 한다.
5. 환자가 먹거나 마시지 않도록 하십시오.
6. 만약 출혈이 있다면, 깨끗한 수건을 출혈부위에 대고 누르십시오. 피가 수건에 배어나와도 떼지 말고 그 위에 다른 수건을 대십시오. 호흡에 방해가 되지 않는 처치만 하십시오.
7. 환자 상태에 변화가 생기면 바로 119에 전화주세요!!

출동 구급대에 알릴 기초 현장 정보

나이. 성별. 상세한 환자 위치. 주 호소. 관련 증상, 과거력(질병/수술).
유관 기관 출동 여부. 현장의 위험성 여부.

5 산업현장재해

핵심질문

1. 환자의 의식은 명료합니까?
2. 환자의 호흡은 정상입니까?
3. 눈에 띄는 손상이 있습니까? 어떤 손상입니까?
4. 신체 어느 부위가 절단되었습니까?
5. 절단 부위를 보관하고 있습니까?
6. 환자가 발가락이나 손가락을 움직일 수 있습니까?
   (손가락과 발가락을 제외하고는 움직이지 않도록 하십시오).
7. 출혈이 있습니까? "예" 라면 ➡ 출혈부위, 출혈량, 출혈 시간, 압박으로 출혈이 멈추는지 등을 확인하여 응급처치 안내
8. 환자가 어디에 끼어있습니까? **끼어있다면 구조대도 구급대와 동시에 출동 지시**

구급출동

ALS/BLS 구급차 동시 출동 상황	BLS 구급차 출동 상황
1. 무의식/호흡곤란	1. 의식을 잃었지만, 의식 회복 후 심각한 증상을 보이지 않음
2. 의식상태 저하	2. 손가락이나 발가락의 절단/끼어있음
3. 머리, 목, 몸통, 허벅지(thigh)에 관통상이나 짓이김(crushing) 손상을 유발한 사고	3. 심각한 증상없는 목과 등 쪽 통증
4. 환자가 끼어있음	4. 지혈되는 출혈
5. 손가락, 발가락을 제외한 부위의 절단	5. 작은 열상, 부종이나 찰과상
6. 환자 마비	6. 보조만 필요한 환자(patient assist)
7. 조절되지 않는 출혈	7. 사고와 관련있지만 다른 임상증상을 호소하지 않는 환자
8. 대퇴부 골절	

구급대 출동 지시 후 즉시 조치사항

1. 환자 의식이 없으면 무의식환자 기도 유지 지침으로 이동.
2. 환자가 의식이 없고 호흡을 제대로 하지 못하면 해당 CPR 안내로 이동.
3. 구조대/소방차/항공구급대가 필요한가?

구급대 도착 전 응급처치 안내

1. 기계와 관련이 있으면, 작동을 정지시킨다(가능한 관련자가 하도록 한다).
2. 환자 주위에 위험 요인이 없으면 환자를 옮기지 않는다(움직이지 않도록 한다).
3. **환자를 돕겠다고 위험 장소에 들어가지 않도록 한다.**
4. 누군가 구급대를 마중나가 환자가 있는 장소로 안내하도록 한다.
5. 만약 출혈이 있다면, 깨끗한 수건을 출혈부위에 대고 누르십시오. 피가 수건에 배어 나와도 떼지 말고 그 위에 다른 수건을 대십시오.
6. 만약 절단 부위가 있으면, 깨끗한 플라스틱 백에 보관하되 얼음은 넣지 마십시오.
   치아는 우유에 담가 보관하십시오.
7. 환자 상태에 변화가 생기면 바로 119에 전화주세요!!

출동 구급대에 알릴 기초 현장 정보

나이. 성별. 상세한 환자 위치. 주 호소. 관련 증상. 과거력(질병/수술).
유관 기관(구조대) 출동 여부. 현장의 위험성 여부

6 화 상

핵심질문

1. 어떤 화상입니까? **안전이 가장 중요합니다.**
   - **열상(Thermal)** - 화상 원인 물질이 아직 환자 몸에 있습니까?(지금도 화상을 입고 있습니까?) 더 이상 화상을 입지 않도록 하십시오.(도착 전 응급처치안내 참고)
   - **전기화상(Electrical)** - 아직도 감전 중입니까? 어떻게 감전되었습니까? 집안이라면 스토브, 다리미 또는 220볼트 전원에 감전되었습니까?
   - **화학화상(Chemical)** - 어떤 화학물질에 의한 화상입니까?
2. 환자가 묻는 말에 대답할 수 있습니까?
3. 환자가 숨쉬기를 힘들어합니까? 아니면 화상으로 호흡 곤란이 생겼습니까?
4. 환자가 삼키는데 어려움이 있습니까?
5. 화상부위는 어디 입니까?
6. **화상 부위가 머리나 얼굴입니까?**
   "예" 라면 ➡ 기침을 합니까? 코털이 탔습니까? 입이나 코 주위에 화상을 입었습니까?
7. 환자가 남성이라면 눈썹이나 수염이 탔습니까?
8. 화상 말고 다친 곳은 없습니까?

구급출동

ALS/BLS 구급차 동시 출동 상황	BLS 구급차 출동 상황
1. 무의식/호흡곤란 2. 의식상태 저하 3. 기도, 코, 입에 화상, 목쉰 소리, 말을 하거나 삼키기가 어려움 4. 체표면적 15%이상의 화상 5. 전기화상/220볼트나 그 이상의 전선에 감전/배전판 6. 화학물질에 의한 눈 화상	1. 체표면적 15%이하의 1-2도 화상 2. 뜨거운 액체를 흘려 입은 화상 3. 성냥이나 담뱃불에 의한 화상 4. 가정에서 전기 감전 5. 냉동화상

구급대 출동 지시 후 즉시 조치사항

1. 환자 의식이 없으면 무의식환자 기도 유지 지침으로 이동.
2. 환자 의식이 없고 호흡을 제대로 하지 못하면 해당 CPR 안내로 이동.
3. 필요하다면 소방차 출동지시.

구급대 도착 전 응급처치 안내

1. 전원을 차단한다(안전할 경우만).
2. 가능한, 감염된 옷은 벗는다.
3. 만약 화학물질에 의한 화상일 경우 관련 기관에 연락 그 물질에 대한 정보를 얻는다.
4. 그 화상물질이 분말일 경우 털어내고 물로 씻지 않는다.
5. 눈에 묻은 화학물질은 흐르는 물로 씻어 내린다. 렌즈를 끼고 있으면 렌즈를 뺀다.
6. 가능하다면, 화상부위를 얼음 말고 차가운 물에 담근다.
7. 환자 상태에 변화가 생기면 바로 119에 전화주세요!!

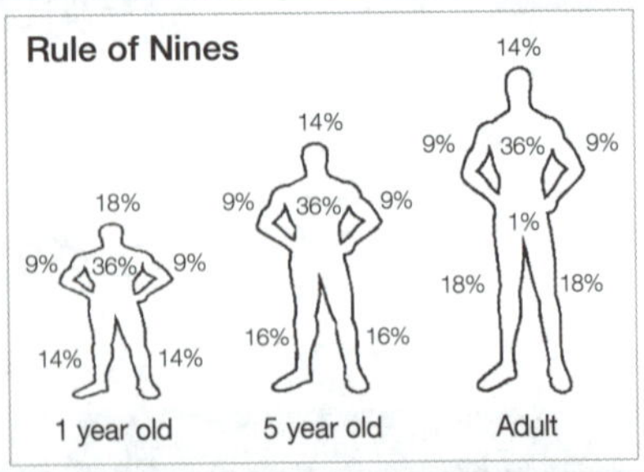

출동 구급대에 알릴 기초 현장 정보

나이. 성별. 상세한 환자 위치. 주 호소. 관련 증상. 과거력(질병/수술).
유관 기관 출동 여부. 현장의 위험성 여부

7 열/한냉 손상

핵심질문

1. 환자의 의식은 명료합니까?
2. 환자의 호흡은 정상입니까?
3. 고열과 저체온의 원인은 무엇입니까?
4. 노출 시간은 얼마입니까?
5. 환자가 호소하는 문제는 무엇입니까?
6. 환자가 통증을 호소합니까? 그렇다면, 통증 부위는 어디입니까?
7. 환자가 질문에 정상적인 대답을 합니까?
8. 환자가 당신 말에 반응을 보이고 간단한 지시를 따라서 할 수 있습니까?
9. 환자의 행동이 평소와 같습니까? 다르다면, 어떤 점이 다른가요?
10. 환자가 땀을 많이 흘립니까?
11. 일으켜 앉히면 환자가 어떻게 반응합니까?
12. 환자가 어지럽거나 힘이 없고 현기증이 있습니까?

구급출동

ALS/BLS 구급차 동시 출동 상황	BLS 구급차 출동 상황
1. 무의식/호흡곤란 2. 의식상태 저하 3. 응급상황에 해당하는 고열과 저체온 4. 혼란/지남력상실	1. 오한이 멈추지 않는 환자 2. 열이나 추위에 노출되었지만 심각한 증상이 없는 환자

구급대 출동 지시 후 즉시 조치사항

1. 환자 의식이 없으면 무의식환자 기도 유지 지침으로 이동.
2. 환자가 의식이 없고 호흡을 제대로 하지 못하면 해당 CPR 안내로 이동.

구급대 도착 전 응급처치 안내

1. 환자를 뜨겁고 추운 곳으로부터 벗어나도록 한다.
2. 춥고 탈수상태인 환자는 덮어준다.
3. 춥고 젖은 상태의 환자는 먼저 옷을 벗기고 덮어준다.
4. 만약 환자가 열에 과도하게 노출되었다면 열이 떨어지도록 옷을 느슨하게 풀어준다.
5. 의식이 저하된 환자에게는 아무것도 먹이지 않도록 한다.
6. 동창(frostbitten)상태의 사지는 문지르면 안 된다.
7. 환자가 복용중인 약은 가능한 모아 가져간다.
8. 환자 상태에 변화가 생기면 바로 119에 전화주세요!!

출동 구급대에 알릴 기초 현장 정보

나이. 성별. 상세한 환자 위치. 주 호소. 관련 증상. 과거력(질병/수술).
유관 기관(구조대) 출동 여부. 현장의 위험성 여부

8 눈 손상 / 질환

핵심질문

1. 환자의 의식은 명료합니까?
2. 환자의 호흡은 정상입니까?
3. 무엇 때문에 다쳤습니까?
   화학물질, 이물질, 이물이 눈에 박힘.
   눈을 직접 가격 당함.
   날아온 물체에 맞음.
   용접/용접작업 등
4. 안구에 열상이 있거나 누액이 누출이 있습니까?
5. 눈 말고 다른 손상이 있습니까?

구급출동

ALS/BLS 구급차 동시 출동 상황	BLS 구급차 출동 상황
1. 무의식/호흡곤란 2. 의식상태 저하 3. 안구파열 4. 화학물질로 인한 눈 손상 5. 기타 심각한 눈 손상	1. 눈에 이물감 2. 용접작업 후 눈에 통증 3. 기타 시력에 문제가 없는 눈 손상.

구급대 출동 지시 후 즉시 조치사항

환자 의식이 없으면 무의식환자 기도 유지 지침으로 이동.

구급대 도착 전 응급처치 안내

1. 안구에 들어간 (박힌)이물질을 제거하지 마십시오.
2. 만약 안구에 열상이나 손상이 있으면 만지거나 세척(irrigation), 붕대를 감지 마시오.
3. 만약 화학물질에 의한 손상일 경우 즉시 흐르는 물로 씻어내십시오.
4. 구급대가 도착할 때까지 계속하십시오.
5. 콘택트렌즈는 빼십시오.
6. 환자에게 움직이지 않도록 하십시오.
7. 환자는 앉아있도록 하십시오.
8. 담요로 환자를 덮어주고 차분하게 있도록 한다.
9. 환자가 먹거나 마시지 않도록 하십시오.
10. 환자가 복용중인 약이 있으면 가능한 챙기십시오.
11. 환자 상태에 변화가 생기면 바로 119에 전화주세요!!

출동 구급대에 알릴 기초 현장 정보

나이. 성별. 상세한 환자 위치. 주 호소. 관련 증상. 과거력(질병/수술).
유관 기관 출동 여부. 현장의 위험성 여부

9 폭행/가정폭력/성폭행 ✚

핵심질문

1. 폭행한 사람이 옆에 있습니까? **계신 곳이 위험하다면 피하십시오!!**
2. 신체폭행입니까? 성폭행입니까?
3. 어떻게 폭행을 당했습니까? (칼에 찔림, 총상 또는 심한 외상은 해당 지침 참고).
   - 성폭행이고 부상이 없다면 ➡ 전문 상담센터로 연결
   - 가정폭력이고 부상이 없다면 ➡ 전문 상담센터로 연결
4. 어디를 다쳤습니까?
5. 피가 나나요?
   "예" 라면 ➡ 출혈부위, 출혈량, 출혈 시간, 압박으로 출혈이 멈추는지 등을 확인하여 응급처치 안내
6. 환자(피해자)가 신고자 질문에 대답을 할 수 있습니까?

구급출동

ALS/BLS 구급차 동시 출동 상황	BLS 구급차 출동 상황
1. 무의식/호흡곤란 2. 의식상태 저하 3. 짓이김(crushing) 손상(손과 발은 제외) 4. 관통상(머리, 목, 몸통, 대퇴부) 5. 다발성 사지골절 6. 대퇴(넓적다리)골절 7. 조절이 안 되는 출혈	1. 손이나 발에 관통상/짓이김 손상 2. 국소적인 사지골절, 경미한 손상 3. 미상의 부상(Unknown injuries) 4. 피해자가 명백한 손상을 입지는 않았지만 신고자가 걱정이 되어 신고한 경우 5. 경찰이 구급대 대기나 현장 처치를 요청한 경우

구급대 출동 지시 후 즉시 조치사항

1. 환자 의식이 없으면 무의식환자 기도 유지 지침으로 이동.
2. 환자 의식이 없고 호흡을 제대로 하지 못하면 해당 CPR 안내로 이동.
3. 경찰에 알렸습니까?

구급대 도착 전 응급처치 안내

1. 때린 사람을 피해 안전한 곳에 계십시오.
2. 몸에 박힌 물체를 만지거나 빼지 마십시오.
3. 환자를 눕히고 조용히 계십시오.
4. 폭행에 쓰인 무기를 만지지 마십시오.
5. 만약 출혈이 있다면, 깨끗한 수건을 출혈부위에 대고 누르십시오.
   피가 수건에 배어나오면 떼지 말고 그 위에 다른 수건을 대십시오.
6. 피해자가 옷을 갈아입거나 목욕 또는 샤워를 하지 않도록 하십시오.
7. 피해자를 따뜻하게 해주십시오.
8. 환자가 복용중인 약이 있으면 가능한 챙기십시오.
9. 환자 상태에 변화가 생기면 바로 119에 전화주세요!!

출동 구급대에 알릴 기초 현장 정보

나이. 성별. 상세한 환자 위치. 주 호소. 관련 증상. 과거력(질병/수술).
유관 기관 출동 여부. 현장의 위험성 여부

10 폭행 / 자상 / 총상

핵심질문

1. 언제 그랬습니까? 방금 전이라면, 가해자가 옆에 있습니까?
2. 지금도 무기가 주위에 있습니까?
3. 환자의 의식은 명료합니까?
4. 환자의 호흡은 정상입니까?
5. 다친 사람이 여러 명입니까?
6. 여러 곳을 다쳤습니까?
7. 어디를 다쳤습니까?
8. 출혈이 있습니까? "예" 라면 ➡ 출혈부위, 출혈량, 출혈 시간, 압박으로 출혈이 멈추는지 등을 확인하여 응급처치 안내

구급출동

ALS/BLS 구급차 동시 출동 상황	BLS 구급차 출동 상황
1. 무의식/호흡곤란 2. 의식상태 저하 3. 지혈이 안 되는 출혈 4. 무릎 위 다리손상 5. 머리와 목, 몸통, 대퇴부의 부상 6. 부상자가 여러 사람인 경우	1. 팔이나 무릎아래 다리에 국한된 부상

구급대 출동 지시 후 즉시 조치사항

1. 환자 의식이 없으면 무의식환자 기도 유지 지침으로 이동.
2. 환자가 의식이 없고 호흡을 제대로 하지 못하면 해당 CPR 안내로 이동.
3. 경찰에 알렸습니까? 현장의 안전 여부를 출동대에게 알려주십시오!!

구급대 도착 전 응급처치 안내

1. 신고자에게 안전한 곳에 있도록 한다(가해자를 조심한다).
2. 사건현장은 그대로 보존하고 무기에 손대지 않도록 한다.
3. 몸에 박혀있는 칼이나 이물질은 빼지 마십시오.
4. 만약 출혈이 있다면, 깨끗한 수건을 출혈부위에 대고 누르십시오.
5. 피가 수건에 배어 나오면 떼지 말고 그 위에 다른 수건을 대십시오.
6. 환자를 눕히고 조용히 계십시오.
7. 피해자를 따뜻하게 해주십시오.
8. 환자 상태에 변화가 생기면 바로 119에 전화주세요!!

출동 구급대에 알릴 기초 현장 정보

나이. 성별. 상세한 환자 위치. 주 호소. 관련 증상. 과거력(질병/수술).
경찰출동 여부. 현장의 위험성 여부

11 동물에 물림

핵심질문

1. 문 동물이 격리되어 있습니까? **계신 곳이 위험하다면 피하십시오!!**
2. 무엇에 물렸습니까?
3. (환자에게) 호흡곤란이 있습니까?
4. 어디를 물렸습니까?
5. 피가 나나요?
   "예" 라면 ➡ 출혈부위, 출혈량, 출혈 시간, 압박으로 출혈이 멈추는지 등을 확인하여 응급처치 안내
6. 물린지 얼마나 됐습니까?

구급출동

ALS/BLS 구급차 동시 출동 상황	BLS 구급차 출동 상황
1. 무의식/호흡곤란 2. 의식상태 저하 3. 압박에도 출혈이 계속됨 4. 얼굴이나 목에 심한 교상 5. 독을 가진 동물에 물림	1. 출혈부위 압박으로 지혈이 되는 출혈 2. 물린 부위가 부어오름(부종) 3. 독이 없는 동물에 목 아래부위를 물림

구급대 출동 지시 후 즉시 조치사항

1. 환자 의식이 없으면 무의식환자 기도 유지 지침으로 이동.
2. 경찰에 알렸습니까? 동물구조단(구조대)을 출동시켰습니까?

구급대 도착 전 응급처치 안내

1. 위험하지 않다면 가능한 문 동물을 가둬두십시오.
2. 환자를 진정시키고 움직이지 않도록 하십시오.
3. 출혈이 있다면, 깨끗한 수건을 출혈부위에 대고 누르십시오.
4. 피가 수건에 배어나오면 떼지 말고 그 위에 다른 수건을 대십시오.
5. 물린 부위가 팔, 다리이면 그 부위를 올려주십시오.
6. 호흡에 방해가 되지 않는 처치만 하십시오.
7. 뱀에 물렸을 경우 ➡ 사지를 올리지 마십시오!
   얼음을 사용하지 마십시오!
   독을 빼려고 하지 마십시오!
8. 환자 상태에 변화가 생기면 바로 119에 전화주세요!!

출동 구급대에 알릴 기초 현장 정보

나이. 성별. 상세한 환자 위치. 주 호소. 관련 증상. 과거력(질병/수술).
동물 구조단 등 유관 기관 출동 여부. 현장의 위험성 여부

06장

구급대 도착 전 응급처치 안내(PAI)

CBD와 MPDS 구급대 도착 전 응급처치 안내(PAI) 비교

항 목	CBD PAI	MPDS PAI
제세동기(AED)	1. 자동제세동기 사용법 설명	
CPR	2. 성인 CPR 3. 소아(1-8세) CPR 4. 영아(0-12개월) CPR 5. 신생아 CPR 6. 임신 3기 여성 CPR 7. 기관/후두 절개술로 목에 기공(Stoma) 있는 환자 CPR	1. 성인 CPR 2. 소아(1-8세) CPR 3. 영아(0-12개월) CPR
기도폐쇄 (Choking)	8. 기도폐쇄 - 성인 9. 기도폐쇄 - 임신 3기 또는 비만 여성 10. 기도폐쇄 - 소아(1-8세) 11. 기도폐쇄 - 영아(0-12개월)	4. 기도폐쇄 - 성인 5. 기도폐쇄 - 소아(1-8세) 6. 기도폐쇄 - 영아(0-12개월)
의식 없음/ 호흡 있음	12. 질환(의식 없음/호흡 정상) 13. 외상(의식 없음/호흡 정상)	7. 질환(의식 없음/호흡 정상) 8. 외상(의식 없음/호흡 정상)
출 산 (Childbirth)	14. 출산 15. 출산(임산부 혼자)	9. 출산

119 구급 신고 접수 시 공통 질문 사항

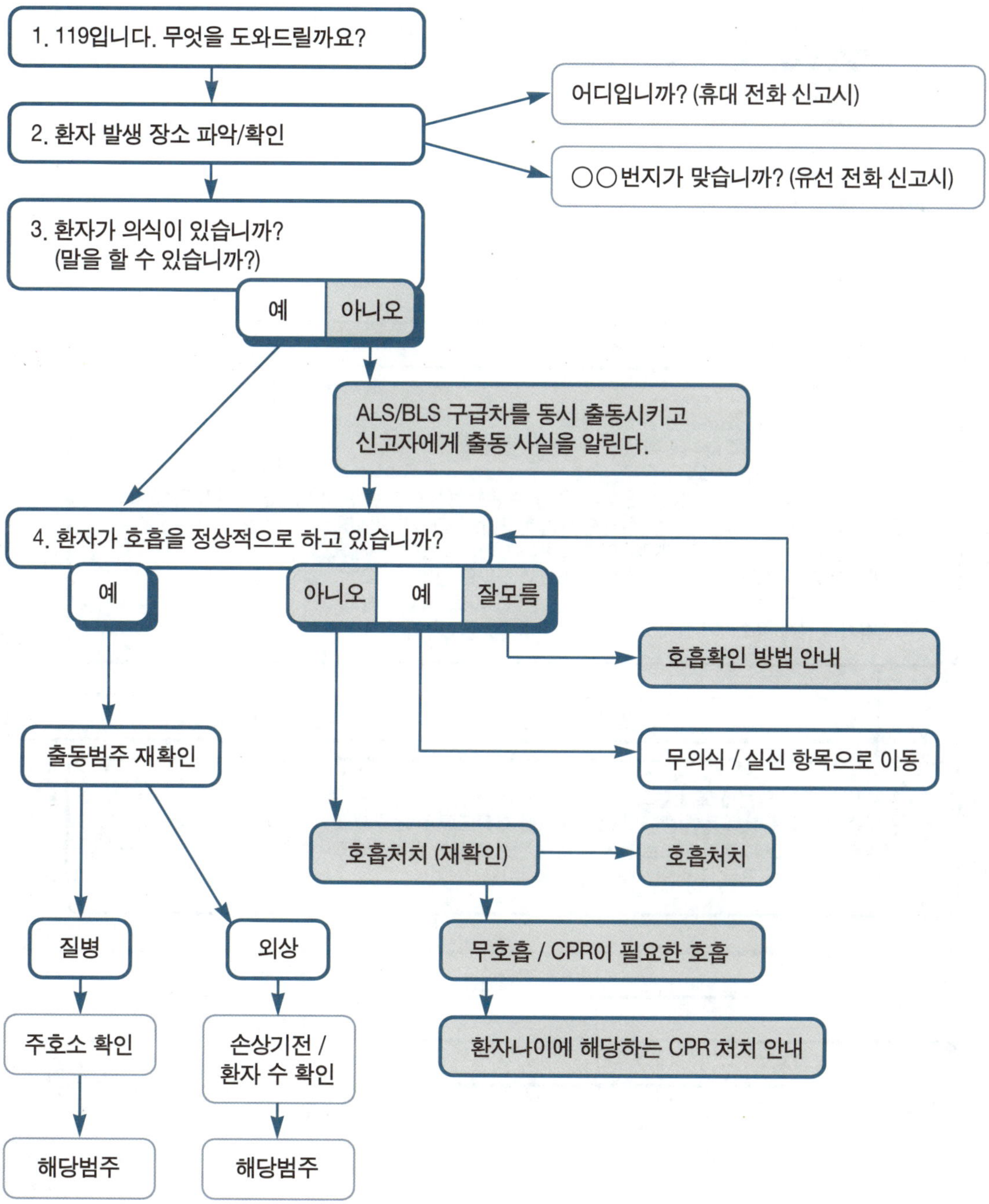

성인 CPR 안내

즉시 조치 사항 :
주위에 제세동기(AED)가 있습니까?
그렇다면 제세동기를 사용토록 한다. (필요하면 사용법 설명)

CPR를 할 줄 아시거나, 옆에 아는 사람이 있습니까?

아니오 | 예

예 → CPR 시작

※ 인공호흡을 거부하거나 CPR에 자신없어하는 사람에게는 가슴 압박만이라도 하도록 한다.

아니오 ↓

어떻게 하는지 말씀드리겠습니다. 잘 들으세요.

- 환자를 바닥에 똑바로 눕히고 베개는 베 주지 마십시오.
- 상의는 가능한 벗기십시오.
- 환자 옆에 무릎을 굻고 엉덩이를 든 자세로 한 손 손등위에 다른 손 손바닥을 올려 깍지 끼십시오.
- 손꿈치(손바닥 아래쪽)를 환자의 젖꼭지 사이 한 가운데 가슴뼈위에 올리세요.
- 팔꿈치를 쭉 펴고 수직으로 위에서 아래로 강하게(최소 5cm) 누르세요.
- 손바닥이 환자 가슴에 붙어 있는 상태로 눌렀다 뗐다를 반복하세요.
- 이제 제가 숫자 세는 속도대로 누르십시오.(1분당 적어도 100회 속도)
  (전화기를 통해 목소리가 들리도록 크게 - 하나, 둘, 셋, 넷, 다섯...)

가슴 압박만 하는 신고자는 200회 가슴압박 후 환자 호흡 확인

↓

- 환자 머리 쪽에 있는 신고자 분의 손 엄지와 검지로 양쪽 콧구멍을 꼭 누르고
  반대쪽 손으로는 턱을 들어 환자의 고개가 위를 향하도록 젖혀 주세요.
- 그 상태에서 신고자 분의 입으로 환자의 입을 완전히 덮어 밀착시키고
  1초 동안 한 번씩 모두 두 번의 인공호흡을 해 주세요.

30 : 2 CPR을 하는 신고자는 5회 반복 후 환자 호흡 확인

환자 스스로 호흡하거나 구급대가 도착할 때까지 계속 반복

소아 CPR (1세에서 8세 - 몸무게 25Kg이하 또는 키 127Cm이하)

성인 CPR 순서와 동일하게 실시한다.

다만

가슴압박의 경우 소아의 흉곽은 성인보다 크기가 작고 약하므로, 성인과 같이 두 손으로 체중을 실어 압박할 필요가 없다. 한 손바닥의 손꿈치로 5cm 깊이(적어도 흉곽의 직경 1/3 깊이)로 압박하도록 한다.
소아의 체구가 크면 한 손 또는 두 손 모두 사용이 가능하다.

영아(Infants) CPR (1세 이하 소아)

성인 CPR 순서와 동일하게 실시한다.

다만

가슴압박은 검지와 중지(또는 중지와 약지) 두 손가락으로 4cm 깊이(적어도 흉곽의 직경 1/3 깊이)로 압박하도록 한다.
기도유지는 턱을 약간 들어 올리는 정도로 한다.
인공호흡은 구조자의 입으로 영아의 코와 입을 동시에 덮어 밀착토록 한다.

신생아(Newborn) CPR

(분만 후 첫 수시간-분만실에서 퇴원 전까지 또는 병원 전 분만)

신생아에서는 분당 90회의 가슴압박과 분당 30회의 인공호흡을 3 :1로 실시한다.
가슴압박은 검지와 중지(또는 중지와 약지) 두 손가락으로 적어도 흉곽의 직경 1/3 깊이로 압박하도록 한다.
기도유지는 턱을 약간 들어 올리는 정도로 한다.
인공호흡은 구조자의 입으로 영아의 코와 입을 동시에 덮어 밀착토록 한다.

성인 기도폐쇄 처치

즉시 조치 사항 :
기도폐쇄가 목격되지 않았거나 무의식 상태면 바로 성인 CPR 항목 참고

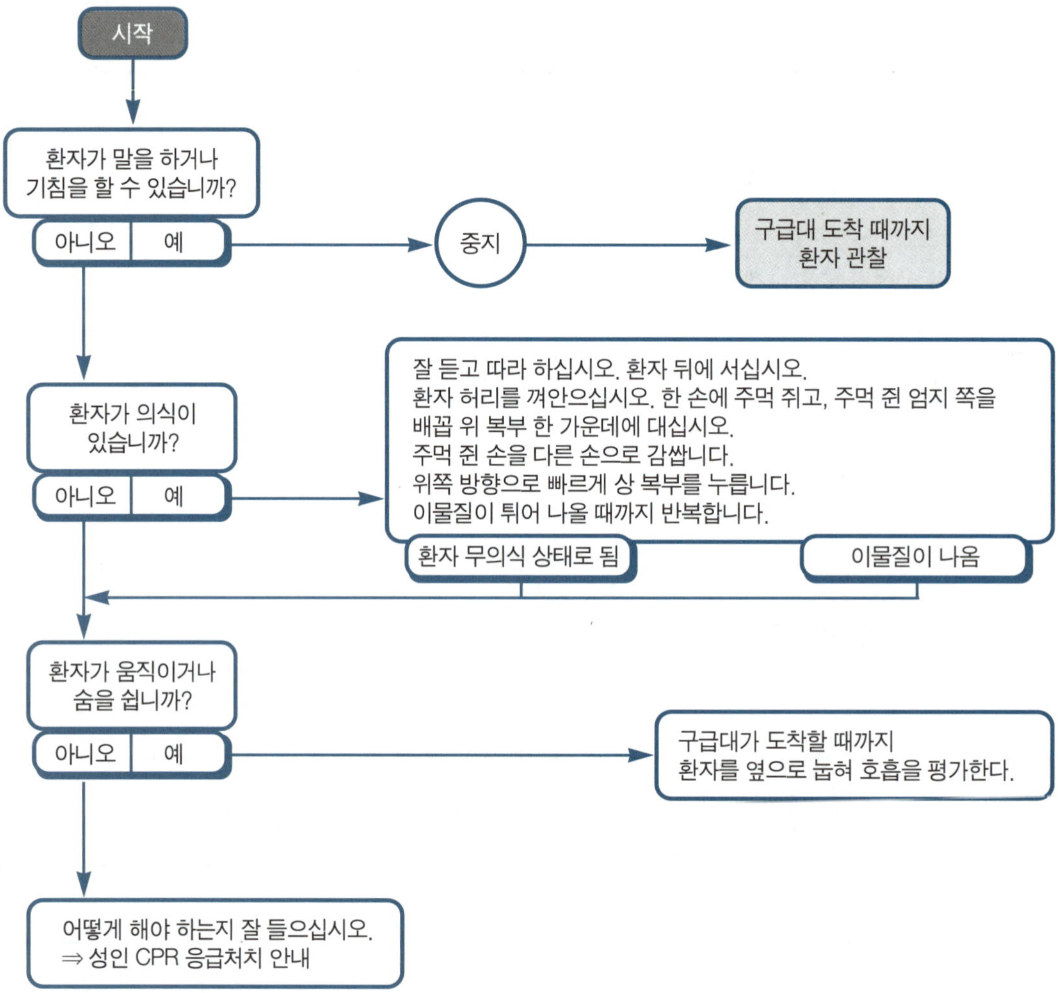

소아(1-8세) 기도폐쇄 처치

즉시 조치 사항 :
기도폐쇄가 목격되지 않았거나 무의식 상태면 바로 소아 CPR 항목 참고

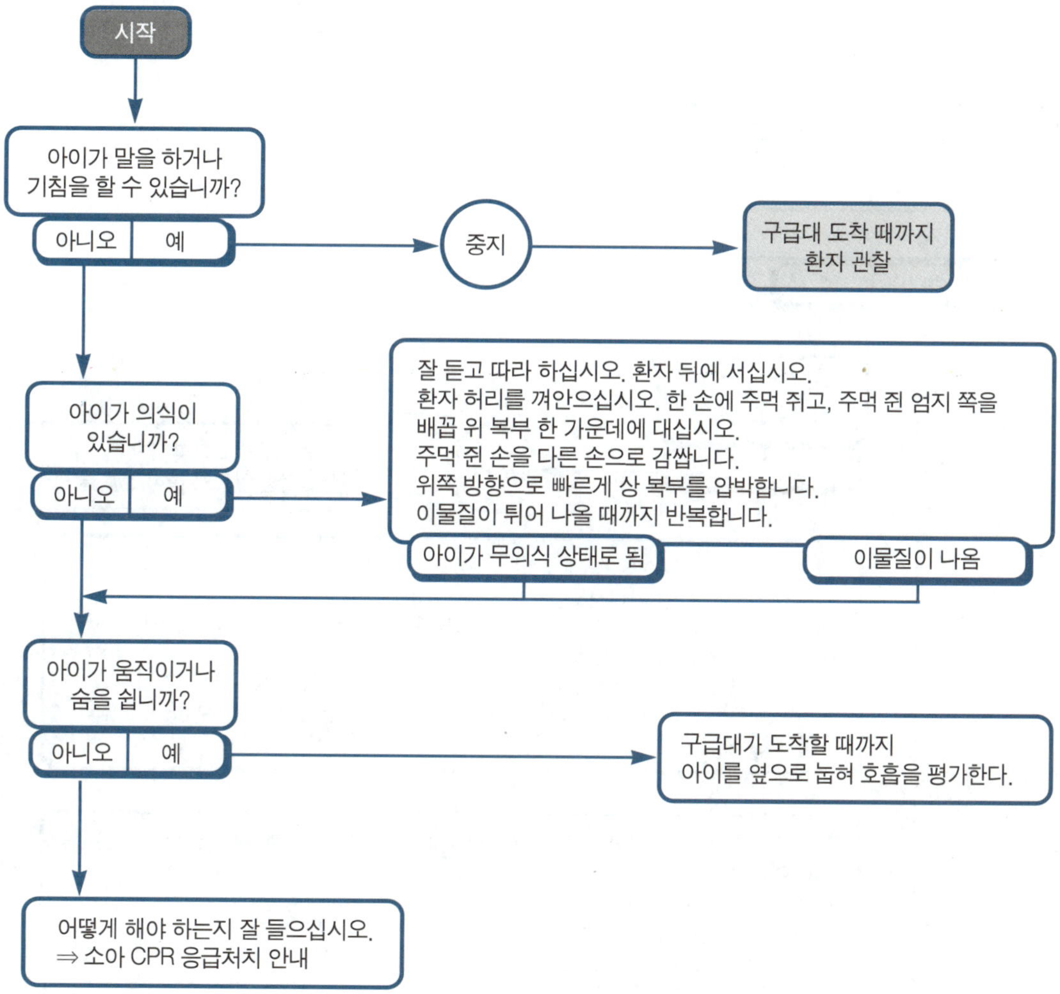

영아(0-1세) 기도폐쇄 처치

즉시 조치 사항 :
기도폐쇄가 목격되지 않았거나 무의식 상태면 바로 영아 CPR 항목 참고

시작

전화기를 들고 아기 옆으로 가십시오.

아기가 의식이 있습니까?

아니오 | 예

아기가 울거나 기침을 합니까?

아니오 | 예 → 중지 → 구급대가 도착할 때까지 아기를 옆으로 눕혀 호흡을 관찰

전화를 끊지 마시고 어떻게 해야 하는지 잘 들으십시오.
먼저 아기 윗 옷을 벗기십시오.
아기 얼굴이 손바닥 쪽으로 아기를 엎어 팔뚝 위에 올려 놓습니다.
손으로 아기 턱을 잡으십시오.
아기를 얹은 팔을 허벅지에 올려 아기 머리가 그 가슴보다 아래로 향하게 하십시오.
손바닥 윗부분으로 아기의 날겟죽지 뼈 사이 한 가운데를 강하게 5번 내려 치십시오.
그렇게 한 다음, 다시 전화를 받으십시오.

아기를 얹은 팔 위에 다른 팔을 올려 앞뒤로 아기 머리를 지지하면서 등이 위로 오도록 뒤집으세요.
아기 유두선 바로 아래 가슴 한 가운데에 둘째, 셋째 손가락을 댑니다.
아기 가슴 두께의 1/3 깊이로 다섯 번 눌러 주십시오.
그렇게 한 다음, 다시 전화를 받으십시오.

무의식 상태로 됨 | 이물질이 나옴 | 아직 의식은 있지만 폐쇄 지속, 다시 위로

아기가 숨을 쉬거나 웁니까?

아니오 | 예 → 구급대가 도착할 때까지 아이를 옆으로 눕혀 호흡을 평가한다.

[다음 장에 계속]

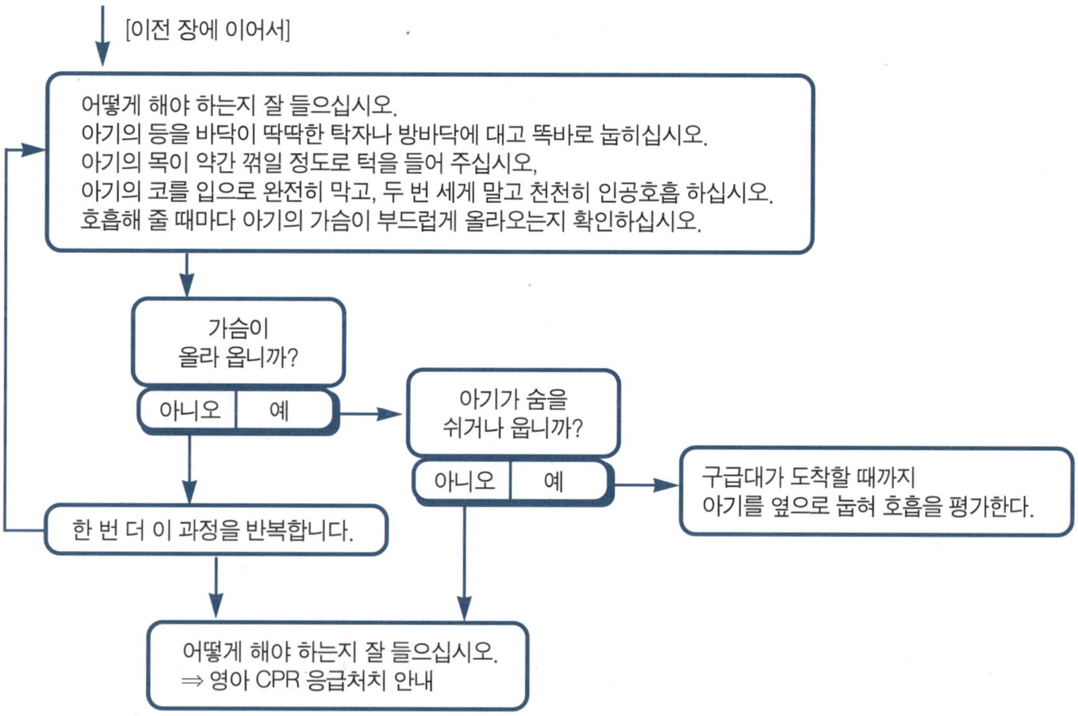
[이전 장에 이어서]
어떻게 해야 하는지 잘 들으십시오.
아기의 등을 바닥이 딱딱한 탁자나 방바닥에 대고 똑바로 눕히십시오.
아기의 목이 약간 꺾일 정도로 턱을 들어 주십시오,
아기의 코를 입으로 완전히 막고, 두 번 세게 말고 천천히 인공호흡 하십시오.
호흡해 줄 때마다 아기의 가슴이 부드럽게 올라오는지 확인하십시오.
가슴이 올라 옵니까?
아니오
예
아기가 숨을 쉬거나 웁니까?
아니오
예
구급대가 도착할 때까지 아기를 옆으로 눕혀 호흡을 평가한다.
한 번 더 이 과정을 반복합니다.
어떻게 해야 하는지 잘 들으십시오.
⇒ 영아 CPR 응급처치 안내

무의식 환자 기도유지 처치 안내

(외상환자) 호흡 정상

시작

어떻게 해야 하는지 잘 들으십시오.
지금 당장 위험하지 않다면, 환자를 옮기지 마십시오(특히 머리와 목을 조심하십시오.).
구급대가 올 때까지 숨을 제대로 쉬는지 살펴 보십시오.
가슴이 올라갔다 내려갔다 하는지 잘 보십시오.
뺨을 환자 입과 코에 대고 호흡이 들리고 느껴지는지 확인 하십시오.

- 환자 구토 → 아래로
- 호흡 중지 → 환자 나이에 해당하는 심폐소생술 안내

주위에 도와 줄 사람이 있습니까?
1. 그렇다면
   - 환자를 통나무 굴리기법(log-roll)으로 구토물을 제거하십시오.
2. 혼자라면
   - 환자의 머리를 옆으로 돌리지 마십시오.
   - 입 안 이물을 손가락으로 훑어 내십시오.

- 정상적으로 호흡 → 처음으로
- 호흡을 제대로 하지 못함 → 환자 나이에 해당하는 기도폐쇄 처치 안내

(비 외상환자) 호흡 정상

시작

어떻게 해야 하는지 잘 들으십시오.
환자를 옆으로 누이십시오.
구급대가 올 때까지 숨을 제대로 쉬는지 살펴 보십시오.
가슴이 올라갔다 내려갔다 하는지 잘 보십시오.
뺨을 환자 입과 코에 대고 호흡이 들리고 느껴지는지 확인 하십시오.

- 환자 구토 → 아래로
- 호흡 중지 → 환자 나이에 해당하는 심폐소생술 안내

환자 머리를 옆으로 돌리고 입 안 이물을 손가락으로 훑어 내십시오.

- 정상적으로 호흡 → 처음으로
- 호흡을 제대로 하지 못함 → 환자 나이에 해당하는 기도폐쇄 처치 안내

출산 처치 안내

즉시 조치 사항 :
산모가 화장실에 가지 않도록 하십시오.

시작 → 첫 아이 출산 입니까?

- 아니오 → 진통이 몇 분마다 옵니까?
  - 5분 미만 → 아기가 금방 나올 것 같다고 합니까?
    - 예 → 그런 상태가 계속되면 …
    - 아니오 → 어떻게 해야 하는지 잘 들으십시오. …
  - 5분 이상 → 어떻게 해야 하는지 잘 들으십시오. …
- 예 → 진통이 몇 분마다 옵니까?
  - 2분 이상 → 어떻게 해야 하는지 잘 들으십시오. …
  - 2분 미만 → 아기가 금방 나올 것 같다고 합니까?
    - 아니오 → 어떻게 해야 하는지 잘 들으십시오. …
    - 예 → 그런 상태가 계속되면 …

어떻게 해야 하는지 잘 들으십시오.
산모가 편안한 자세로 눕도록 하십시오.
왼쪽으로 눕는게 가장 좋습니다.
산모에게 호흡을 깊게 하도록 하십시오.

산모 상태를 지켜보십시오.
계속 아기가 금방 나올 것 같다고 하면 곧 출산 할 수도 있습니다.

그런 상태가 계속되면 아랫배에 힘을 주지 말라고 하십시오.
가능한 산모 옆에서 통화 하십시오.
편안히 누워서 긴장을 풀고 입으로 천천히 깊게 호흡하도록 하십시오.
하의는 벗도록 하십시오.
깨끗한 수건을 산모 엉덩이 밑에 깔고 여분의 수건을 준비 하십시오.

↓

[아기가 나오기 시작하면(양수가 터지고, 이슬이 맺히며, 아기 머리가 보인다.]

대개 아기 머리가 먼저 보입니다. 아기 머리와 몸을 두 손으로 받쳐 주십시오.
절대 아기를 밀거나 당기면 안됩니다.
출산 시에는 양수와 피가 나며, 이는 정상적인 현상입니다.
아기가 나오면, 마른 깨끗한 천으로 아기 입과 코를 닦아 주십시오.
탯줄을 자르거나 잡아 당기면 안됩니다.
마른 담요나 수건, 옆에 있는 이와 비슷한 것으로 아기를 감싸 산모 다리 사이에 놓으십시오.
산모의 아랫배를 아주 부드럽게 마시지 해주십시오.
아기가 만약 숨을 못 쉬면, 등을 문지르거나 발바닥을 살짝 때리십시오.
아기가 숨을 쉬는지 확인하십시오.

- 출산 시 문제 발생 ↓
- 아기가 나오고 호흡함 ↓
- 아기가 나왔지만 호흡 못함 ↓

[다음 장에 계속]

[이전 장에 이어서]

신생아 CPR 응급처치 안내

[태반(탯줄 끝에 붙어 있는 조직)이 나왔을 때]

태반이 나오는데 약 20분 정도 걸립니다.
태반이 나오면 깨끗한 대야 또는 플라스틱 용기(백)에 넣어서 보관하십시오.
태반을 아기 높이 또는 아기보다 약간 높게 두십시오.

[문제 발생(다리, 팔, 엉덩이, 탯줄이 보일 때]

산모를 안심시키십시오. 구급대가 가고 있습니다.
다리를 구부리고 그대로 누워있게 합니다.
긴장을 풀고 입으로 숨을 깊게 들이마시고 힘을 주지 않도록 하십시오.

출산 응급상황과 구급대 도착 전 응급처치 안내

1. 분만 후 출혈 (출산 후 질 출혈, 복부에 누름통증과 경직이 지속되고 쇽 증상 보임)

- 아랫배를 원모양으로 지그시 마사지해주십시오.
- (쇽 처치) 산모를 따뜻하게 해주고 다리를 올려주십시오.
- 자궁위에 생리대를 대주십시오.

2. 둔위분만 (태아의 손이나 발이 먼저 보이면, 병원 전 현장에서 출산은 불가능하다)

- 아기의 엉덩이와 몸이 자연스럽게 나오도록 아기 몸을 두 손으로 받쳐주십시오.
- 아기의 다리와 몸을 받쳐주시되 절대 다리와 몸을 억지로 잡아당겨서는 안 됩니다.
- 아기 얼굴이 나올 때까지 아기 몸을 들어 올려주십시오.
- 아기가 나왔습니까? (그렇지 않다면, 태아의 기도를 확보해 줘야 합니다)
- 3분 동안 위에서처럼 해도 아기 머리가 나오지 않으면, 질 벽이 아기의 기도를 압박하지 않도록 손가락을 "V"자 모양으로 하고 아기의 코 양쪽에 위치시켜 질 벽으로부터 분리, 아기의 기도를 확보 · 유지하여 주십시오.
- 구급대(산부인과 전문의)가 도착할 때까지 그렇게 계속 해주십시오.
- 태아의 사지를 만지거나 당기면 안 됩니다.
- 산모 엉덩이 아래에 베개 같은 것을 깔아 산모의 다리와 엉덩이가 위로 올라가도록 해주십시오.

3. 탯줄탈출(Prolapsed Umbilical Cord)

- 산모가 무릎을 꿇고 머리는 바닥에 댄 체, 엉덩이를 위로 쳐든 자세로 있도록 하십시오.
- 이미 나온 탯줄을 다시 집어넣으려고 하지 마시고, 물 묻힌 손수건으로 탯줄을 가볍게 감싸 촉촉하게 해주세요.
- 아기의 머리와 질 벽 사이에 탯줄이 낀 경우에 탯줄의 압박으로 아기가 질식하지 않도록 아기의 머리를 자궁 안으로 부드럽게 눌러 분리시키도록 하고 이 경우 손을 깨끗하게 하세요.

Seattle's SUCCESS

Witnessed v-fib survival rate tops 50%

On May 16 and 17, the Resuscitation Academy provided a comprehensive look at the cardiac arrest quality improvement programs that have led to a more than 50% survival rate for witnessed ventricular fibrillation (v-fib) patients in Seattle. The intensive program, presented by Seattle Medic One and King County EMS, is offered free of charge to EMS managers and directors from throughout the U.S. The cost is underwritten by sponsors and the Medic One Foundation, a local, nonprofit organization that funds prehospital emergency care in Seattle and King County by providing paramedic training, research and medical review of paramedic performance.

At a recent two-day Academy, 115 attendees representing 45 different agencies were welcomed by King County EMS Medical Program Director Mickey Eisenberg, MD, PhD; Thomas D. Rea, MD, MPH, medical program director for King County Medic One; and Michael K. Copass, MD, medical director for Seattle Medic One.

Rea said that what works for Seattle and King County won't necessary work everywhere. The challenge is to apply appropriate elements to each community. "It's not complicated, but it's not easy," he advised.

Seattle and King County employs a two-tier system, which is staffed by approximately 4,000 EMTs and 260 paramedics for a population of 1.8 million. Each paramedic treats six to 20 out-of-hospital cardiac arrests annually and performs about the same number of intubations.

Although there's no magic bullet for improving cardiac arrest survival rates, each presenter emphasized that high-performance CPR is the centerpiece of resuscitation. The programs developed by King County and Medic One reflect a community-wide effort that centers on enhancing the effectiveness of each step in the chain of survival.

At the beginning of the chain is a rapid dispatch protocol that starts an EMT crew to a suspected cardiac arrest patient within seconds of a 9-1-1 call. Dispatchers are trained to ask two questions of every caller: "Is the patient conscious?" and "Is the patient breathing normally?" If the answer is "no" to both questions, the dispatcher directs the reporting party to begin compressions-only CPR, providing instructions, if necessary. A paramedic unit is also dispatched (usually simultaneously with the EMT unit) when a cardiac arrest is suspected. And an AED registration program allows dispatchers to provide bystanders with the location of the nearest AED, prior to EMS arrival.

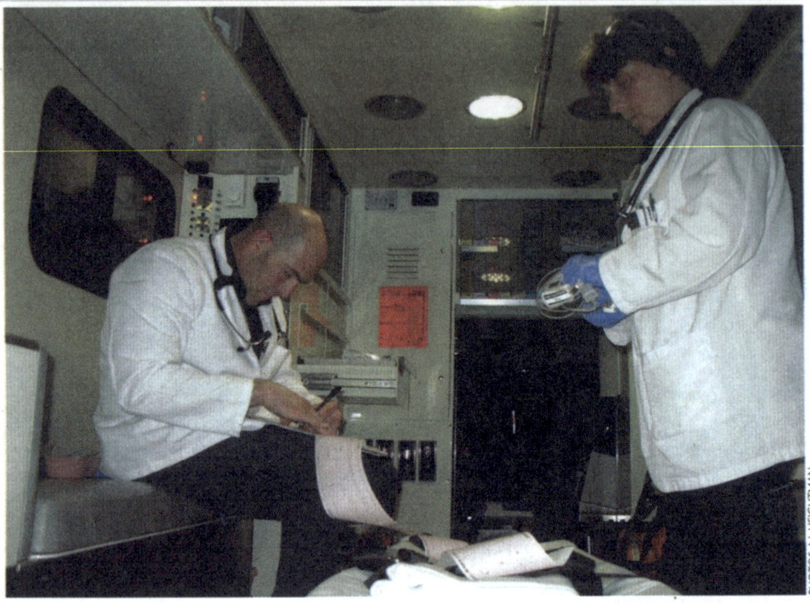

PHOTOS A.J. HEIGHTMAN

The Seattle Medic One system has found it vital for paramedic students to ride along with seasoned paramedic crews as a part of their clinical rotation. Pictured here are paramedic students Gabe Webster (left), from King County Medic One, and Tammy Ridgway, from East Jefferson (County) Fire and Rescue.

Seattle Medic One uses the "pit crew" approach for resuscitations.

For EMS crews, the focus is on high-performance CPR—a team approach that dictates tight coordination and communication. Using a "pit crew" approach, providers deliver excellent chest compressions with minimal interruptions.

For example, they gain critical seconds by continuing compressions while the AED is powering up. Compressions are stopped only to allow for the analysis and shock—no more than 10 seconds. Responders return to compressions immediately after the patient is shocked.

Such interventions as intubating, placing an IV or intraosseous line, and administering drugs are completed without interrupting chest compressions.

Because perceived performance doesn't always match observed performance, one of

시애틀의 성공

시애틀에서 심실세동 발생이 목격된 환자의 소생율을 무려 50%넘게 끌어올린 심정지 질 향상 프로그램에 대한 광범위한 고찰이 5월 16일과 17일 이틀간 소생학회(the Resuscitation Academy)주관으로 이루어졌다.

시애틀의 Medic One과 킹 카운티의 EMS가 공동으로 주관한 이 집중 프로그램은 미국 전역에서 모인 EMS 관리자와 책임자들에게 무료로 제공되었다. 이 모든 비용은 파라메딕에 대한 교육, 연구, 파라메딕의 처치에 대한 의학적 고찰과 같은 활동을 통해 시애틀과 킹 카운티의 병원 전 응급처치 기금을 조성하는 지역의 비 영리단체와 개인 후원자 그리고 Medic One재단 이 전적으로 부담하였다. 최근에 열린 이 이틀간의 참관 교육에 모두 45개의 기관을 대표하는 115명이 킹 카운티의 메디컬 프로그램 운영자인 미키 아이젠베르크(MD, PhD)와 킹 카운티의 Medic One 운영자인 토마스 리아(MD, MPH) 그리고 시애틀 Medic One 운영자인 마이클 코파스(MD)의 환대를 받으면 참가했다. 시애틀과 킹 카운티에서 하고 있는 이 심정지 질 향상 프로그램이 모든 지역에 꼭 들어맞는다고 보지는 않는다고 리아는 언급했다. 각 지역마다 그 지역에 들어맞는 적절한 요소들을 적용할 수 있느냐가 관건이라는 것이다. "이 문제는 그렇게 복잡하진 않지만 그렇다고 결코 쉬운 문제도 아닙니다." 그의 조언이다.

약 4천명의 구급대원과 260명의 파라메딕이 180만 명의 인구를 책임지고 있는 시애틀과 킹 카운티에서는 구급대를 두 단계로 나누어 운영하고 있었다. 파라메딕 한 명당 병원 전 심정지 환자를 매년 평균 6명에서 20명까지 처치하고 또 그 수만큼 기관내 삽관을 하고 있다.

세 명의 발표자가 하나 같이 강조하는 점은 심정지 환자의 소생율을 높일 특효약은 없지만, 바로 CPR을 제대로 하는 것이 심정지 환자 소생에 가장 중요하다는 점이었다. 킹 카운티와 Medic One이 도입한 이 프로그램은 소생의 고리를 구성하는 각각의 단계마다 그 효과성을 높이는데 중점을 두는 지역사회 전체의 노력이 반영되어 있다. 소생의 고리의 시작은 911에 신고가 접수되면, 단 몇 초 내에 심정지가 의심되는 환자에게 구급대원을 출동시키는 신속한 출동 프로토콜이다. **응급상황관리자(Dispatchers)는 신고를 받을 때마다 예외 없이 다음 두 가지 질문을 하도록 훈련받았다. "환자 의식이 있습니까?" 와 "호흡은 정상입니까?" 이 두 질문에 "아니오." 라는 답변이 돌아오면 응급상황관리자는 신고자에게 흉부압박만 시행하는 심폐소생술(compressions-only CPR)을 하도록 안내**

하고, 필요하다면 신고자에게 그 방법을 설명해줬다. 심정지가 의심되는 신고에는 파라메딕 구급대와 2급 응급구조사가 탑승한 구급대가 동시에 출동하였다. 그리고 응급상황관리자가 제세동기 위치 프로그램을 보고 가장 가까이에 설치되어 있는 제세동기를 최초반응자에게 알려 구급대가 도착하기 전에 사용할 수 있도록 했다.

현장에 출동하는 구급대원들은 대원들 간에 긴밀한 협력과 의사소통을 통해서 모든 대원이 한 팀으로서 높은 수준의 CPR을 달성하는데 가장 중점을 두고 있었다. 그리고 흉부압박 전담직원을 지정해두고 활용함으로써 현장에서 압박중단을 최소화시키고 가슴압박의 효과성이 극대화될 수 있도록 했다.

예를 들면, 출동대원들은 제세동기 전원이 들어오는 순간에도 가슴압박을 계속해서 단 몇 초라도 허비되지 않도록 했다. 가슴압박을 멈추는 순간은 오직 환자를 평가할 때와 제세동을 줄 때 뿐이었고, 이때도 결코 10초를 넘지 않았다. 그리고 제세동이 끝나는 순간 바로 가슴압박을 다시 시작했다. 기관삽관, 정맥로나 골내 주사 확보(intraosseous line), 약물투입 같은 처치를 할 때에도 결코 흉부압박을 멈추지 않았다.

우리가 어떤 술기를 알고 있다고 해도 우리가 그 술기를 항상 그대로 할 수 있는 것은 아니기 때문에, 시애틀과 킹 카운티의 사례에서 가장 눈여겨 볼 요인 중 하나는, 바로 모든 심정지 신고에 대해 하나도 빠짐없이 그 처치가 제대로 되었는지 확인한다는 점이다. 심정지 환자에게 사용한 제세동기의 심전도 기록지와 음성지시 내용을 다운로드 받아 검토를 한다. 그리고 CPR전담부서에 보고서를 보내는데, 때론 이삼 일내에 보고를 하기도 한다고 한다.

시애틀 Medic One 운영자이자 파라메딕 훈련 프로그램의 책임자이기도 한 마이클 코파스(MD)는 "지침(Protocol)대로 했느냐가 중요하다"고 했다. 그리고 "환자 처치를 한 구급대원은 자기가 그 처치를 어떻게 했는가를 알아야 한다."는 것이다.

팀의 효과성과 함께 그 질을 확인하는 프로그램을 통해서 현재 업무가 이루어지는 추세나 훈련의 개선 필요성을 확인할 수 있고 시스템이 거둔 성과를 평가할 기회가 된다. 구급대 소속 부서별로 제공되는 보고서는 건강한 경쟁을 불러일으킨다. 이렇게 모은 보고서는 매년 책자로 만들어 공동체에 제공한다고 한다. 이처럼 경이로운 소생율에도 불구하고, 아이젠베르크는 향상의 여지가 더 있다고 생각하고 있었다. "우리가 심실세동 환자의 소생율을 75%까지 끌어올리지 못할 이유가 전혀 없습니다."고 말한다.

이 기사 내용에 대해 더 많이 알고 싶은 사람들은 다음 사이트를 방문해보기 바란다.
www.resuscitationacademy.org

독일 프랑크푸르트 중앙 소방서 상황실(자체 개발한 출동지시 프로그램 사용)

3부 EMD와 EMT를 위한 응급통신과 구급신고 접수 · 출동 시스템

부록

01장

우선출동 훈련(Dispatch Priority Training) : 취약한 고리 강화[1)]

지난 10년간 미국 응급의료 대응체계는 믿어지지 않을 정도로 발전을 거듭했다. 훈련도 받지 않고 간단한 응급처치나 제공하여 장의차나 다름없던 구급차가 2급 응급구조사가 탑승하고 더 나아가 1급이 탑승하는 체계로 확대되면서 발전은 이제 일반적인 흐름이 되었다. 응급구조사의 응급처치 술기는 날로 향상되었고 2급 응급구조사가 이제 년 간 수 백 시간, 1급은 1천 시간 이상의 전문응급처치 교육을 이수한다는 사실은 응급의료체계에서 그런 교육이 얼마나 중요한지 잘 말해준다. 그러나 이렇게 훈련과 전문화를 위해 많은 예산을 투입한 응급의료체계(EMS)구축 한 가운데에서 911신고에 구급차를 보내야하는지, 보내면 어떤 단계의 구급차를 보내야 할지, 출동한 구급대원의 현장 대응에 영향을 미치는 사람은 바로 응급처치 교육을 단 한 시간도 받은 적이 없는 상황실 요원(the emergency dispatcher)들이다. 지난 수 년 동안, 상황실 요원들은 응급의료 반응체계에서 가장 취약한 고리로 남아있었다.

1976년 11월에 교통부는 상황실 요원을 응급구조사로 대체하려는 계획을 추진했다. 그러나 이런 식의 훈련 프로그램은 내가 일하는 지역뿐만 아니라 내가 아는 다른 지역에서도 적용되지 못했다. 화재나 경찰 출동 신고를 받던 기존 상황실 요원들이 구급신고와 출동을 담당하게 되었지만 그들 대부분이 고참으로서 기득권을 가지고 있었기 때문이다.

이런 우리 현실에서 상황실 요원의 구급대원으로의 교체는 경제적 측면과 직업이 걸려 있다는 점에서 어려울 수밖에 없었다. 이런 문제 말고도, 응급구조사교육을 마친 몇 안 되는 상황요원 마저 현장 경험이 없어 교육 받은 이론을 구급 출동에 접목시키지 못했다.

이에 상황실 요원의 응급상황 대처 능력을 향상시킬 목적으로 출동이 먼저 필요한 상황을 카드로 만들어 활용하는 방법을 고안했다. 이 참고 카드 활용 방식은 유타 주 전역에서 상황실 요원을 교육시키고 응급상황 관리자(EMD) 자격을 부여하는 25시간 교육과정의 핵심으로 자리 잡았다.

---

1) Journal of Emergency Medical Services(JEMS) 1981년 2월호에 실린 Jeff Clawson의 Dispatch Priority Training을 우리말로 옮겨 실었다. 우선출동시스템이 탄생하게 된 미국의 시대적 배경과 그 발전과정이 우선출동시스템을 모색하고 있는 2011년 우리에게 던져주는 시사점이 있으리라 믿기 때문이다.

응급상황 관리자(Emergency Medical Dispatcher) 교육 과정

25시간 교육은 먼저 구급 신고 접수와 출동의 기본 요령 3시간, 장비사용, 규정, 긴급/응급에 따른 출동 코드 교육 등으로 구성하였다. 그리고 응급상황 관리자(EMD)의 역할을 설명하고 우선출동 카드를 소개했다.

교육의 핵심은 바로 신고자에게 끌어낼 핵심 질문(key questions)에 대한 전반적인 개념과 구급대 현장 도착 전 의료안내(pre-arrival instructions) 그리고 상황에 따른 우선출동(dispatcher priorities)에 있었다.

구급 신고 접수에 있어서 반드시 파악, 모든 출동에 적용할 4가지 사항(나이, 주 호소, 의식과 호흡 상태)은 재차 강조하였다.

응급상황관리자 교육생들은 1급 탑승 구급차(전문)와 2급 탑승 구급차(일반)가 현장에서 서로 협조 할 수 있도록 조정하고 출동 구급대와 상황실간의 무전이 원활하지 않을 때 정보를 제공하는 교육도 받았다. 구급 대응 시간을 단축하고 맡은 관할의 구급차를 확실히 장악하도록 응급상황관리자의 역할을 강조하였다. 예를 들어, 1급이 탑승한 전문 응급처치구급차를 출동시켜야 할 상황에서 그 차의 위치가 환자와 너무 멀리 떨어져 시간이 지체될 것 같으면 현장에 있는 2급 대원에게 가장 가까운 응급실로 환자를 이송토록 지시하는 경우를 말한다.

오늘날 모든 상황실에서 꼭 해야 할 중요 개선 사항으로는 구급대 현장 도착 전 응급처치 안내에 대한 대비이다. 긴급 상황에서 상황 요원이 신고자에게 생명 소생을 위한 응급처치를 지도하도록 하기 위해, 교육 둘째 날 미 심장협회의 기본 인명구조술(basic life support) 인증 교육을 교육생들이 이수토록 했다. 그래도 역시 이번 교육 과정의 핵심은 환자의 증상과 사고 발생 정도에 따라 우선 출동 순위와 일반/전문 구급차를 가려 출동시키는데 활용 할 참고 카드에 대한 의사의 교육이었다. 이 교육에는 관련 문제점에 대한 개략적인 검토와 어떤 정보를 카드에 추가할지 토의하고 핵심질문 각각에 대한 중요성 그리고 도착 전 의료안내에 대한 간단한 설명이 덧 붙여졌다. 그리고 신고자의 주 호소에 맞춰 구급차를 출동시키도록 강조하였다.

교육을 받지 않은 상황 요원이 예전에는 정말 긴급으로 출동시킨 꽤 많은 구급출동에 경광등과 사이렌을 킬 필요가 없는(비응급)출동 개념의 도입은, 교육생들이 중요한 경험을 얻은 이번 과정의 강조사항이었다. 예를 들어, 복통과 열이 나는 17세 남자환자는 병원 전 응급이 아니기 때문에 사이렌과 비상등을 키고 출동할 사항도, 전문응급처치구급차가 출동할 상황도 아니고 일반구급차로도 충분한 상황이라고 설명하면 상황실 요원들은 다음과 같은 반응을 보였다. '여태껏, 우리는 이런 상황을 맹장염이라고 생각하고 전문응급처치 구급차를 출동시켜왔는데 왜 이런 설명을 지금껏 들어보지 못했지?' 라는 반응을 보였다.

심장질환 같은 병의 진단명 대신 흉통처럼 환자의 증상 파악이 중요하다고 주지시켰다. 화재나 경찰 상황인 경우에 그에 맞춰 출동 우선순위를 파악하여 개별화시키는 방법을 지도의사와 교육생이 서로 토의하고, 여러 가지 출동 단계를 평가 시행하는 방법을 지도의사가 시연하면서 출동 시스템의 장점을 설명하였다. 실제 신고 상황을 녹음한 자료를 들으면서 그 상황에 대해 서로 질문과 답을 주고받는 것으로 이 과정은 끝이 났다.

수업에 참석한 교육생 모두 신고자에게 핵심 질문사항을 묻고 그 상황에 적합한 구급차를 출동시켜보았다. 25개 항목이 담긴 최종 시험을 실시하여 필요 점수를 통과한 직원에게는 주 인증서와 휘장을 수여하였다.

현재, 유타 주 응급의료 위원회에서 재 인증과정을 만들고 있는 중이라고 한다. 유타 주 응급구조사 관련 규정과 규칙이 개정되면 1982년경에는 전문응급처치 기관에서 근무하는 상황실 근무자들 모두 응급상황 관리자(EMD)자격을 취득하도록 바뀔 예정이다.

8×5 카드 30장으로 된 파일을 각 상황실마다 배부하였다. 환자 신고(증상이나 발생 기전)내용에 따라 알파벳 순서대로 바로 찾을 수 있게 만든 파일이다. 파일 색인은 환자의 병명보다는 문제의 발생 범주에 따른 환자 증상을 반영해서 만들었다. 만약 색인을 진단명으로 하면 상황실 근무자가 진단을 내려야하고 더 나쁜 경우로는 신고자에게 병명을 묻고 그에 해당하는 쪽을 찾아야 하기 때문이다. 응급 처치 술기에서 가장 어려운 게 환자 진단인데, 우리 시스템에서 응급처치 교육이 가장 부족한 직원에게 구급출동의 첫 단계를 결정토록 하기에는 너무 무모하다고 하겠다.

가장 중요한 내용은 세 가지 다른 색깔로 분류를 해놓았다. 핵심 질문 사항, 도착 전 의료안내, 출동 우선순위가 그것인데 결정요인들과 그에 따른 대응으로 세분된다.

핵심 질문 사항은 응급 출동 단계(1급/2급 출동, 긴급 출동에 해당여부)를 제대로 결정하기 위해 꼭 필요한 최소한의 내용으로 한정했다. 이 핵심 사항만을 파악해도 환자 정보를 모두 안다는 이상적인 개념에 들어맞고 정확하다고 추정하는 것이다.

도착 전 의료안내는 다음 상황에서 내려진다.

1) 신고자에게 환자의 추가 손상을 방지하도록 해야 할 경우.
2) 신고자에게 생명이 위독한 상황에 처한 환자를 돕도록 하거나 소생술을 시행토록 해야할 경우. 안내 범위는 두부후굴 하악거상법 같은 기본적인 기도유지법에서부터 심폐소생술 전화 지도까지 포함한다.

이밖에도 출혈 시 직접 압박법, 경증의 화상이나 안구 충혈 시 처치법, 무의식 환자의 경우 베개를 베 주지 말 것, 산부인과 환자의 경우 병원 전 현장에서 해야 할 것과 하지 말아야 할 사항 등이다.

핵심 질문 사항이나 도착 전 의료안내는 기본적으로 지역에 상관없이 동일하게 적용되지만 긴급 정도에 따른 출동 우선순위는 해당 지역의 출동 체계에 따라, 즉, 자원 봉사자 위주의 단일 출동체계냐 대도시 소방서의 다중 출동 체계냐에 따라 다르게 적용해야 한다.

우선출동을 실시하자면 복잡한 상황실 시스템이 필연적으로 더 복잡하게 된다. 이렇게 출동을 단계별로 구분 출동시키기 전에 먼저 각각의 문제에 대한 면밀한 검토가 필요하다. 이런 문제들은 분명 응급처치 통제와 관련된 결정사항이기 때문에 사안별로 응급의학 전문의나 지도의사의 검토를 거쳐 결정해야 한다.

결과

응급상황관리자(EMD)교육을 받고 유타 주 응급의료 위원회에서 발행한 인증서를 받은 100명 이상의 상황실 요원을 대상으로 조사를 실시했다. 조사 참여 상황실을 대상으로 교육 실시 후 1년과 교육 실시 전을 비교 조사했다. 조사 결과 유타 주에서 전문응급처치 서비스를 제공하는 6곳의 상황실 가운데 5곳에서 우선출동 여부를 결정하는데 카드를 활용하고 있는 것으로 나왔다. 상황실 관리자들 역시 상황 요원들에게 이번 교육 과정이 아주 유익했다고 응답했다. 교육과 카드 활용법 실시 전 출동 시간을 비교해보면 사이렌과 비상등을 켜고 출동하는 횟수가 적지 않게 줄었음을 조사 결과 알 수 있었다. 마찬가지로, 전문응급처치구급차대비 일반 구급차의 출동 횟수가 증가하고, 전문응급처치구급차는 긴급 사항 출동에 더 자주 활용되었다.

주 응급의료 위원회 역시 보고서에 응급상황관리자(EMD)교육은 상황실이 가장 열의를 가지고 채택한 프로그램이라고 밝혔다. 마침내, 교통부 산하 전국고속도로안전위원회에서 응급상황관리자(EMD)교육 우선출동 과정을 전국 표준 교육 프로그램으로 채택하기에 이르렀다.

결론

상황실 직원 대부분은 기본적인 응급처치 교육을 받지 않았거나, 매일 신고 받는 구급현장에 대한 실제 경험도 없이 응급상황관리자로 근무하고 있다. 이들을 응급처치팀의 한 일원으로 제대로 활용하려면 응급상황관리자(EMD)역할의 중요성을 깨닫고 그 교육과 인증 과정을 통해 직원들의 상황 대처 능력을 향상시켜야 할 것이다.

위에서 언급한 시스템의 활용 이점은 상당하다. 응급상황관리자(EMD) 교육을 받고 실제 현장 경험을 한 응급상황관리자는 신고자에게서 관련 정보를 제대로 취합해내고 구급 출동과 관련해서 올바른 결정을 내리는 등, 신고 접수를 훨씬 더 정확하게 받을 수 있을 것이다.

이 시스템이야 말로 응급의 정도에 상관없이 보내는 출동이 아니라 계획에 따른 출동, 보다 안전한 출동, 연료 절약 그리고 조직 자원의 효과적 사용을 가능케 하며, 전문응급처치구급차를 전문 응급 처치가 필요한 상황에만 출동할 수 있도록 하는 시스템이다. 바로 이런 이유에서 우리가 이 프로그램을 고안해냈던 것이다.

출동 결정

1. 긴급출동과 일반출동

출동 마다 다음 질문 사항을 자문해보십시오.

1. 시간이 환자 처치 최종 결과에 영향을 미치는 요소입니까?
2. 여유 시간이 얼마나 있습니까?
3. 사이렌과 비상등을 켜고 긴급 출동하면 얼마나 더 빨리 도착할 수 있습니까?
4. 현장에 더 가까운 구급차를 출동시키면 시간을 얼마나 더 단축시킬 수 있습니까?
5. 이렇게 해서 단축한 시간이 환자가 병원에 도착하고 처치를 기다리면서 보내는 시간(환자 접수, 검사, X-ray촬영 등)에 비해 긴 시간이었습니까?

2. 시간을 다투는 응급사항(1분에서 5분 내로 현장 도착이 필요한 출동)

A. 심정지나 호흡정지

B. 호흡관련 응급사항

C. 무의식

D. 중증외상/저혈량성 쇽

E. 산부인과 응급사항

3. 기타 응급사항은 지역에 상관없이 도시나 도시 근교 모두 10분 내로 구급대가 현장 도착 할 수 있어야 한다.

주요 신고 내용

1. 일반 사항 2. 복통/ 기타 문제 3. 알러지/두드러기/약물 반응 4. 동물에 물림 5. 폭행/자상 6. 허리통증 7. 호흡곤란 8. 화상 9. 심정지와 호흡정지 10. 흉통 11. 경련 12. 일산화탄소 중독과 흡입 13. 당뇨 14. 익수사고 15. 감전 16. 안과질환 17. 추락 18. 두통 19. 심장질환 20. 출혈 21. 여러 증상호소 22. 약물 오/남용/흡입 23. 임신/출산/유산 24. 특정 진단명 25. 뇌졸중/ 뇌혈관질환 26. 교통사고 27. 외상 28. 무의식 29. 미확인 문제 30. EMS확인 전화

02장

응급상황관리자(EMD)의 역할

급성심근경색환자(AMI)의 신속한 확인 및 처치와 관련[1)]

지난 30년 동안 사망률이 눈에 띄게 감소했음에도 불구하고, 관상동맥 질환은 여전히 미국인들의 주요 사망 원인이 될 전망이다. 국립 심혈관연구소 추산에 다르면 1993년에 미국인 125만 명에게 급성심근경색이 발병하고 그 중 거의 50만 명은 사망할 것이라고 한다.

발병 초기에 혈전 용해 처치 만해도 사망률 감소를 보여주는 임상결과가 있음에도 초기 처치의 중요성은 지난 10년 동안 여전히 간과되었다. 더구나 초기 인지와 처치가 더욱 강조되어야 할 병원 전 급성 심정지로 인한 사망의 위험성은 지금도 계속되고 있다. 그런데도 여전히 환자와 응급의료체계(911), 응급실 등 각 단계마다 적절한 처치를 가로막는 심각한 장애들이 현존하고 있는 실정이다.

1991년 6월 국립 심혈관연구소는 급성 심정지와 급성심근경색환자의 유병율과 사망률 감소를 목적으로 국가 심정지 경고프로그램(the National Heart Attack Alert Program -NHA AP)을 시작했다. 그리고 이 사업의 계획과 시행, 평가를 목적으로 NHAAP 조정위원회를 만들었다. 이 위원회에는 환자와 시민 교육, 연구를 통해 급성심근경색의 유병율과 사망률을 낮추는데 관심이 있는 의학계, 학계, 정부와 시민 사회 등 전국 39개의 단체 대표들이 참여하였다.

미 심장협회는 심정지 환자 심폐소생술과 응급처치에 관한 최근 가이드라인에서 응급의료체계의 중요성을 강조하였는데, 그 이유는 심정지 환자의 소생의 고리(the chain of survival)중 응급의료체계로의 신속한 신고가 바로 그 첫 번째 고리이기 때문이다. 이제 소생의 고리는 급성 심근경색의 증상과 징후를 가진 환자도 포함하도록 확대되었다. 심정지 환자를 위한 소생의 고리에서 응급통신의 역할은 빠른 신고의 핵심적인 부분으로 간주되고 있다. 이 글도 심정지 환자뿐만 아니라 급성심근경색의 증상과 징후를 보이는 환자의 병원 전 처치에 있어서 응급상황관리자

1) Emergency Medical Dispatching -Rapid Identification and Treatment of Acute Myocardial Infarction- 미국 National Institutes of Health 발행 논문(1994년 7월)
심근경색환자 소생율에 우선출동시스템과 EMD가 미치는 효과에 관한 내용이다. 부록에 실린 우리나라 사례 '심정지 환자 출동분석을 통한 구급업무 질 향상 방안' 과 비교해서 읽어보면 좋을 것 같아 옮겨 적었다.

(Emergency Medical Dispatchers), 즉 상황실 요원들의 역할이 정말 중요하다는 사실을 전제로 하고 있다. 따라서 급성심근 경색이나 심정지보다 응급통신에 대해 더 많이 언급할 것이고, 이런 환자들의 빈틈없는 병원 전 확인과 처치에 있어 응급통신이 중요하다는 합의와 응급통신 지침서, 통신과정, 훈련과 자격증, 그리고 질 관리와 개선 등 중요 사안들, 그리고 권고 사항에 대한 합의를 도출하고자 한다. 그럼에도 불구하고 응급통신과 관련해서 그 결과에 대한 연구가 아직 부족하다는 점을 언급하지 않을 수 없다. 따라서 우리가 원하는 결과와 관련 있는 최적의 응급통신 업무 수행과정과 그 지침서를 평가 조사만으로 도출해내야 했다.

미국 심장 협회는 심정지 환자를 살리기 위한 "소생의 고리"를 제안하고 있다. 소생의 고리는 4개의 고리로 이루어져 있는데, 심정지 환자의 소생률을 최대로 높이기 위해서는 각각의 고리를 튼튼하게 강화시켜야한다.

각각의 고리는 아래와 같이 구성되어 있다.

1. 응급의료체계로의 신속한 신고
2. 심정지 목격자나 1차 반응자에 의한 신속한 심폐소생술(CPR)
3. 1차 반응자나 1급, 2급 응급구조사에 의한 신속한 제세동
4. 신속한 전문 소생술 처치

소생의 고리는 비록 처음에 심정지 환자 소생을 위해 만든 개념이지만 심장 관련 응급처치에 이 고리를 적용함으로써 급성심근 경색환자에게도 도움이 될 것이다. 소생의 고리 중 그 첫 번째가 바로 응급의료체계로의 신속한 신고인데, 여기에는 아주 빠른 반응이 필요한 몇 가지 행동이 포함되어 있다. 바로 환자 본인이나 목격자가 급성 심근경색의 증상과 징후를 인지하여 응급의료체계에 신고하면, 상황실 요원이 심장 관련 응급상황임을 알아차려 구급대를 출동시키는 과정을 말한다. 이런 과정 하나하나가 신속한 신고를 이루는 부분들이다. 지난 15년 동안 시민들은 사소한 문제에서 생명이 위급한 사항에 이르기까지 일단의 응급상황에서 911에 도움을 요청하도록 교육받았다. 만약 우리 911시스템에 구급 출동 신고를 처리하는 응급상황관리자로서 검증받은 전문가가 있다면 그 진가는 배가될 것이다.

상황실 요원은 911신고와 다른 응급관련 요청을 처리하는데 필요한 의학적 지식과 그 외, 추가 교육을 마친 공공의 안전을 위한 통신원이라고 하겠다. 상황 요원은 급성 심근경색 환자의 병원 전 처치가 효과적으로 이루어지도록 중요한 역할을 수행한다. 그들은 심정지 발생 가능성을 확인하기 위해, 신고자에게 그 증상에 대해 묻고 심근 경색 환자 처치에 적합한 구급대를 출동시킨다. 그리고 구급대가 현장에 도착할 때까지 심근경색 발생 가능성이 있는 환자를 어떻게 도와야 하는지, 필요하다면 심폐소생술까지도 신고자에게 응급처치 지도를 한다.

효과적인 구급 출동이란 구급대의 도움이 꼭 필요한 사람에게 그에 맞는 구급대를 적시에, 제

대로 출동시키고, 구급대가 현장에 도착할 때까지 환자 처치에 적합한 응급처치 안내를 제공하는 것이라 하겠다.

이런 목표는 노련한 상황실 요원이 다음 사항이 포함된 지침서를 신중하게 활용함으로서 완벽하게 달성된다.

1. 신고자에게 알아낼 환자의 주 호소(chief-complaint)에 초점을 둔 질문사항 체계화.
2. 구급대 도착 전, 제공할 응급처치 사항 체계화.
3. 환자의 부상이나 응급 정도를 상황실 요원이 평가해서 그에 맞는 단계의 구급대와 그 구성을 결정할 지침서.
4. 출동에 참고할 정보편람.

심정지 가능성이 있는 환자의 초기 처치에 교육을 잘 받은 응급관리자로서 상황실 요원의 중요성은 쉽게 드러나지는 않지만 아주 유익하다고 하겠다.

구급출동이 효과적으로 이루어지려면 다음 다섯 가지가 그 핵심적인 요소라고 보여 진다.

1. 응급출동 지침서의 활용
2. 응급처치 지침서 제공
3. 상황실 요원의 교육
4. 상황실 요원의 자격
5. 상황실의 질 관리와 지속적인 질 향상 방안 마련

앞으로 이 다섯 가지를 하나하나 따져가면서 우리나라 구급출동 시스템 개선에 필요한 사항을 제시하고자 한다. 각 지역과 지방, 중앙 정부는 911이나 다른 구급출동 상황실에 자격을 갖춘 상황실 요원이 근무하는지 감독 할 책임이 있다. 이는 지역 주민이 응급의료체계의 필요성을 평가할 때 구급출동 시스템이 그 평가 항목의 하나이며 주민의 사회복지에 기여하는 자원의 할당과 관련이 있기 때문이다.

전국에 지명도가 있는 여러 기관에서 내 놓은 구급출동관련 문서 두 개가 있는데, ASTM의 구급출동 규정과 전국 EMS 의사연합회에서 내놓은 구급출동관련 의견서가 그 것이다.

이들 문서에는 우리가 해야 할 사항들이 들어있기 때문에 모든 응급의료체계가 가능한 한 이 권고 사항들을 전폭적으로 시행해야한다고 본다. 이런 내용들을 또 반복하기보다는 급성 심근경색환자 처치에 꼭 필요한 사항과 연관된 구급출동 시스템 현안을 소개하고 효과적으로 심근경색환자를 살리려면 우리 시스템 측면에서 바꿔야 할 사항들을 다시 설명하고자 한다. ASTM는 이것 말고도 구급출동 관련 규정 두 개를 추가로 만들고 있다. 아마 이 논문에서 언급하고자 하는 개선사항들과 비슷한 내용들이 많을 거라고 생각한다.

이 규정들은 다음과 같다.

· The ASTM F-1552 "상황실 요원의 훈련, 교육 자격 인증과 자격증에 대한 일반규정"
· The ASTM F-1560 "상황실 구급 관련 관리 지침"

그러나 상황실 구급과 관련해서 어떤 내용을 포함시켜야 하는지 그런 내용들이 얼마나 효과적인지 알아볼 객관적이고 짜임새 있는 연구 자료들이 많지 않다는 사실도 언급하지 않을 수 없다. 우리 상황실의 역할이 심장 마비나 심근 경색환자들의 상태나 예후에 미친 결과가 어떤지를 확인하고 판정내리기 어려운 주된 이유가 바로 여기에 있다.

구급대원이 현장에 도착하는 동안에 환자 상태는 악화될 수 있다. 상황실 요원들의 초기 환자 평가를 근거로 한 최종결과지표(outcome parameters)로서 심정지나 중증 외상만큼 뚜렷한 지표로 삼을만한 병원 전 구급출동은 없다. 최종 결과가 구급지침서 사용 때문인지를 확증하기 위해서는, 양자 사이에 상관관계가 높다는 사실을 연구로서 증명해내야 한다. 지침서가 그 연구와 일치하는지 지침서 내용이 현재 진행 중인 평가에 해당하는 부분인지를 확실히 확인하고 연구를 진행해야 한다.

응급상황관리자, 즉 상황실 요원들의 교육과 재교육, 질 관리와 향상 그리고 그들이 참고할 병원 전 상황요원 지침서의 유용성과 최적의 구성을 위해서 더 많은 연구가 필요하다는 점도 이 논문을 통해 강조하고 싶다.

구급출동지침서(Medical Dispatch Protocols)

상황실 요원의 업무 효과성은 의학적으로 입증된 출동지침서를 일관성 있게 사용하느냐에 달려있다. 이런 지침서는 응급환자 평가와 출동 절차, 그리고 응급처치 항목으로 구성되어 있다. 이렇게 구성된 구급출동 지침서를 가지고 상황 요원은 응급상황을 평가하고 그에 맞게 대응하기 위해 환자의 주 호소에 초점을 맞춰 미리 만든 질문 양식에 따라 신고자의 신고를 받는다. 상황요원은 구급 수보를 받으면서 지침서 내용에 따라 신고자에게 환자 위치와 특성, 의학적 문제 등을 확인하고 의식과 호흡 상태를 결정한다. 아주 응급 상황이 아니라면, 이번에는 발생 가능한 모든 응급상황을 다룬 지침 중 지금까지 파악한 환자 상태에 맞는 내용에 근거하여 좀 더 자세하게 환자 상태를 파악한다. 구급출동 지침서에는 보통 광범위한 응급 상황이 담겨있지만 절대 생략할 수 없는 사항이 이렇게 체계적으로 세분화한 질문이라고 하겠다. 설령, 구급출동 시스템이 일반구급차(BLS)와 전문응급처치 구급차(ALS)를 구분하여 출동시키지 않는 조직에서도 마찬가지다.

상황실 요원은 다음 4가지 목적을 가지고 신고자에게 질문을 한다.

1. 출동에 1급이 필요한지 2급이 필요한지, 사이렌과 비상등을 켜고 출동할 응급 사항인지 여부를 포함하여 ALS / BLS 출동을 정확히 구분하기 위해 필요한 정보파악.
2. 환자 상태나 현장 상황이 구급대가 현장에 도착하기 전에 의료안내가 필요한지 여부결정

3. 출동 중인 구급대원에게 정보를 제공, 현장에 도착해서 환자를 처치하는 데 필요한 사전 계획과 준비를 할 수 있도록 한다.
4. 현장에 있는 환자, 1차 반응자, 신고자, 목격자 등의 안전 여부를 확인 그들이 위험에 빠지지 않도록 한다.

상황 요원이 이렇게 구급출동 지침서를 활용하게 되면 환자의 응급여부를 잘못 판단하게 되거나 ALS나 BLS 구급차를 바꿔 보내는 실수를 하지 않게 된다. 물론 상황요원이 이 지침서를 제대로 활용하지 못하면 부정확한 정보를 근거로 상황판단을 하기 쉽다. 상황 요원이 환자의 주 호소(chief-complaint)를 잘못 파악하고 전문응급처치구급차가 필요한 현장에 일반구급차를 보내거나 환자 처치 안내를 잘못할 수도 있기 때문이다. 이렇게 구급 관련 업무를 제대로 처리하지 못함으로써 환자 상태가 악화되거나 법적 분쟁이 발생한 사례가 적지 않음을 응급의료 관련 논문에서 적지 않게 볼 수 있다.

구급수보를 받다보면 환자나 신고자가 심장마비 증상을 모르거나 심지어 확인을 거부하는 경우도 심심치 않게 볼 수 있다. 구급출동 지침서에는 현장의 응급성에 대한 상황 요원의 체계적 평가에 근거, 대응단계를 표준화시키고 출동 구급대의 단계(일반/전문)를 적시해 줘야한다. 이와 같은 상황별 대응의 구분은 환자의 증상과 발생 양태에 기초해야한다. 대응 단계를 구분한 시스템에서 사용하는 구급출동 지침서에는 어떤 상황에서 전문응급처치 구급차가 필요한지, 일반응급처치 구급차는 어떤 상황에 출동시켜야 하는지가 자세히 언급돼 있어야한다. 단계별 구급출동 시스템을 가지고 상황 요원이 내린 상황의 응급성 여부에 따라 적합한 구급대를 출동(생명이 위급한 상황에는 1급이 탑승한 전문응급처치 구급차출동)시킴으로서 신속한 대응을 하고자 하는 조직에서 이러한 점은 특히 중요하다.

지침서에 또한 어떤 사항이 긴급출동(비상등과 사이렌)에 해당하는지 아닌지를 자세히 밝혀주어야 한다. 1990년 미국에서 2,400건의 구급차 교통사고가 발생했음을 고려한다면, 모든 구급출동에 비상등을 켜고 사이렌을 울리며 긴급하게 출동하도록 하는 것은 의학적으로 불합리하고 관리적 측면에서도 안전하지 못한 조치이다.

이처럼 대응단계의 세분화는 조직이 보유하고 있는 구급 자원과 그에 따른 대응 한계, 교통상황, 담당 지역의 지리적 여건 등에 따라 응급의료 조직마다 다양할 수 있다. 조직이 더 크고 더 복잡하다면 구급 출동을 위한 구급대 편성도 더욱 복잡해질 수 있다. 구급 자원의 배분에 관한 결정은 구급 관리의 책임임을 강조하면서 응급의료체계 내 응급의학 의사에게 그 승인권한이 주어져야 한다. 대응단계의 세분화는 그 호출 시스템을 통일시킨 바탕위에서 이루어짐이 이상적이라고 하겠다. 이는 같은 구급출동 지침서를 사용하는 여러 응급의료체계가 공통의 지침서를 계속사용하면서 통계를 비교해보고 과학적 연구를 지속하기 위해서이다.

적지 않은 구급 상황실에서 영어를 못하는 신고자 때문에 해결 방안을 모색하고 있는데, 특히 대도시 지역 구급 상황실에서 문제가 되고 있다. 이에 대한 기본적인 해결 방안으로는 다음 세 가지가있다.

1) 상황 요원을 신고가 자주 들어오는 특정 외국어 능통자로 구성하여 상황실에서 여러 외국어 신고 접수 처리가 가능토록 한다.
2) 외국어 통역 서비스를 활용한다.
3) 자주 사용하는 외국어용 구급출동지침서를 제작한다.

이 논문 발표 당시, 미국은 스페인어, 불어, 독어로 된 외국어 지침서를 활용하고 있었다.

구급출동 지침서는 다음 사항을 유념해서 만들어야 한다.

- 의학적으로 입증되어야 한다.
- 한 응급의료체계가 맡고 있는 관할 내에서 통일성을 유지해야한다.
- 같은 지침서를 사용하는 조직 간 과학적인 비교와 연구를 위해 출동 단계별 호출명을 통일시킨다.
- 구분이 필요한 경우를 제외하고는 모든 상황요원이 업무에 일관성을 유지한다.
- 일반구급차가 필요한지 전문응급처치 구급차가 필요한지에 따라(특히, 단계별 구급 출동 시스템에서), 그 유형별로 구분하고 비상등을 켜고 사이렌을 울리면서 출동해야할 사항(긴급)인지 아닌지도 구분해 둬야 한다.

응급처치안내(Dispatch Life Support)

응급처치안내는 출동한 구급대가 현장에 도착하기 전까지, 신고자에게 응급처치 설명을 위해 상황요원이 활용하는 의학적 지식, 절차, 기술 등을 모두 포괄하는 개념이다.

응급처치안내는 상황 요원이 응급처치을 설명하기에 적합하도록 일반응급처치(BLS)와 전문응급처치(ALS) 술기로 구성한다. 이 응급처치지도는 응급처치와 이를 신고자에게 설명할 방법론을 토대로 만든다. 구급대 도착 전 응급처치안내는 비전문적 전화 응급처치 안내와는 다르고, 이 둘 사이의 차이점이 바로 상황요원의 교육과 훈련(응급처치지도 포함) 표준화를 위한 권고 사항의 바탕을 이룬다. 이는 구급대 현장 도착 전에, 의학적으로 입증된 지도서를 가진 상황요원이 신고자에게 환자를 돕고 현장 상황에 맞게 행동하도록 도움을 주자는 취지이다.

NAEMSP는 도착 전 응급처치안내 제공 필요성을 지속적으로 제기해왔다. 도착 전 응급처치안내는 모든 상황실이 꼭 해야 할 역할이라는 것이다. 훈련된 상황 요원이 전화로 설명하는, 의학적으로 검증된 응급처치는 안전하고 이런 안내가 꼭 필요한 상황이 꽤 많다고 하겠다. 최근 추세는 응급처치 안내를 해야 하고 할 수 있는 상황인데도 하지 않았을 경우 근무자의 근무태만이라고 하여 법적 분쟁으로 까지 이어지고 있는 실정이다. 그런데 도착 전 의료안내와 구급출동 지침 시스템을 확고히 하는데 가장 큰 걸림돌은 바로 상황실이 이런 역할을 수행하다 발생할지 모를 법적 분쟁에 대한 우려라는 점이 흥미롭다. 그러나 의학적으로 확고한 응급처치 안내서를 만든다면 상황 요원이 근무태만으로 고소를 당하는 일이 발생할 것 같지는 않다. 최근에 종결되었거나 진행 중인 법적 분쟁을 보면 그 대다수는 바로 구급대 도착 전 의료안내 지침서를 아예 만들지 않았거나 상황실 요원이 근무 유기로 고소를 당한 경우이다.

도착 전 의료안내의 본질은 연습 없이 직접 확인도 못하는 상황에서 아주 적절한 시점에 전화로 제공해야 한다는 점에 있다. 그런 점에서 응급상황관리자는 전화지도 처치 지침을 임의가 아닌 규정에 맞게, 쓰여 있는 대로 신중하게 지켜야 한다.

급성 심근경색이나 심정지가 의심되는 환자에 대한 구급 출동 원칙의 적용

구급출동 지침서와 도착 전 의료안내 지침서에 규정된 구급출동 원칙을 심근 경색이나 심정지가 발생 할 가능성이 있는 환자에게 적용하기란 어렵지 않다. 환자가 의식은 있는지, 호흡은 하는지 이런 핵심 질문 사항은 반드시 모든 신고자에게 물어 심정지가 발생했는지 확인한다. 예들 들어, 환자가 호흡 여부에 대해 목격자나 환자 옆에 있는 사람이 '잘 모르겠다.' 고 대답하면 이것은 환자가 숨을 쉬지 않는다는 것을 의미한다고 하겠다. 그래서 출동 가능한 최대의 구급자원을, 가능한 한 1급 응급구조사가 탑승한 전문응급처치 구급차를 지체 없이 출동시켜야한다. 어떤 단계의 구급차가 출동해야 하는지도 이런 핵심 질문을 통해 결정한다. 만약 심정지 발생이 확인되었다면 출동 직원들에게 환자의 주 호소, 나이, 의식과 호흡 상태, 호출 명을 알려 주고 AED를 미리 준비토록 해야 한다. 심정지 환자관련 출동에서는 상황 요원이 신고자에게 CPR 안내를 당연히 시행해야 한다.

흉통 환자의 경우에는 상황 요원이 신고자나 환자에게 병원에 갈 상황임을 설득해야하고, 환자의 증상(symptoms)이나 징후(signs)가 심정지로 까지 이어질 가능성은 없는지도 확인해야 한다. 특히, 상황 요원은 환자가 심한 소화불량(indigestion)을 호소하는지, 메스꺼움과 발한 여부와 더불어, 팔이나 턱, 목, 등 쪽으로 전이되는, 조임, 심한 압박감, 짓눌리는 느낌, 쥐어짜는 듯한 불편감이 흉부에 있는지를 신고자에게 파악해야 한다. 상황 요원이 파악한 이런 환자 증상은 출동 구급대원에게 전파되어 결국 구급대원의 현장 처치가 보다 원활해진다고 하겠다. 이런 출동에서는 의료안내에 올바른 환자 자세와 구토 시 처치 요령, 환자 상태를 면밀히 살펴보고 환자 증상이 악화될 경우 다시 전화하도록 하는 등의 내용이 포함되어 있다.

전화도움(Telephone aid): 여기서 정의하는 전화도움이란 교육을 받았거나 받지 않는 응급상황관리자가 그때그때 상황에 맞게 제공하는 전화상의 상담을 말한다. 응급처치안내는 상황 요원이 그 절차나 처치에 대해 미리 교육을 받고 행하지만, 전화도움은 정해진 지침서 없이 제공된다는 점에서 다르다. 이런 전화도움은 상황실에 지침서가 만들어져 있지 않거나, 지침서 준수 원칙을 지킬 필요가 없는 경우에 시행한다.

도착 전 의료안내 부문에서 이미 언급한 대로 상황 요원들은 반드시 지침서를 준수해야한다.

신고자에게 이런 전화상의 도움을 제공하도록 안전 관련기관들이 관심을 갖고 노력하게 됨에 따라, 적지 않은 곳에서 상황요원들에게 이런 응급처치안내를 허용하고 있다는 사실이 다행이면서도 한편으로는 응급처치안내가 즉흥적이고 임기응변 수준에 머물고 있다는 점이 아쉽다. 도착 전 지도에 근거한 응급처치안내와 이런 전화상 도움에는 현저한 차이가 있다. 전화도움은 상황 요원이 단지 신고자에게 환자를 처치토록 할뿐이라고 할지 모르지만, 그런 지도가 정확하고 규정에 맞고 의학적으로 효과가 있으며 먼저 해야 할 처치인지는 확신할 수 없다.

전화도움에는 다음과 같은 실수가 종종 발생한다.

1. 전화 중재가 필요한, 무엇보다 먼저 도착 전 의료안내가 필요한 상황임을 정확히 파악하지 못함(흉부 압박처럼 위험성이 큰 처치지도를 상황요원이 적극적으로 하기 전에, 먼저 호흡이나 맥박을 확인하도록 규정한 의료안내 지침을 준수하지 않음으로서 열성 경련 소아에게 "소생"을 위해 CPR을 하도록 하는 실수).
2. 전화 중재를 하는 동안에 증상이나 징후가 있는지를 정확하게 확인하지 못함(CPR 과정을 임기응변식으로 지도하는 상황 요원은 자신이 눈으로 확인하면서 하는 것이 아니기 때문에 중요한, 예를 들면 흉부가 올라오는지 확인하라고 해야 하는데, 이를 빠트릴 수 있다).
3. CPR처럼 여러 단계로 이루어진 처치를 상황요원이 일관성 있게 다음에도 똑같이 설명하지 못함(이런 유형의 처치를 질 평가를 위해 돌이켜보면 같은 상황실의 상황 요원마다, 심지어 같은 상황 요원도 도착 전 의료안내지침서를 준수하지 않으면 매번 다르게 응급처치를 설명하는 것으로 나타났다.

이처럼 전화도움은 신고자 모두에게 일관되게 그리고 정확하게 안내를 한다는 확신 없이 그저 전화로 제대로 도와주고 있다는 착각 속에서 이루어지고 있다. 그렇기 때문에 전화도움이 부적절하고 믿을 수 없는 상황요원의 응급처치 안내로 간주되는 형편이다.

응급처치안내는 그 상황에 적합하고 효과적이면서 안전해야한다. 의학적으로 입증된 처치 지침서를 제대로 이용하면 상황 요원의 처치안내가 체계적이고, 같은 방식으로 이루어지는지 그리고 객관적으로 측정 가능한지 확인할 수 있다. 도착 전 의료안내와 전화도움 사이에 이런 간과할 수 없는 차이가 있는 점에 비추어 봐도 그렇고 응급상황관리자에 대한 교육과 훈련 표준화를 위해서도 다음 사항이 지켜져야 한다.

- 응급처치안내를 구급출동의 핵심 개념으로 채택해야한다.
- 응급처치안내를 표준화해야한다.
- 도착 전 의료안내는 모든 응급상황에 맞게 만든 지침서에 근거해야한다.

응급상황관리자 훈련(Medical Dispatcher Training)

응급상황관리자의 정규 교육은 응급의료체계에 속한 이들이 안전하고 효과적으로 그 임무를 수행하는데 도움을 준다. ASTM에서 현재 응급상황관리자 교육 과정의 핵심내용에 대한 초안을 만들고 있다. 초안이 마련되면 응급상황관리자에게 교육과 자격을 부여할 방향이 제시되고, 결국 지침에 근거한 안전하고 일관성 있는 구급출동 결정이 내려질 것이다. 지침의 내용이 광범위하다는 점에서 볼 때, 현재의 응급상황관리자 교육은 적어도 최소 하루 8시간씩, 24시간은 되어야한다. 대표적인 교육 내용으로는 개선의 여지가 있는 부문에 집중해서 구급출동 목표에 대한 개관 그리고 구급출동 기본 요령으로 구성되어있다.

응급상황관리자의 역할은 이미 언급했고 구급출동의 개념도 자세히 논의했다. 응급의료체계에 속한 기관들이 사용하는 구급출동 지침서도 신고자와 통화하는 방법, 지침서 참고, 도착 전 의료안내 준비 등에 초점을 맞추어 다뤘다. 가장 많이 발생하는 응급상황도 그 문제들 하나하나를 도착 전 의료안내에 포함된 목록과 구체적으로 비교하면서 상호 관련성을 재검토하였다. 교육과정 내내, 신고 접수를 받을 때에는 심정지라고 진단을 내리기보다 증상의 유무(흉통 같은) 확인이 더 중요하다고 강조하였다. 환자가 호소하는 주 호소의 응급 정도에 따라 구급대를 출동시켜야 하는 의학적 중요성은 응급상황관리자가 매일 접수하는 다양한 신고 중에서 어떤 신고가 더 급한가를 판단하는데 분명 도움이 된다.

때론 교육생들이 그 임무 수행의 실전 감각을 익힐 수 있도록 실제 신고를 받는 것처럼 훈련을 실시했다. 교육 마지막에는 교육생들이 이 과정을 제대로 이해하고 자기 것으로 만들었는지 평가하는 공식 시험이 있었다. 이 시험을 통과한 교육생에게는 정식 자격증이 수여되었다.

응급상황관리자 교육에는 다음 사항이 지켜져야 한다.

- 상황 요원이라면 한 사람도 빠짐없이 이 교육을 이수해야한다.
- 교육 과정 중 핵심적인 내용은 전국 어디에서나 동일해야하다.
- 응급상황관리자 교육생들이 지침서를 사용하도록 허용한 상황실의 지도의사가 선택하고 승인한 구급출동 지침서에 근거해서 교육이 진행되어야 한다.

응급상황관리자 자격인증(Medical Dispatcher Certification)

생존의 고리에서 상황 요원 역할이 중요하다는 사실을 감안한다면, 이들에 대한 자격은 국가공인 자격증이어야 한다. 이 자격증에는 재교육과 재 인증에 관한 사항들이 포함되어 있어야 한다. 재교육 과정에는 필기와 실기시험이 들어있어야 한다. 이런 재교육과 재 인증 과정은 응급상황관리자들이 수행한 업무에 대한 질 평가에 상황실이 관심을 갖고 그 향상을 위해 노력하게끔 한다.

자격 인증에는 업무 실적이 최소한의 기준에도 미치지 못하는 직원에게 그 자격을 박탈하는 과정도 마련한다. 이런 재 인증 과정과 이를 몇 년마다 해야 가장 적당한지 결정하는데 있어 도움이 될 만한 연구 결과는 없었고, 다만 일단의 전문가들이 2-4년 마다 재 인증이 필요하다고 제시한 것만이 있다. 그리고 응급상황관리자가 재 인증을 받으려면 일 년에 한 번씩 최소 12시간의 교육을 이수해야한다.

응급상황관리자 자격 인증에는 다음과 같은 사항이 지켜져야 한다.

- 모든 응급상황관리자는 주 정부가 주관하는 과정, 아니면 전문 교육 기관에서 마련한 과정을 통해 인증을 받아야한다.
- 지속적인 인증과정의 요소로서 계속적인 교육과 재 인증이 필요하다.

구급출동의 질 관리와 개선(Medical Dispatch Quality Control And Improvement)

모든 응급의료체계에는 각각 전반적인 질 향상 계획이 수립되어 있어야한다.

구급출동관련 업무의 질 관리와 개선에는 다음 4가지 사항이 포함되어 있다.

1. 상황 요원이 구급출동 관련 정책과 지침, 규정을 이해한다.
2. 상황 요원이 구급출동 관련 정책과 지침, 규정을 준수한다.
3. 상황 요원 중에서 구급출동 관련 정책과 지침, 규정에 대한 이해와 준수를 못하는 직원이 있으면 이를 바로 잡는다.
4. 구급출동 관련 정책과 지침, 규정은 그 적절성과 효과성이 담보되도록 지속적으로 갱신한다.

구급출동의 전반적인 질 관리와 개선 사항에는 여러 요인이 포함되어있다.

인원 선발, 예비소집교육, 초기 훈련, 자격 인증과 재 인증, 지속적인 출동 훈련, 지도의사 지도, 자료의 생성, 사례별 연구, 업무 평가, 업무 수행 상 문제점 교정, 자격의 박탈과 정지 · 종료 등이 해당된다.

구급출동의 질 개선을 위한 이런 사항들은 안전하고 효과적인 환자 평가와 처치에 필요한 근무 환경 유지에 빼놓을 수 없는 요인이다.

질 관리와 개선에 있어 가장 중요한 부문 중 하나는 구급 출동 사례의 재검토와 그 수행 적절성에 대한 평가이다. 각 응급상황관리자가 출동시킨 구급출동의 7-10%정도는 임의적으로 골라 재검토해야 한다. 구급 출동 지령을 이렇게 임의적으로 선별 검토해봄으로써, 응급상황관리자가 현재 규정(특히, 지침서준수)을 지키고 있는지 확인할 수 있다. 평균적인 구급 출동 범위를 벗어난(아주 뛰어나거나 문제가 있는 출동 지시) 사례의 재검토 역시 중요하다. 이런 사례들은 상황실 자체가 아닌 외부 요인에 의해 확인되는 경우가 종종 있다. 현장에서 일하는 구급대원에게 출동에 문제가 있었던 사례를 보고토록 하면 상황실 업무와 정책의 평가 과정을 강화하는데 큰 도움이 된다.

출동 지령의 재검토는 상황요원의 업무를 정기적으로 평가하기위한 토대로서 기능을 한다. 상황 요원 개인별로 지침서를 얼마나 준수하는지 계속 평가하고, 업무 성과 목표와 비교해본다. 이는 응급의료체계를 구성하는 팀의 핵심 일원인 상황 요원에게 응급의료의 초기 단계를 확립하기 위한 객관적인 방법을 제공한다. 지속적인 교육과 훈련에도 이런 개선 과정이 필요하다. 출동 사례별 재검토와 업무 평가를 하지 않으면, 상황 요원이 지침서를 준수하지 않게 되고 일반적으로 지침서 준수 비율이 50%이하로 나타났다.

의료안내는 응급상황관리자가 업무 전반에 걸쳐 질(quality)을 얼마나 달성했는지 보증하는데 아주 중요한 요소이다. 1급, 2급 응급구조사에게 의료안내가 필수이듯, 응급상황관리자에게도 세심한 관심과 지도가 필요하다고 하겠다.

NAEMPS에 따르면, 구급출동과 통신에 있어 의학적 측면은 응급의료체계 소속 지도의사가 책임져야 할 핵심적 분야이다. 질 개선, 위기관리, 의료 통제와 지도는 응급의료체계 일부인 구급출동 활동의 관리에 필수 요소라 하겠다.

구급출동 지령을 지속적으로 질 관리하고 개선하려면 다음 사항을 지켜야한다.

- 모든 구급 출동 상황실은 지속적인 질 관리와 개선 작업을 해야 한다.
- 구급 출동 사례를 임의대로 선별 할 수 있도록 허용되어야 한다.
- 구급 출동 지령의 질 평가 주요 요소로서 지침서 준수 수준은 높아야 한다.
- 구급 출동 지령의 지속적인 질 관리와 개선 작업은 상황 요원의 재교육, 환류(feedback), 훈련, 의료관리의 기초로서 필요하다.
- 자격을 갖춘 의사의 의학적 지도를 받아 이런 작업이 수행되어야 한다.

요약(SUMMARY)

응급상황관리자는 응급의료팀의 핵심이다. 응급상황관리자는 심정지 발생 가능성이 있는 환자의 초기 처치에 무시 못 할 영향을 끼칠 수 있다. 최적의 구급출동에 필요한 여러 가지 사항을 이 논문에 담았는데, 핵심 사항을 아래에 요약해놓았다.

- 모든 구급 상황실은 급성 심근경색 환자의 평가, 출동, 그 처치에 대한 대비로서 의학적 입증을 거쳐 만든 구급출동 지침서를 활용해야 한다.
  응급상황관리자 모두는 개인의 판단이 아닌 지침서에 근거 일관되게 업무를 수행해야 한다.
- 모든 구급 상황실은 응급처치에 관한 지도를 해야 한다.
- 응급상황관리자는 의학적 입증을 거쳐 만든 도착 전 구급출동 지침서를 활용, 신고자에게 급

성심근경색 환자를 돕도록 하고 출동한 구급대가 현장도착하기 전까지 상황을 관리한다.

- 모든 응급상황관리자는 자기가 일하는 상황실의 구급출동 지침서를 완전히 통달하는 것을 목표로, 전국에서 사용되고 그 핵심 내용이 같은 지침서로 훈련을 받아야한다.
- 모든 응급상황관리자는 주 정부가 주관하는 과정, 아니면 전문 교육 기관에서 마련한 과정을 통해 인증을 받아야한다. 이것은 계속적인 교육과 재 인증 이수가 필요한 인증이다.
- 모든 응급 상황실은 구급 출동의 지속적인 질 개선을 위한 조직을 운영해야 한다. 이 과정에는 응급상황관리자마다 그들이 출동시킨 구급 출동을 임의적으로 골라 재검토하는 평가 과정이 포함되어야 한다.

  응급상황관리자가 얼마나 출동 지침을 지키는가에 초점을 맞춰, 각 개인별 업무 평가를 시행한다.
- 구급 출동 관련 모든 사항은 결국 그 응급의료체계에 의료 지도를 맡고 있는 지도 의사의 궁극적 책임이다. 지도 의사는 직원 교육, 지침서 내용의 선택과 승인, 도착 전 의료안내, 시스템 전반에 관한 평가 등을 포함하여, 응급상황관리자 프로그램에서 응급처치와 관련있는 사항을 관리할 권한이 주어진 지위에 있어야한다.

이 논문에 담긴 권고 사항들이 실행만 된다면, 전반적인 구급 출동 시스템 은 자연적으로 개선이 될 것이다. 특히, 급성 심근경색의 증상과 징후가 있는 환자를 신속하게 알아내고 처치하는데 도움이 된다고 하겠다.

심정지 환자 출동 분석을 통한 구급업무 질 향상 방안

〈08년 서울시 1월-6월 중 심정지 환자 소생율〉[1]

$$5.8\ (\%) = \frac{\text{회복 퇴원 66명}}{\text{CPR 실시 1127명}} \times 100$$

참고자료1 07년 서울 심정지사망자와 TA/화재 현장 사망자비교

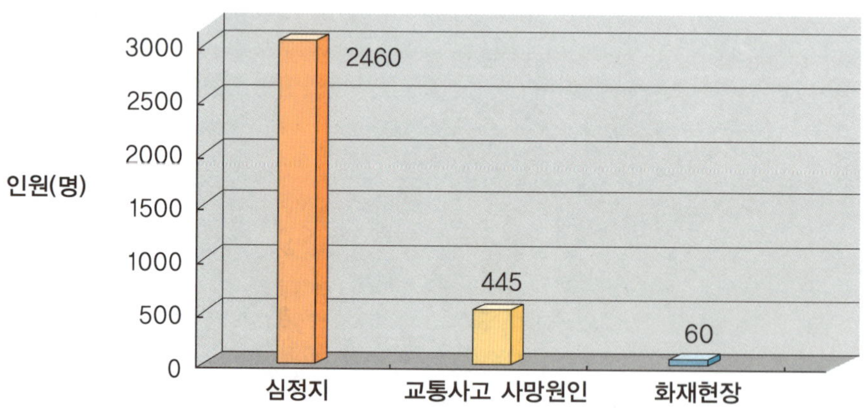

1) 심정지 환자 소생율 5.8%는 논란의 소지가 있다고 본다. 일반적으로 우리나라 심정지 환자 소생율이 이처럼 높지 않기 때문이다. 이는 2008년 상반기 6개월 동안 서울 소방 구급대가 이송한 심정지 환자 1127건의 구급활동일지를 분석한 결과임을 밝혀둔다. 여기서는 다만 심정지 환자 신고접수부터 이송까지 어느 단계에 문제가 있고 이를 해결하기 위해 우리가 우선출동시스템이나 EMD의 훈련과 역할을 어떻게 확립해 나가야 할지 그 방향을 찾는다는 마음으로 읽어보길 바란다. 우선출동시스템이 도입될 당시의 미국과 비교해 봐도 좋겠다.

참고자료2 08년 상반기 심정지사망자와 TA/화재 현장 사망자비교

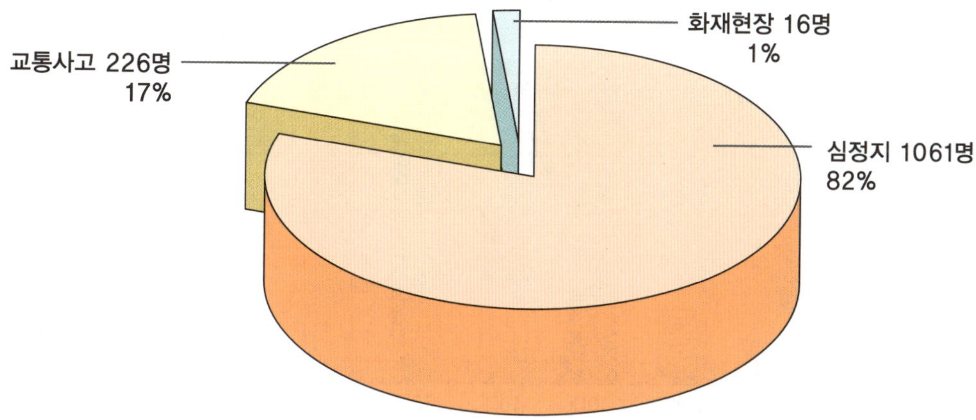

상반기 심정지 환자 분석

상반기 발생한 1,127명의 심정지 환자를 성별, 연령대별, 과거력(Medical History), 발생장소별로 분석함.

〈자료분석1〉 08년 상반기 심정지 환자 성별분류

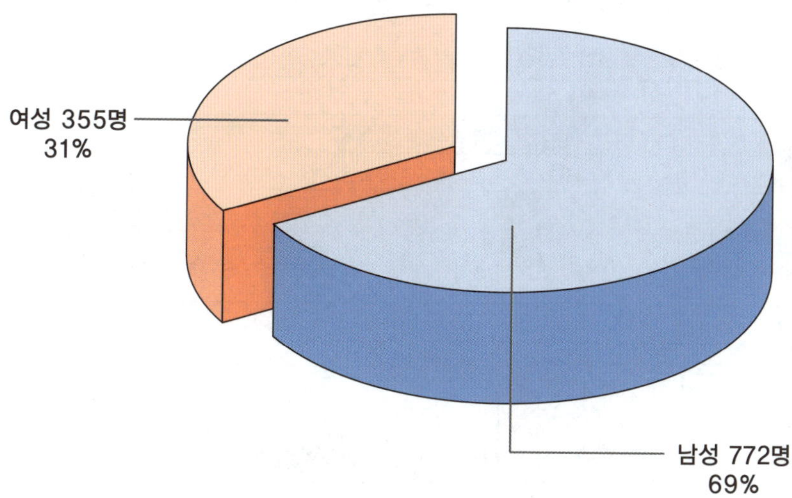

〈자료분석2〉 08년 상반기 심정지 환자 연령대별 분류

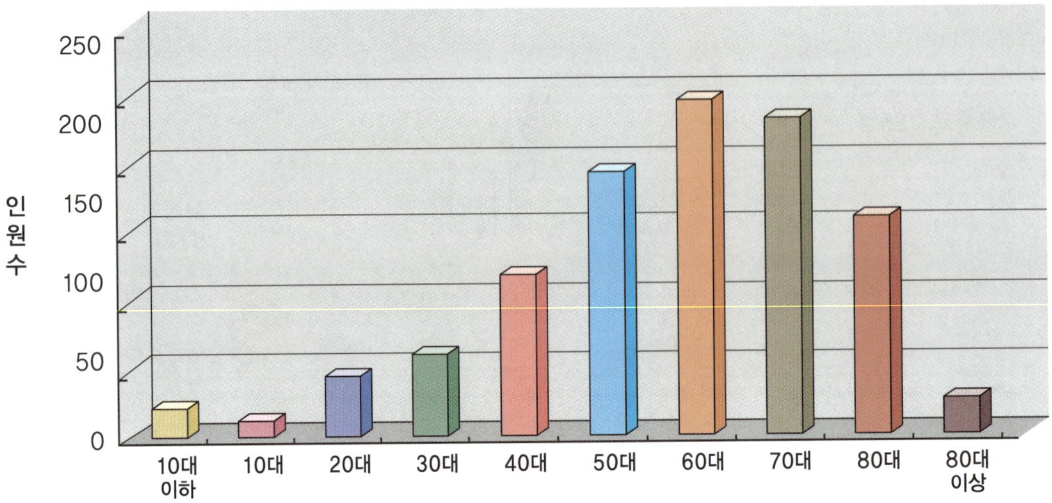

10대 이하	10대	20대	30대	40대	50대	60대	70대	80대	이상
22명 1.95%	11명 0.97%	44명 3.9%	61명 5.4%	119명 10.6%	193명 17.1%	246명 22%	232명 20.6%	158명 14%	25명 2.2%

〈자료분석3〉 08년 상반기 심정지 환자 과거력(History)별 분류

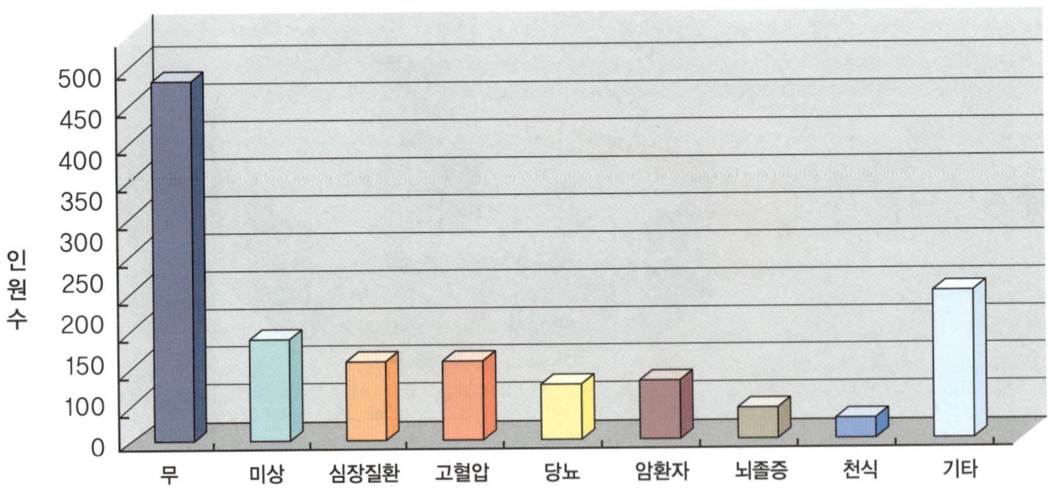

없 음	미 상	심장질환	고혈압	당 뇨	암환자	뇌졸중	천 식	기 타
464명 〈41%〉	125명 〈12%〉	100명 〈8.9%〉	99명 〈8.8%〉	58명 〈5.1%〉	59명 〈5.2%〉	25명 〈2.2%〉	20명 〈1.8%〉	177명 〈15.8%〉

〈자료분석4〉 08년 상반기 심정지 환자 발생장소별 분류

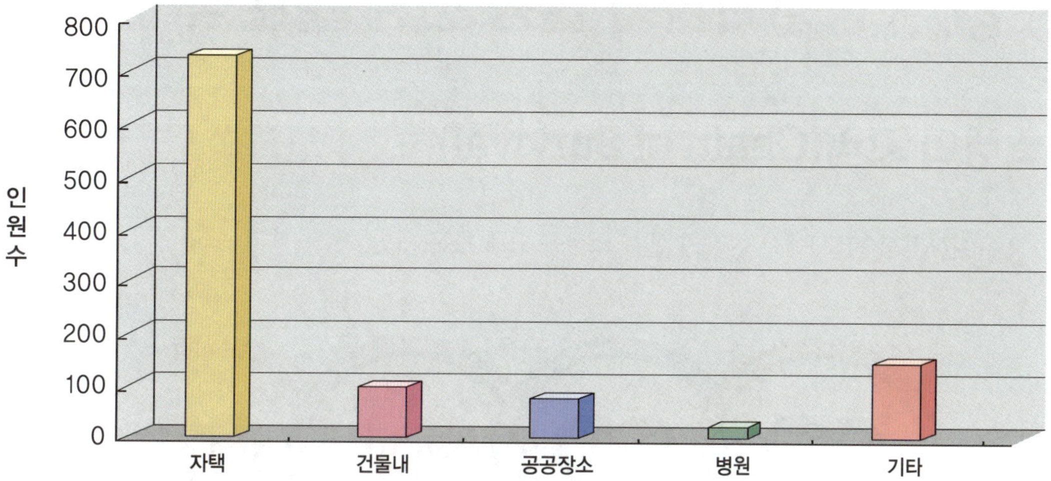

자 택	건물내	공공장소	병 원	기 타
745명〈66%〉	107명〈9.5%〉	73명〈6.5%〉	23명〈2%〉	179명〈16%〉

※ 구급 이송 중 발생한 CPR 4건은 기타에 포함

〈자료분석5〉 08년 상반기 심정지 환자 발생 양태

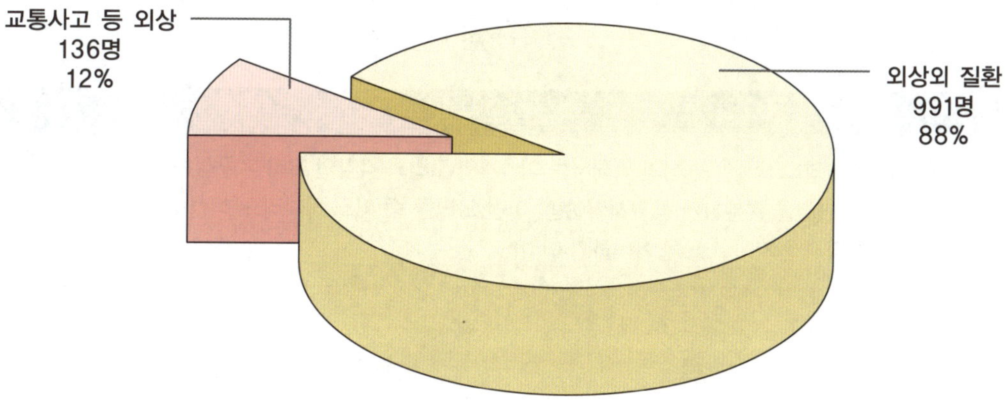

심정지환자 출동 단계별 분석

소생의 고리(Chain of Survival)

미국심장협회(AHA)에서 심정지 환자 소생을 위해 만든 개념.

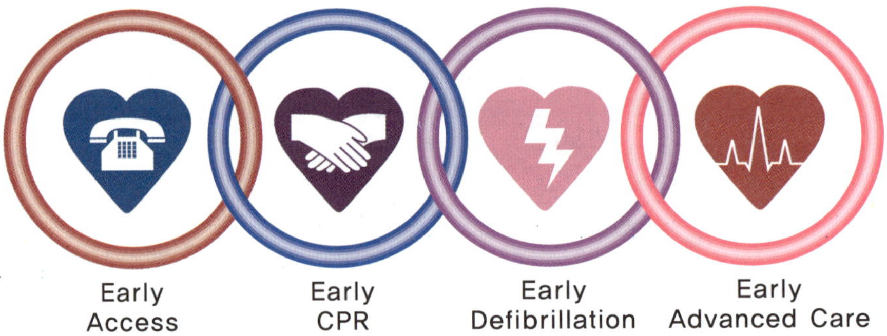

소생의 고리는 조기 신고 → 조기 CPR → 조기 제세동 → 조기 ACLS 4개의 고리로 연결.

소생의 고리는 처음에 심정지 환자 소생을 위해 만든 개념이지만 심장 관련 응급처치에 이 고리를 적용함으로써 급성심근 경색환자(Acute Myocardial Infarction)에게도 도움이 됨.

핵심참고사항

심정지 환자의 소생률을 높이기 위해서는 이 4개의 고리와 각각의 고리를 구성하고 있는 작은 고리의 연결을 튼튼하게 강화시켜야함. 이런 고리들 중 어느 하나라도 적절히 시행되지 않으면 심정지 환자의 소생을 기대하기 어려움

조기 신고(Early Access) 단계의 현황 및 문제점

미 심장협회는 "심정지 환자 심폐소생술과 응급처치에 관한 가이드라인"에서 응급의료체계(119)의 중요성을 강조하였는데, 그 이유는 심정지 환자의 소생의 고리 중 응급의료체계로의 신속한 신고가 바로 그 첫 번째 고리이기 때문이다.

조기신고 단계에서는 심정지(Cardiac Arrest)환자 발생 시 빠른 119신고와 신고에 대한 119의 신속한 대응(Rapid Response)이 가장 중요하다.

1,127건의 심정지 환자 발생 장소를 보면 자택, 건물 내, 공공장소 등이 다수를 차지(84%), 목격자에 의한 119신고는 신속하였다고 추정되나, 심정지 환자 발생이나 그 발생가능성을 조기에 인지, 그에 따른 신속한 대응에는 개선의 여지가 있다고 하겠다.

핵심참고사항

심정지는 초기 처치가 환자 소생여부에 직접적인 결과를 미치는, 시간이 가장 중요한 병원 전 응급상황으로 널리 인식되고 있다. 심정지 환자 소생율은 심정지 발생 후 초기 처치 없이 1분이 경과할 때마다 5.5%-10%씩 생존율이 떨어지고 발생 3분 후부터는 영구적인 뇌손상을 일으키기 때문이다...

미국 AHA-2001년 Heart and Stroke updates와 영국 Larsen의 논문
Predicting survival from out-of hospital cardiac arrest 중에서

〈자료분석6〉 출동 구급대원의 심정지 발생 인지 시점

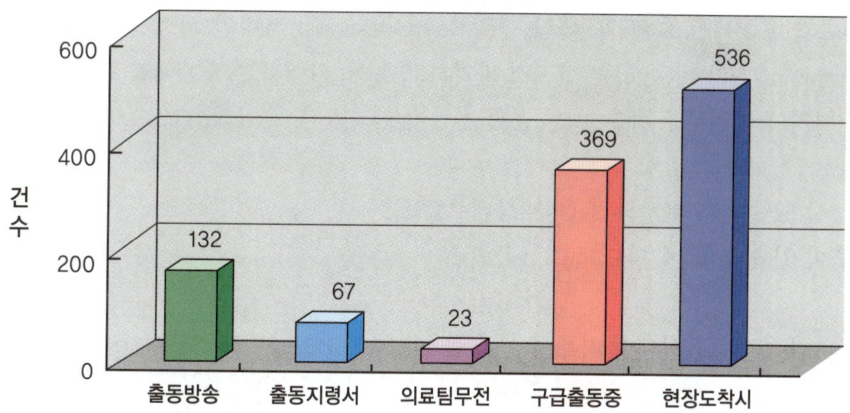

출동방송	출동지령서	의료팀무전	구급출동 중	현장도착시
132명 〈11.7%〉	67명 〈6%〉	23명 〈2%〉	369명 〈33%〉	536명 〈48%〉

상반기 1,127건의 심정지 관련 출동에서, 구급대원이 심정지 발생을 인지한 시점을 보면 출동 방송이나 지령서 199건으로 17.7%, 출동 중 구급대원이 신고자에게 다시 전화해서 파악한 경우가 369건으로 33%, 현장 도착해서 알았다가 536명48%로 나타남.

이처럼, 구급대 차고 탈출 후, 심정지 환자 및 그 발생 가능성을 인지한 경우가 82%로 나타남.

현재 우리 119 구급 출동은 환자 중증도에 따른 출동(CBD-Criteria based dispatch) 및 응급환자 중증분류를 통한 단계적 출동체계(Multi Tiered) 시스템이 아닌 신고 순서에 따라 일반/전문 구급차 구별 없이 출동하는 단일출동 시스템으로 운영되고 있다.

상반기 1,127건의 심정지 관련 출동을 분석해보면, 심정지가 발생한 장소를 맡고 있는 그 관할 구급대가 출동한 경우는 679건으로 60%, 같은 서 타 안전센터 관할의 구급대가 출동한 경우는 298건으로 26.4%, 타서 구급대가 출동한 경우도 150건으로 약 13.4%에 이르기 때문에 가장 응급 상황인 심정지 환자에게 가장 신속한 구급서비스를 제공 했는지 확신할 수 없다고 하겠다.

과제목표

◈ 119신고 접수단계에서부터 심정지 및 그 발생가능성 조기 인지능력 향상을 지속적 추진하여 대응능력 강화
◈ 심정지 및 그 발생가능성 환자 5분 이내 구급자원(구급차나 오토바이 구급대) 현장도착

목표달성 방안

1. 구급 신고 접수 시 신고자에게 핵심 질문(Key Questions)

구급 신고 접수 시 신고자에게 핵심 질문(Key Questions) 사항인 의식 및 호흡상태, 주 호소(Chief-Complaints), 나 이(Age)는 반드시 파악하고 특히, 의식과 호흡상태를 가장 먼저 파악하여 그 상태에 따라 응급여부를 확인, 출동 순위 결정에 참고한다.

- 의식이 있습니까? 예/아니요(의식상태-AVPU).
- 호흡이 있습니까? 예/아니요(호흡곤란).

환자의 의식과 호흡상태에 따른 우선 출동 결정

〈의식과 호흡이 없는 환자〉

- 심정지 환자 발생 경보
- 구급자원(구급차, 오토바이 구급대)의 최우선 출동
- 바로 신고자에게 심폐소생술(CPR)안내 실시.

〈의식이 없고 호흡에 문제가 있는 환자〉

● 심정지 환자 발생 가능 주의보
● 구급자원(구급차, 오토바이 구급대)의 최우선 출동
● 심정지 발생에 대비 심폐소생술(CPR)안내 준비.
● 환자 상태에 관한 추가 정보 파악.

〈의식이 명료하지 않고 호흡에 문제가 있는 환자〉

● 심정지 환자 발생 가능 주의보
● 구급자원(구급차, 오토바이 구급대)의 우선 출동
● 심정지 발생에 대비 심폐소생술(CPR)지도 준비.
● 환자 상태에 관한 추가 정보 파악.

※ "환자 의식이 있습니까" 질문에 "아니오" 라고 답하고 "호흡은 합니까" 질문에 가쁜 호흡(agonal respiration-죽음에 임박해서 하는 호흡)을 한다고 하면 심정지 발생이 임박했음을 나타낸다. 신고자가 환자 상태에 대해 확신하지 못할 수도 있다. 예를 들어 호흡여부 확인에 대해 숨을 쉬는지 아닌지 모르겠다고 하면 다시 한 번 확인해 보도록 하고 그래도 모르겠다고 하면 호흡이 없는 것으로 추정, 응급 정도를 한 단계 올려 대응한다.

2. 응급상황관리자(EMD-Emergency Medical Dispatcher)양성.

상황실 요원은 단지 '전화 접수자(call taker)' 가 아니라 환자 상태에 중요한 영향을 미치는, 특히 심정지 환자가 발생한 상황에서는 환자 소생에 구급 대원보다 더 결정적인 역할을 담당하기 때문에 응급상황관리자 양성과 교육, 훈련과정을 개설할 필요가 있음.

핵심참고사항

미국 응급상황관리자(EMD)의 역할

• 환자상태 파악. • 현장상황 파악.
• 출동차량 (일반/전문구급차) 결정.
• 구급 대 현장 도착 전 신고자에게 응급처치안내(pre-arrival instructions)실시.
• 출동 구급대와 긴밀한 협조체제 유지하면서 추가 정 보제공, 추가 출동 등 지시.

3. 구급 출동 관련 지침서(protocol)개발.

구급출동 관련 응급상황관리자가 활용 할 지침서를 개발, 보급, 교육한다.

4. 제세동기를 휴대한 오토바이 구급대 운영과 관리.

환자 평가 및 처치(제세동 포함) 가 가능한 오토바이 구급대를 운영, 심정지 환자 발생 관할 지역 구급공백 발생 시, 타 지역 구급대 도착까지 환자 처치(CPR과 제세동)를 담당토록 한다.

이를 위해서는 안전센터마다 운영 가능한 오토바이 구급대를 서별로 센터 상황실에 일일 보고하고 센터 근무자는 서별 동원 가능한 구급자원을 통제 관리해야 구급 공백을 최소화 할 수 있을 것이다.

5. 서 평가 항목에 심정지 환자 소생률 포함.

6. MPDS(우선출동체계)나 중증도에 기반한 출동시스템 확립.

우선출동체계(MPDS-advanced medical priority dispatch system)란 1978년 Dr. Jeff Clawson이 미 유타주 솔트레이크에 도입한 시스템으로 정확한 응급처치(구급차)를 정확한 시간에 정확한 방법으로 정확한 장소에 보내는 것을 목적으로 고안한, 핵심질문(Key Question), 도착 전 지시, 환자평가에 따른 행동지침 혹은 출동 차량 결정 등이 포함되어 있다.

18번 개정되었고 2008년 12.0 버젼이 출시되었다.

현재 3,000여 상황실과 24개국(영국, 아일랜드, 독일, 이태리, 뉴질랜드, 아제르바이잔, 오스트레일리아 등)에서 운영하고 있다.

MPDS을 운영한 영국의 연구 결과 ('Advanced MPDS 운영이 심정지 환자 발생을 인지하는데 영향을 미치는가?' 2004년 Emerg Med 1월호. A Heward외 2인)에 의하면 신고 접수 단계에서부터 심정지 환자 신고 임을 상황실이 조기 인지한 건수가 200%향상되었다고 한다.

핵심참고사항

전문응급처치 구급차 활용을 위한 토대 마련

CBD/MPDS처럼 우선출동시스템 도입과 단계적 구급 출동 시스템 구축 그리고 이를 운영할 응급상황관리자 양성이라는 조건이 충족되어야 전문 응급처치 구급차의 활용도가 높아질 것이다.

〈번역한 참고자료〉

1. 우선출동 훈련(Dispatch Priority Training) : 취약한 고리 강화
2. 응급상황관리자(EMD)의 역할-
   급성심근경색환자(AMI)의 신속한 확인 및 처치와 관련

조기 CPR(Early CPR) 단계의 현황 및 문제점

두 번째 고리인 조기 심폐소생술 단계의 문제점은 신고자(목격자 혹은 가족)에 의한 CPR실시 비율이 매우 낮다는 것이다. 심정지 1,127건 중 신고자가 CPR를 실시한 경우는 57건(구급대원이 실시한 4건 포함)으로 5%에 불과하다.

CPR를 모르는 신고자에게 실시한 구급대 현장 도착 전 CPR의료안내는 약 233건(21%) 실시되었다.

의료안내를 한 233건의 의료안내 실시 주체를 보면 접수 직원이 CPR 의료안내를 한 경우는 단 2건에 불과하고, 의료안내팀 86건 7.6% 그리고 출동 구급대원이 출동 중 구급대 핸드폰으로 신고자에게 전화하여 심정지 상황임을 인지 CPR지도를 한 경우가 145건 약 13%였다. 그러나 1,127명의 74%에 해당하는 837명의 환자(거부1포함)에게는 CPR이 실시되지 않았다.

이런 결과는 현장 출동 구급대원이 심정지 환자 및 그 발생 가능성을 차고 탈출 후 인지한 경우가 82%로 나타난 조기 신고 단계에서의 문제점과 무관치 않다고 하겠다. 그리고 출동 구급대원이 출동 중 CPR지도를 한 145건도 심정지 발생 3분 후부터 회복 불가능한 뇌손상이 발생한 다는 점과 신고자나 목격자가 응급상황에 놓여있다는 점을 고려하여 그 적절성과 효과성에 의문을 갖지 않을 수 없다고 하겠다.

과제목표

◈ 시민 대상 High-quality CPR 교육의 지속적 추진
◈ 심정지 환자 발생시 119신고 접수 단계에서부터 CPR 안내(변형-CPR) 실시

목표달성 방안

1. 기존 CPR 교육 보완.

상반기 심정지 환자 1,127건 중 목격자나 신고자가 CPR를 실시한 비율은 5%에 불과 했다. 심정지 환자에게 1.5-3분 정도 CPR을 실시한 경우, 구급대가 현장 도착해 서 제세동을 하는데 4-5분 이상 걸렸어도 환자의 자발순환(ROSC-return of spontaneous circulation)회복 가능성이 높아져 소생률도 향상되었다는 연구 결과도 있다.

핵심참고사항

Currents in Emergency Cardiovascular Care

Highlights of the 2005 American Heart Association Guidelines for Cardiopulmonary Resuscitation and Emergency Cardiovascular Care

The Challenge: Simplify Resuscitation Training and Improve Effectiveness

Many victims of SCA demonstrate ventricular fibrillation (VF) at some point in their arrest. Treatment of VF SCA requires early CPR and shock delivery with a defibrillator. High-quality bystander CPR can double or triple survival rates from cardiac arrest. Unfortunately fewer than one third of victims of SCA receive bystander CPR, and even fewer receive high-quality CPR. A major purpose of the *2005 AHA Guidelines for CPR and ECC* and all the changes in the AHA training materials is to improve survival from cardiac arrest by increasing the number of victims of cardiac arrest who receive early, high-quality CPR.

Survival for out-of-hospital cardiac arrest averages 6.4% or less in most reports from the United States and Canada. Multiple factors contribute to this low rate of survival, and each of these factors can be difficult to control in clinical studies in the out-of-hospital setting. As a result, many studies use short-term outcomes such as return of spontaneous circulation or survival to hospital admission, rather than long-term outcomes such as neurologically intact survival to hospital discharge. These mixed outcomes make it difficult to judge if the results of a study are applicable to all patients or victims in all emergency response systems. Despite these challenges, resuscitation research must strive to identify treatments that increase the number of SCA victims who leave the hospital alive with normal brain function.

Some community lay rescuer programs have reported high survival rates from SCA because they provide early CPR and early defibrillation using computerized automated external defibrillators (AEDs) that can be operated by trained lay rescuers. These lay rescuer AED programs can serve as models for improving responses to cardiac arrest in other communities. The North American Public Access Defibrillation trial showed that organized community lay rescuer CPR and AED programs improved survival to hospital discharge for victims with witnessed VF SCA. In addition, lay rescuer and first responder CPR and AED programs in airports and casinos and with police officers have reported survival rates from witnessed VF SCA as high as 49% to 74%. These programs teach us the importance of a planned and practiced response and rescuer training.

핵심참고사항

응급 심혈관 질환 처치의 최근 추세
2005년 AHA CPR 지침과 응급 심혈관 처치의 핵심사항

새로운 과제: 소생술은 단순화시키되 그 효과성을 향상
심정지 후 얼마동안은 심실세동(VF)상태가 유지된다는 사실이 급성 심정지 환자에게서 적지 않게 발견되었다. 심실세동 상태의 급성 심정지환자의 처치는 CPR을 빨리 실시하고 제세동을 해주는 것이다.
목격자나 신고자가 CPR을 제대로 해주면(High-quality CPR) 심정지 환자 소생률이 2-3배 높아진다.
불행하게도 심정지 환자에게 CPR이 실시되는 비율은 1/3에도 못 미치고 더구나 High-quality CPR이 실시되는 비율은 이보다 훨씬 낮다. 2005년 새로운 AHA CPR 지침의 주요 목표는 심정지 환자에게 신속한 High-quality의 CPR이 실시되어 그 생존률을 향상시키는데 있다. 미국과 캐나다에서 나온 주요 보고서에 따르면 병원 밖에서 발생한 심정지 환자의 평균 소생률은 6.4%나 조금 이에 못 미치는 정도라고 한다.

일반인 구조자 프로그램을 운영한 몇 몇 지역에서 심정지 환자의 소생률이 높아졌다고 보고되었는데, 그 이유는 교육을 이수한 시민들이 심정지 환자가 발생하면 바로 CPR을 실시하고 AED로 제세동을 해주었기 때문이었다. 이런 시민 AED사용 교육은 심정지 환자 발생 시 초기 대응 능력을 향상시키기 위한 모델로서 다른 지역의 귀감이 되었다.
북미 지역의 시민들이 AED을 사용하게 되면서 나타났듯이 시민에게 CPR과 AED사용 교육을 체계적으로 실시하면서 심실세동 상태의 급성 심정지 환자가 목격된 된다면 살아서 퇴원하는 비율이 높아졌다.

이 밖에도 공항이나 카지노에서 실시한 구조자 프로그램이나 최초 반응자 CPR, AED사용 교육 그리고 경찰관을 그렇게 교육시킴으로써 급성 심정지 환자의 소생률이 49%부터 74%까지 향상되었다고 보고되었다. 이런 프로그램이 우리에게 시사하는 바는 바로 체계적이고 실질적인 교육의 중요성이라고 하겠다.

일반 시민을 대상으로 한 CPR 교육은 계속 추진하되, High- quality CPR이 가능한 수준의 교육 프로그램을 운영하고, 앞으로 공공장소 AED 설치에 대비 그 사용법도 교육내용에 포함시켜야 할 것이다. 또한 심정지 발생 가능성이 높은 환자군(cohort)을 대상으로 한 프로그램 개발도 고려할 만하다.

2. 심정지 환자 신고 접수 시 상황실 요원에 의한 CPR 안내.

이처럼 CPR 시민교육은 중요하지만 그 효과가 나타나려면
많은 시간이 필요한 장기 과제라 할 것이다.
따라서 심정지 환자 발생시 신고자에 대한 상황 요원의 CPR 지도가 보다 활성화되어야 한다.

미 텍사스 의대 Lynn P Roppolo외 6명은 Resuscitation (2005년)에 발표한 논문(Modified CPR instruction pro-tocols for EMD)에서 신고자의 CPR 숙련도에 맞춘 CPR 지도 지침을 다음과 같이 제시하였다.

〈CPR 숙련도에 맞춘 CPR 지도 지침〉

1) CPR 교육을 받았고 자신 있게 CPR을 할 수 있는 신고자흉부압박 중지를 최소화 하면서 배운 대로 CPR(30:2)을 구급대가 환자 처치를 맡을 때까지 시행토록 한다.
2) CPR 교육을 받았지만 CPR에 자신이 없는 신고자
   흉부압박 중지를 최소화 하면서 배운 대로 CPR(30:2)을 하도록 하거나 흉부압박만 시행하는 변형-CPR을 구급대가 환자 처치를 맡을 때까지 시행토록 한다.
3) CPR을 알고 있지만 인공호흡 시 감염이나 기타 이유로 CPR 실시를 꺼려하는 신고자
   흉부압박만 시행하는 변형-CPR을 구급대가 환자 처치를 맡을 때까지 시행토록 한다.
4) CPR 교육을 받은 적이 없고 CPR을 할줄 모르는 신고자
   흉부압박만 시행하는 변형-CPR을 구급대가 환자 처치를 맡을 때까지 시행토록 한다.

※ 참고자료

흉부압박만 시행하는 변형-CPR(Modified CPR)은 미국 시애틀 911에서 시행한 결과 기존 CPR 보다도 오히려 환자 생존률에 긍정적 결과를 보였다(14.7% 대 10.4%).

이런 결과는 호흡과 흉부압박을 해야 하는 기존 CPR 방법을 응급상황에서 설명하는데 시간이 더 걸렸으며 시민들도 제대로 하지 못하고, 더구나 인공호흡을 해야 한다는 점에서 CPR 처치를 꺼려하는 경우도 있었기 때문이다.

그러나 흉부압박만 하도록 한 변형-CPR은 기존 방법보다 설명에 1분 40초가 단축되었고 CPR을 실시가 단순하면서 호흡 때문에 흉부압박이 중단되는 시간도 단축되어 순환유지에 유리한 때문으로 분석된다.

물론 이러한 결과는 시애틀 시민들이 CPR 교육을 제대로 받아왔고 구급대 현장 도착 평균 시간이 4분이라는 점을 감안하면 우리 시에 곧바로 적용하기에는 한계가 있을 수 있다.

그러나 신고자에 의한 CPR 실시 비율이 5%에 불과하고 일반 시민들의 CPR 교육 정도, 1,127명의 74%에 해당하는 837명의 환자(거부1포함)에게는 CPR이 실시되지 않았다는 점을 고려한다면 설명과 시행이 쉬운 변형-CPR법이 오히려 우리 실정에 맞는 측면도 있다고 하겠다.

3. 상황실 요원에게도 하트세이버 뱃지 수여.

현재 우리 현실에서는 제세동을 포함한 현장 처치보다 얼마나 빨리 심정지를 인지해서 제세동이 가능한 시간 안에 구급대원이 현장에 도착하고 CPR 지도로 환자 상태를 제세동이 가능토록 유지해주느냐가 더 중요하다고 할 수 있다. 그런 점에서 상황실 요원의 역할은 아주 막중하다. 신고 접수단계에서부터 이런 역할을 잘 수행한 직원에게는 하트세이버 뱃지를 수여해 응급팀 일원으로서 그 역할을 다 하도록 한다.

4. 상황요원 교육과 시스템 개선에 심정지 사례 활용.

매월 심정지 관련 신고의 녹취록을 이용, 신고 접수단계에서부터 우리의 대응에 문제점은 없었는지 직원 교육과 시스템 개선 환류(Feed Back)작업에 활용.

조기 제세동(Early Defibrillation) 단계의 현황 및 문제점

심정지 환자 발생시 구급대 현장 도착이 신속하고 목격자가 바로 CPR을 실시하거나, 또는 제세동이 바로 이루어진다면 심실세동(VF)은 회복될 가능성이 아주 높은 부정맥이다.

그러나 그 외 무수축(asystole)이나 무맥성 전기 활동(PEA)을 보이는 심정지 환자는 회복이 되는 경우도 있지만 목격자가 바로 CPR를 하더라도 그 소생 빈도가 심실세동에 비해 훨씬 낮다.

〈자료분석7〉 08년 상반기 심정지 환자 구급대 도착 시 최초 심전도〉

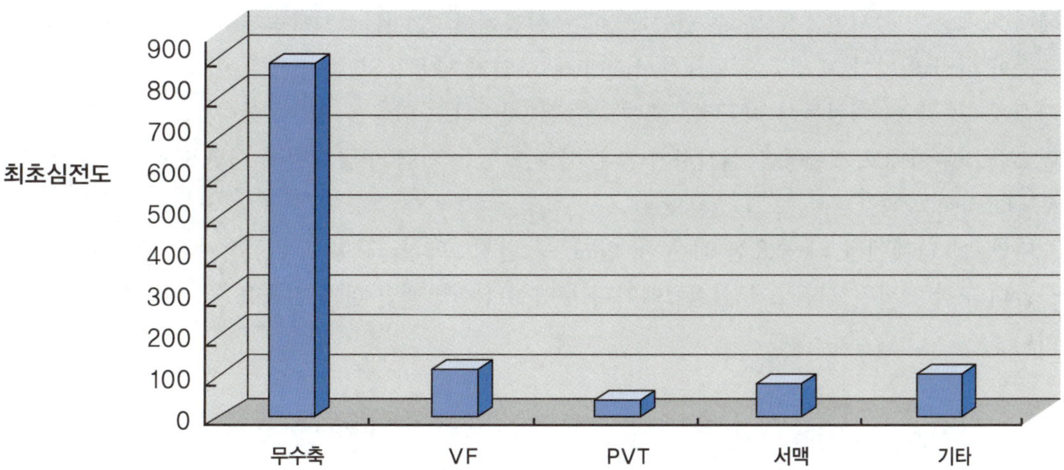

무 수 축	심실세동(VF)	무맥성 심실빈맥(PVT)	서 맥	PEA 등 기타
991명 〈88%〉	104명 〈9.2%〉	30명 〈2.7%〉	73명 〈6.5%〉	85명 〈7.5%〉

그런데 상반기 1,127건의 심정지 환자 중 구급대 현장 도착시 심전도를 보면 제세동을 실시 할 수 있는 심전도인 심실세동과 무맥성 심실빈맥의 비율은 134명, 11.9%에 불과 했음을 알 수 있다. 이것도 구급대가 현장 도착하면 AED가 준비되기 전에 먼저 기본 CPR부터 시행한다는 사실을 고려하면 실제 환자의 심전도가 VF나 PVT일 때 구급대가 도착한 비율은 이보다 더 낮았을 것으로 추정된다. 그리고 무수축이 991명, 무려 88%에 달한다는 사실은 소생의 고리에서도 첫 번째 고리와 두 번째 고리에서 심정지 발생인지가 늦고 목격자에 의한 CPR 실시 비율이 낮으며 4-5분 내에 구급대가 현장에 도착하지 못하기 때문에 심실세동에서 무수축으로 진행되었기 때문으로 풀이된다.

핵심참고사항

심실세동환자에 대한 제세동과 소생률과의 관계

심실세동이 발생한 후부터 1분 경과마다 제세동 성공률은 7-10%씩 감소한다. 심실세동이 발생한 후 1분 이내에 제세동이 실시되면 생존률이 90%에 이르지만, 5분경과 시 50%, 7분 경과 시 30%, 12분 이상 경과 시 2-5%의 생존률을 보인다.

심실빈맥이나 심실세동 환자는 20-40% 소생되는 반면 무수축이나 무맥성 전기활동 상태의 환자는 3%미만이 생존한다. 심정지가 발생 후부터 CPR이 시행되지 않고 4-6분 이상 경과하면 환자의 생존을 기대하기 어렵다.

-심폐소생술과 전문 심장 소생술(황성오, 임경수 저)-중에서

현장 구급대원의 제세동 실시 비율을 보면 제세동 대상 환자 134명보다 더 많은 171명의 환자에게 제세동을 실시했음을 볼 수 있는데, 이는 현장에서 CPR를 실시하면서 처음에는 제세동 적응증이 아닌 환자가 제세동이 필요한 심전도를 보였기 때문으로 풀이된다. 이렇게 조기 제세동 단계에서는 우리 대원들이 적극적으로 제세동을 실시하고 있음을 알 수 있다. 그러나 제세동이 필요한 경우인데도 제세동을 실시하지 않은 사례도 있는 만큼 구급대원에 대한 교육은 지속적으로 필요하다고 하겠다.

다만, 이 단계에서 더 중요한 점은 첫 번째, 두 번째 고리를 강화시켜 심정지가 발생하더라도 구급대 도착 전까지 심전도가 심실빈맥이나 무맥성 심실빈맥인 환자 비율을 높여야 한다는 사실이다.

〈자료분석8〉 08년 상반기 심정지사망자와 회복 환자의 심전도 및 제세동 실시 비교

응급실 사망자 저세동 실시 비율

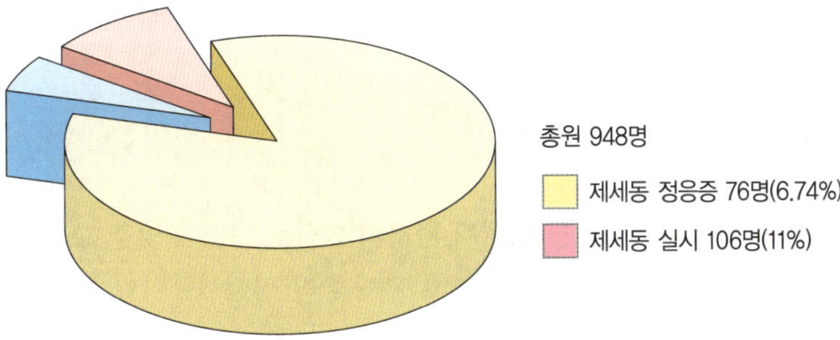

중환자실 사망자 저세동 실시 비율

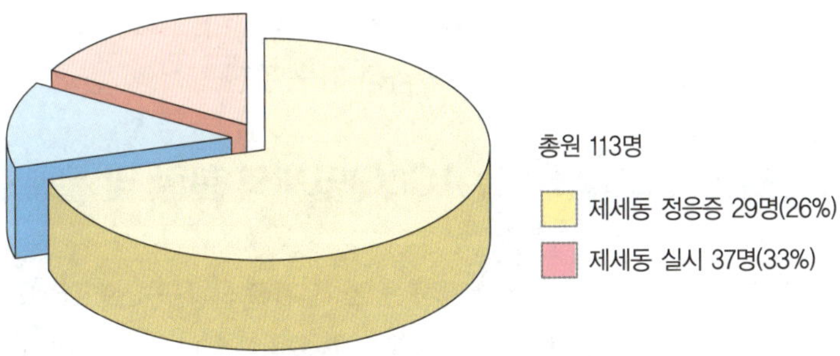

회복퇴원

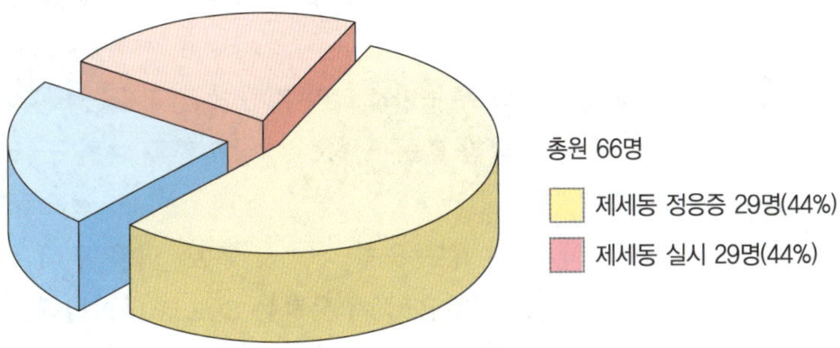

과제목표

◈ 심정지 환자에 대한 현장 구급대원의 처치 능력 강화

목표달성 방안

1. **무수축, VF, PVT, PEA 등 심정지 환자의 심전도 양상에 맞춘 교육 강화.**
   회복 퇴원한 66명의 환자 중 제세동 적응증이 심실세동이나 무맥성 심실빈맥을 보인 환자는 29명 이었다.
   나머지 37명의 환자는 구급대원의 Basic CPR이나 기타 처치가 환자 소생에 영향을 미친 것으로 판단된다.
2. **현장 구급대원에 대한 CPR 및 AED 정기 교육 실시.**
3. **전 구급대원에 대한 BLS-Provider 과정 이수 추진.**

조기 전문심장구조술(Early ACLS)단계의 현황 및 문제점

소생의 고리 중 마지막 고리에 해당하는 조기 전문심장구조술 단계의 문제점은 아직 우리 대원들의 전반적인 수준이 전문심장구조술에는 미치지 못한다는 사실이다.

정맥로를 확보(3건)해서 약물까지 사용하는 사례는 없었고 기도 확보 역시 후두마스크나 기관삽관을 실시 한 경우는 각각 12%와 1.9%에 불과 했다. 그러나 이런 전문 기도 확보의 비 율은 앞으로 꾸준히 증가할 것으로 확신한다.

소생한 66명의 환자에게 실시한 후두마스크와 기관삽관 횟수는 각각 10건, 5건으로 약 22.7%였다. 그리고 1,127건의 심 정지 환자 출동에 병원 임상수련을 마친 구급대원이 한명이라 도 포함된 비율은 413건 36.6%였다.

연구에 의하면 현장에서의 전문 기도 유지, 정맥로 확보, 약물 투여 등의 전문 소생 행위가 처음 예측과는 달리 환자 소생에 큰 영향을 주지 못하는 것으로 나타났다고 한다.

심정지 환자는 구급대원의 실력이 아무리 뛰어나도 소생의 기회를 놓친다면 CPR를 배운 심정지 목격자에 의한 심정지 환자의 소생율이 높을 것이다.

그렇다고 해서 전문응급처치를 위한 구급대원의 교육과 훈련을 멈춰서는 안 될 것이다. 심정지 환자는 물론 구급현장에서 만나는 모든 환자는 구급대원의 응급처치 술기에 따라 그 결과가 얼마든지 달라 질 수 있기 때문이다.

04장

상황실 진단 및 평가

119구급활동의 성공 여부는 현장에만 있지 않다. 구급대원이 현장에 도착해서 환자 처치를 아무리 잘 한다 해도 구급활동의 성공 여부는 상황실이 어떻게 하느냐에 따라 크게 달라진다. 위치(주소)를 잘 못 파악하거나 환자 평가를 엉터리로 하고 신고 처리가 지연되고 또는 응급상황인데도 출동 지시에 전혀 그런 언급이 없고 반대로 비 응급환자에게 전문응급처치 구급대를 출동시키는 수준의 시스템이라면 아무리 현장 구급대원이 베스트인들 119구급대는 인명구조 최우선이라는 응급구조기관으로서의 원래 목적을 달성하지 못할 것이다.

사실 그동안 현장 직원을 중심으로 이런 문제에 대한 원성이 높았고 이제는 바꿀 때도 되었다. 그렇다면 우리가 바꿔야할 구체적인 문제는 무엇이고 그 문제를 어떻게 개선해 나가야 할 것인가? 문제를 정확히 파악하지 못하면 그 해결방안 역시 피상적일 수밖에 없다. 따라서 이번 장에서는 상황실 진단을 위한 하나의 평가척도 내지 도구를 제시하고자 한다. 이 평가척도는 크게 4가지 범주로 구성되어 있고 각 질문마다 점수가 부여되어 있다. 각 범주별로 50점, 최고 점수는 200점이다. 전국에 있는 119상황실에서는 각각의 질문을 토대로 자체 상황실의 점수를 매기고 그 총점을 기준으로 그 수준과 문제점을 파악할 수 있을 것이다. 이런 과정을 통해서 자연스럽게 상황실이 가야할 방향도 찾을 수 있다고 믿는다. 가장 높은 점수의 질문이 바로 상황실이 가야할 방향을 가리키는 나침반이기 때문이다.

범 주 1

효과성(최고 50점)

1.1 평가 대상 상황실에 가장 해당하는 내용을 고르시오.

□ 신고처리시간, 질문의 정확성, 적절한 구급대의 출동 등 업무 성과를 평가하기 위한 특정한 기준이 정해져 있다. 성과평가에는 현장 구급대원의 의견을 반영하고 그 결과를 매달 상황실 리더에게 보고하는 한편, 소속 직원 모두에게 공개한다. - 10점

□ 성과 평가를 위한 기본적인 사항들이 정해져 있긴 하지만 정기적으로 평가하거나 보고하지는 않는다. - 4점

□ 119신고와 관련해서 일단 종료된 업무에는 특별하게 문제만 되지 않았다면 어느 누구도 관심 갖지 않는다. - 0점

1.2 평가 대상 상황실에 가장 해당하는 내용을 고르시오.

□ 상황실의 전반적인 신고대응과정(신고처리시간, 출동지시에 소요되는 시간)을 신고에 대한 응답 등 시간요소를 기준으로 각 근무조와 관리자가 적어도 한 달에 한 번씩은 평가해야 한다. 그리고 이런 평가 결과를 가지고 토론하는 한편 각 개인별 성과 역시 개별적으로 논의되어야 한다. - 8점

□ 신고처리시간과 출동지시소요시간 중에서 하나를 체계적으로 평가하고 이를 모니터링하면서 개선방안을 찾는다. - 4점

□ 신고처리시간과 출동지시소요시간은 둘 다 평가 및 보고 사항에 해당하지 않는다. - 0점

1.3 평가 대상 상황실에 가장 해당하는 내용을 고르시오.

□ 상황실 근무자 충원은 탄력적이고 그 업무에 적합한 직원을 뽑는데 적합하다. 근무형태나 근무시간은 과학적으로 입증된 방식에 따라 결정한다. - 9점

□ 상황실 근무자 충원은 탄력적이나 업무 적합성여부는 크게 따지지 않는다.
근무형태나 근무시간은 근무 직원들이 결정하거나 따로 정해진 기준에 따른다. - 4점

□ 상황실 근무자 충원은 그때그때 인력관리에 따른다. - 2점

□ 상황실 근무자는 거의 바뀌지 않고 인력 수요나 특성도 반영하지 않는다. - 0점

1.4 평가 대상 상황실에 가장 해당하는 내용을 고르시오.

□ 업무를 개선하기 위한 과정이 지속적으로 이루어진다. 6 Sigma처럼 앞선 성과평가관리 개념을 포함한 다양한 분석기법을 활용, 업무향상을 촉진시키기 위해 노력한다. 그리고 그 결과를 우리 것으로 만든다. - 8점

□ 상황실 개선의 핵심 과정들 즉, 질 향상(QI)이나 과정별 개선 조치사항들을 진행 중이고 상황실 소속부서와 상황실 일선 근무자들 모두 그 내용을 잘 알고 있다. - 5점

□ 몇 가지 질 개선을 위한 노력을 진행 중이다. - 2점
□ 질 개선이란 문제가 발생했을 때 그 문제를 해결하기 위한 임시방편일 뿐이다. - 0점

1.5 평가 대상 상황실에 가장 해당하는 내용을 고르시오.

□ 신고가 들어오는 지역과 시간대 파악을 위해 지역별, 시간대별 신고 분석을 매달 또는 분기마다 실시한다. 원래 계획된 시간 내에 구급차가 도착하지 못할 정도로 신고가 많은 지역과 시간대에는 그 원인을 파악하여 대책을 세운다. - 9점
□ 지역별 시간대별 신고 양상 분석을 실시하기는 하나 실질적인 개선 대책을 세우기 위해서라기보다는 아주 제한된 목적의 분석에 불과하다. - 0점

1.6 상황실에는 핵심성과지표(key performance indicators)들이 수립되어 있어야 한다. 매달 핵심성과지표를 분석하고 이 결과를 상황실 운영 결정 과정에 반영해야 한다. 다음 사항들이 실행되고 있다면 1점, 그렇지 않다면 0점에 표시한다.

□ 신고접수 양과 상황실의 대응능력을 정기적으로 검토한다. - 1점 또는 0점
□ 신고에 적합한 구급대를 출동시킨 비율이 얼마나 되는지 측정한다. - 1점 또는 0점
□ 119에 연결되기까지 신고자가 기다린 시간이나 신고접수 중 지체된 시간을 측정한다. - 1점 또는 0점
□ 신고접수와 처리과정에서 적체가 없으려면 한 근무자에게 얼마나 시간이 주어지는지 전체 신고처리 시간과 비교해서 측정한다. - 1점 또는 0점
□ 업무지침을 벗어나거나 사고를 불러일으키는 상황실 근무자들의 실수를 측정한다. - 1점 또는 0점
□ 근무자 개인별로 신고처리의 각 단계별 소요시간을 측정한다. - 1점 또는 0점

범주 2

시스템의 기능과 통합(최고 50점)

2.1 당신이 속한 상황실이 다음 영역에서 강점을 보인다면 1점, 약하다고 생각되면 0점에 표시한다.

□ 전화번호 자동 확인 기능과 주소 자동 확인 기능이 있고 휴대전화 사용자의 위치를 파악할 수 있는 시스템이 갖춰져 있다. - 1점 또는 0점
□ 119신고가 폭주하거나 신고 접수가 불가능할 때, 이를 대신할 다른 신고접수 시스템이 마련되어 있다. 이 시스템은 119시스템에 장애가 발생하거나 상황실 자체가 작동 불능 상태에 빠지면 자동으로 또는 요청에 따라 작동한다. - 1점 또는 0점
□ 컴퓨터로 이루어지는 신고접수 출동시스템의 신뢰성이 높아 작동이 멈추거나 잔 고장을

일으키는 일이 거의 없다. - 1점 또는 0점

□ 상황실 컴퓨터 시스템에 지리정보시스템이 통합되어 있어 출동 대상 주소가 제공된다.

□ 지리정보시스템은 출동 직원들이 출동 위치를 쉽게 찾아 갈 수 있도록 차량에 설치된 MDT에 그 위치를 표시해준다. - 1점 또는 0점

□ 컴퓨터 시스템은 MDT를 통해서 다른 기관에서 제공하는 자료에 접근할 수 있도록 되어 있다. - 1점 또는 0점

□ 상황실 컴퓨터 및 지리정보시스템은 차량위치 확인시스템과 연결되어 있기 때문에 구급차 위치 확인이 가능하다. - 1점 또는 0점

□ 차량위치 확인시스템은 MDT화면에 구급차가 가고 있는 방향을 실시간으로 나타내어 구급차에 타고 있는 구급대원이 현재 자신이 가고 있는 방향을 알 수 있도록 되어있다.

- 1점 또는 0점

□ 차량위치 확인시스템은 MDT화면으로 출동관련정보 확인 및 결과 보고가 가능하도록 구축되어 있다. - 1점 또는 0점

□ 평가 대상 상황실이 구급대를 가장 먼저 출동시킬 책임을 맡고 있다면 1점.

그리고 상황실이 출동 구급대와 떨어져 있으면서도 양 쪽이 서로 비 음성 자료의 교환이 가능한 방식으로 출동이 원활하도록 전산 시스템이 연결되어 있다면 1점.

위 두 가지 모두에 해당되지 않거나 정보교환이 전화로 이루어져야 한다면 0점.

- 1점 또는 0점

□ 평가대상 상황실은 광역 또는 지역 응급관리조직과 연결이 잘 되어있고 생물학적 감시 시스템과도 관련되어 있다. - 1점 또는 0점

2.2 평가 대상 상황실에 가장 해당하는 내용을 고르시오.

□ 전체 프로그램 관리과정에 위기관리에 관한 내용이 상당부분 포함되어 있어야 한다. 위기 평가와 그 위험을 줄이기 위한 계획에는 위기관리와 관련 있는 당사자들이 모두 참여해야 한나. 위기 경감과 차단 전략의 효과성을 공식적으로 진단하고 평가한다.

□ 위기를 줄이기 위한 정기적인 검토과정에는 위기 발생 시 대응시간을 초과하거나 자원배치가 계획대로 되지 않을 가능성을 줄이기 위한 내용도 포함되어 있어야 한다. - 8점

□ 발생가능성이 큰 주요 위기상황을 파악하고 그 대응 계획이 마련되어 있다. - 7점

□ 위기 관련 일반적인 정책과 지침이 준비되어 있다. - 3점

□ 위기관리라는 개념이 확실하게 확립되어 있지 않다. - 0점

2.3 평가 대상 상황실에 가장 해당하는 내용을 고르시오.

□ 시스템끼리의 공동 대응과 상호 대체를 업무 우선순위에 둔다. 업무가 다른 기관(경찰, 병원, 가스, 전기 등) 또는 관할이 다른 상황실과 개별 단위들끼리 주요 사안에 있어서 정기적으로 교류한다. - 8점

□ 시스템끼리의 공동 대응과 상호 대체를 업무 우선순위에 둔다. 큰 상황이 발생하면 그 현장에서 조직간 개별 단위들끼리 상호 협조한다. - 6점
□ 시스템끼리의 상호 협조가 조직 고위층간의 인적교류에 한정되어있다. - 4점
□ 시스템에 다른 조직이나 기관과 공동 대응할 능력이 없다. - 0점
□ 통신과 데이터 시스템을 대체하거나 지원하는 체계가 마련되어 있지 않거나 있더라도 신뢰하기 어렵다. - 마이너스 7점

2.4 평가 대상 상황실에 가장 해당하는 내용을 고르시오.

□ 다른 조직과 협력 관계를 구축하기 위해 많은 노력을 기우리고 서로 공유하고 있는 기반 시설(무전/데이터 네트워크 등)을 정기적인 공동훈련을 통해 강화시킨다. - 8점
□ 상호 지원 협정을 맺은 조직과 그 지원 절차나 훈련을 더 발전시키기 위해 합동작업을 마다하지 않는다. - 4점
□ 기술적 기반시설을 다른 조직과 공유하고 있지만 그 기반 시설을 더 발전시키기 위해 어떤 공동 작업을 수행하는 것에는 반대한다. - 마이너스 3점

2.5 평가 대상 상황실에 가장 해당하는 내용을 고르시오.

□ 통신/데이터 시스템 지원이 아주 우수한 것으로 평가받는다. 예방조치나 소프트웨어 향상 관련 계획을 세워서 제대로 수행한다. 시스템에 장애가 발생해도 그 문제를 없애기 위한 대응시간이 아주 뛰어나다. - 8점
□ 문제해결이나 복구가 적절하다고 평가받는다. - 4점
□ 문제해결이나 복구가 부실해서 시스템 운영 능력에 장애가 된다. - 마이너스 5점

2.6 평가 대상 상황실에 가장 해당하는 내용을 고르시오.

□ 컴퓨터 시스템이 작동을 멈출 가능성이 있다고 생각하기 때문에, 적어도 한 달에 한번씩은 각 근무조별로 출동시스템을 수동으로 조작하는 연습을 체계적으로 실시한다. - 8점
□ 컴퓨터 시스템이 작동을 멈출 가능성이 있다고 생각하기 때문에, 몇 달에 한번씩, 못해도 1년에 한 번은 각 근무조별로 출동시스템을 수동으로 조작하는 연습을 체계적으로 실시한다. - 4점
□ 컴퓨터 시스템이 작동을 멈출 가능성을 그다지 인식하고 있지 않다. - 0점

범 주 3

리더쉽(최고 50점)

3.1 평가 대상 상황실에 가장 해당하는 내용을 고르시오.

□ 상황실 근무가 상당히 매력적이기 때문에 신청자가 몰려든다. 근무자들이 상황실 근무의 취지를 잘 이해하고 그 성공을 뒷받침하는 비전, 목적과 목표에 자발적으로 동참한다. - 6점

□ 상황실의 조직문화나 리더들이 직원들의 생각에 귀기우리고 참여를 촉진하는 분위기지만 그 구체적인 방법론에 대한 이해는 부족하다. - 4점

□ 상황실의 조직문화나 리더들이 성공을 촉진시키려는 의미 있는 활동을 하지 않는다. - 0점

□ 상황실의 조직문화나 리더들이 관심도 없고 직원들에 대해서도 적대적이다. - 마이너스 6점

3.2 평가 대상 상황실에 가장 해당하는 내용을 고르시오.

□ 전략계획은 운영과 재정 그리고 성과 측정과 연계되어야 한다. 직원들이 전략계획을 수립하는데 참여해야하고 특히, 직접 신고를 접수하는 일선 직원들이 조직의 비전과 운영 전략을 연관 지을 수 있어야 한다. - 6점

□ 내일을 위한 비전이 있다. 수립한 전략은 그 주기가 짧아 1년마다 새로 만들고 주로 운영에 초점을 맞춘다. 직접 신고를 접수하는 일선 직원들이 조직의 비전과 운영 전략을 연관 지을 수 없다. - 3점

□ 내일을 위한 비전이나 전략계획이 없다. 계획은 주로 예산 문제에 초점이 맞춰져 있고 임시 조직 차원에서만 다루어진다. - 0점

3.3 평가 대상 상황실에 가장 해당하는 내용을 고르시오.

□ 직원 상하간의 관계가 직접적이고 생산적이어서 타당한 업무 결과가 나오는데 보탬이 된다. 관리든 상하 관계든 그 과정에 참여한 직원들의 행태나 결과가 나온다. 직원들을 내부 고객으로 간주한다. - 2 점

□ 직원 상하간의 관계가 가끔씩 껄끄러울 때가 있다. 상하관계를 관리하는 과정의 결과가 나오기는 하지만 환장할 만큼 느리게 나온다. - 2점

□ 의도한대로 또는 원하는 대로 일이 안 될 때 일선 직원과 관리자간에는 '너는 너 나는 나' 라는 의식이 존재한다. - 0점

3.4 당신이 속한 상황실이 다음 영역에서 강점을 보인다면 1점, 약하다고 생각되면 0점에 표시한다.

□ 역할, 책임, 기대성과 등이 명확하게 정의되어 있다. - 1점 또는 0점

□ 필요할 때마다 능력 있는 직원을 뽑을 수 있는 직원 충원 방법이 있다. - 1점 또는 0점

☐ 직원 업무 만족도를 적어도 일 년에 두 번, 통계적으로 측정할 수 있는 도구를 운영하고 있다. - 1점 또는 0점

☐ 조직 구성원 상하 모두에게 각 개인별 업무성과에 대한 책임이 명확하게 정해져있고 평가에는 다면평가 방식을 활용한다. - 1점 또는 0점

☐ 최고 관리층은 조직 관리에 윤리나 가치개념을 반영해왔다. - 1점 또는 0점

☐ 관리자들은 자신들의 개인 능력을 향상시키기 위해 끊임없이 새로운 기술을 배우고 있다. - 1점 또는 0점

☐ 초급, 중급 관리자들은 응급상황관리자(EMD)교육 과정을 통해서 상황근무에 필요한 필수사항 또는 자격을 취득했다. - 1점 또는 0점

3.5 평가 대상 상황실에 가장 해당하는 내용을 고르시오.

☐ 고객, 즉 시민들의 반응을 중요하게 생각한다. 시민문의가 들어오면 지체 없이 미리 정해진 해결방침에 따라 일정한 시간 내에 대응토록 한다. 내부 직원의 문제든 외부 시민의 문제 제기든 모두 관심의 대상일뿐더러 그 처리 결과도 알려준다. - 8점

☐ 외부 시민고객이 제기한 불만사항을 직원들에게 알려주기는 하지만, 그 처리결과까지도 알려주는 경우는 많지 않다. - 4점

☐ 업무 절차를 바꾸거나 직원에게 징계처분을 내려야할 문제에 대해서만 그 결과가 알려진다. - 0점

3.6 평가 대상 상황실에 가장 해당하는 내용을 고르시오.

☐ 직원들은 업무에서 요구되는 최소한의 수준이 어느 정도인지를 알고 있고 또 그 이상의 업무성과를 냈을 때 보상을 받기 때문에 개인능력을 개발하고 발휘하기 위해 노력한다. 직원 업무능력 향상을 위한 조직 차원의 책임이 규정되어 있다. - 6점

☐ 최소한의 업무 수준에 맞춘 교육 훈련을 제공한다. - 3점

☐ 교육 훈련이 없다. - 0점

3.7 평가 대상 상황실에 가장 해당하는 내용을 고르시오.

☐ 조직 내 솔직한 의사소통이 가능하도록 리더가 공식 비공식적으로 활용하는 대화법이다. 모임에서는 자연스러운 대화가 가능토록 명칭에 구애받지 않는다. 비난 받을까봐 솔직하게 의견을 내놓지 못하는 경우는 없다. 한 가지 견해만을 고집하지 않고 다른 의견 도 존중한다. - 10점

☐ 조직 내 의사소통 방식은 공식적이고 딱딱하지만 리더가 직원들의 의견을 들으려고 한다. - 6점

☐ 듣기 좋은 주제만 정해놓고 의사소통을 한다. 직원간 대화는 허울뿐이고 불이익을 받을까봐 솔직한 의견을 내놓지 못한다. - 마이너스 3점

범 주 4

응급처치의 효과성과 기능의 통합(최고 50점)

4.1 평가 대상 상황실에 가장 해당하는 내용을 고르시오.

- ☐ 구급신고 접수 및 출동지시 기능 역시 의료안내를 받아야 한다고 생각하고 이를 허용한다. 응급의학 전문의가 출동지시 프로토콜, 즉 지침서를 만들고 상황실 질 관리 과정에 깊이 관여한다. - 8점
- ☐ 의료안내 의사가 질 관리 과정에 관여하고 이를 감독한다. - 6점
- ☐ 의료안내 의사가 질 관리 과정에 간접적으로 관여하고 요청이 있을 때만 참여한다. - 3점
- ☐ 의사의 확인은 업무가 지침서대로 되고 있다는 보증용이다. - 0점
- ☐ 의료안내를 받지 않는다. - 마이너스 7점

4.2 평가 대상 상황실에 가장 해당하는 내용을 고르시오.

- ☐ EMD 자격자가 모든 신고자에게 환자 중증도 분류와 도착 전 의료안내를 신속하고 정확하게 제공한다. EMD 자격자는 전에 구급대원으로 현장 근무를 했거나 구급대원 교육을 받은 사람이다. - 8점
- ☐ EMD 자격자가 모든 신고자에게 환자 중증도 분류와 도착 전 의료안내를 신속하고 정확하게 제공한다. - 7점
- ☐ 각 근무조마다 EMD교육을 받은 직원이 최소한 한 명씩 포함되어 있고 이들이 도착 전 의료안내를 제공한다. - 2점
- ☐ 상황실 근무자 중에 EMD교육을 받은 직원이 없다. - 마이너스 8점

4.3 평가 대상 상황실에 가장 해당하는 내용을 고르시오.

- ☐ 상황실 근무자(EMD)는 교육받은 프로토콜대로 근무에 임해야 하고 프로토콜에 나와 있는 그대로 질문한다. 구급 신고 접수 및 출동의 성공여부는 바로 질문에 대한 신고자의 응답을 토대로 객관적인 프로토콜 적용이 가능하냐에 달려있고 이렇게 해야 환자 중증도 분류에 필요한 정보 파악도 가능하다. 질문 사항은 환자가 호소하는 특정 주 호소에 맞춰져 있다. - 8점
- ☐ 상황실 근무자(EMD)는 일반적으로 교육받은 프로토콜을 따르고 대체로 필요한 질문사항을 묻는다. - 2점
- ☐ 상황실 근무자(EMD)가 질문을 개방형(open-ended)으로 하고 프로토콜대로 하지 않거나 EMD교육을 받은 직원이 없다. - 마이너스 7점

4.4 평가 대상 상황실에 가장 해당하는 내용을 고르시오.

☐ 신고자와의 질문과 답변 그리고 도착 전 의료안내를 포함한 EMD의 업무는 자동화되어 있고 컴퓨터 기반 시스템에 완전히 통합되어 진행된다. - 8점

☐ 상황실 근무자(EMD)는 카드로 만든 책자를 보면서 업무를 수행하고 업무가 자동화 되어 있지 않다. - 4점

☐ EMD교육을 받은 직원이 없다. - 0점

4.5 평가 대상 상황실에 가장 해당하는 내용을 고르시오.

☐ 업무 질 관리는 사례검토와 함께 얼마나 업무를 프로토콜대로 진행하는지(순응도), 즉 도입부 질문이나 환자 주 호소 선정의 정확성, 핵심질문, 도착 전 의료안내, 세부 결정코드의 선택, 출동 구급대의 선정 등 각 단계별 업무를 얼마나 프로토콜에 따라 진행하는지 평가할 수 있는 순응도 지표 확인이 잘 되도록 자동화되어 있다. 상황실 근무자(EMD)의 업무 성과자료는 조별로 개인별로 활용 가능하게 되어 있다. - 8점

☐ 업무 질 관리는 수작업으로 이루어지지만, 도입부 질문이나 환자 주 호소 선정의 정확성, 핵심질문, 도착 전 의료안내, 세부 결정코드의 선택, 출동 구급대의 선정 등 각 단계별 업무순응도 파악에 신뢰할만하다. - 4점

☐ 업무 질 관리를 비공식 업무로 또는 임시 조직차원에서만 다룰 뿐이다. - 마이너스 7점

4.6 평가 대상 상황실에 가장 해당하는 내용을 고르시오.

☐ 국립 EMD 교육기관의 승인을 받은 범위 내에서 상황실 근무자(EMD)가 그 역할을 수행한다. - 6점

☐ 상황실 근무자(EMD)가 하고 있는 역할이 국립 EMD 교육기관의 승인을 받지 않은 것들이다. - 0점

4.7 당신이 속한 상황실이 다음 영역에서 강점을 보인다면 1점, 약하다고 생각되면 0점에 표시한다.

☐ 병원의 병실(침대) 상황이 자동으로 파악되는 기능이 상황실에 있어 환자를 적절한 시설로 이송하는데 활용한다. - 1점 또는 0점

☐ 현장 구급대원과 상황실 직원에게 서로의 업무를 옆에서 지켜볼 관찰기회나 교차 교육을 일 년에 적어도 두 번은 실시한다. - 1점 또는 0점

☐ 질 개선의 한 과정으로서 신고자와의 대화를 녹음한 녹취록을 정기적으로 활용한다. - 1점 또는 0점

☐ 응급상황에 대한 최초반응기관으로서 자동수보기능 또는 근무자가 출동 방송을 하지 않고 자동 시스템만으로 구급대를 출동시키는 기능이 상황실에 갖춰져 있다. - 1점 또는 0점

최종평가

상황실 평가 점수		
평가 범주	최고 점수	평가 점수
1. 효과성	50	
2. 시스템의 기능과 통합	50	
3. 리더쉽	50	
4. 응급처치의 효과성과 기능의 통합	50	
총 점	200	

평가점수	평가 점수별 상황실 진단 및 평가
180점 이상	최고 수준의 시스템을 갖춘 상황실이다. 자부심을 가져도 좋다.
140-180점	축하받을 정도의 상황실. 관심이 좀 더 필요한 사항을 개선한다면 최고 수준의 상황실이 될 가능성이 충분하다.
100-140점	응급환자 신고가 들어왔을 때, 응급환자 모두를 살리기는 어려운 상황실
60-100점	빠른 시간 내에 개선해야할 사항이 무척 많은 상황실
60점 미만	가까운 장래에 고소를 당할 가능성이 무척 높은 상황실

Medical Dispatch Case Evaluation Record

Case #: ________________ Date: ______________________ Time: ________________ How obtained: **911 / E911 / Other**

Dispatcher(s): ____ Dispatcher ID: __________

Complaint description: ____ Shift: __________

Caller is: ☐ The patient *(1st party)* ☐ With patient *(2nd party)* ☐ Remote from patient *(3rd party)* ☐ Referring agency *(4th party)*

CASE ENTRY *(Primary Survey)*

		Yes	Obvious	No		Yes	Obvious	No	Insig
1. *Address* question asked?		☐	☐	☐	Address *verified?*	☐	☐	☐	
2. *Callback number* question asked?		☐	☐	☐	Callback number *verified?*	☐	☐	☐	
3. *Complaint description* question asked?		☐	☐	☐	Asked correctly?	☐	☐	☐	☐
3a. *Caller party* question asked?		☐	☐	☐	Asked correctly?	☐	☐	☐	☐
3b. *Patient count* question asked?		☐	☐	☐	Asked correctly?	☐	☐	☐	☐
3c. *Choking* question asked?		☐	☐	☐	Asked correctly?	☐	☐	☐	☐
4. *Age* question asked?	______	☐	☐	☐	Asked correctly?	☐	☐	☐	☐
4a. *Age* subquestion asked?		☐	☐	☐					
5. *Consciousness* question asked?		☐	☐	☐	Asked correctly?	☐	☐	☐	☐
6. *Breathing* question asked?		☐	☐	☐	Asked correctly?	☐	☐	☐	☐
6a. *Breathing* subquestion asked?		☐	☐	☐					
Gender of patient asked?		☐	☐	☐					

Number of freelance questions asked: ____________

☐ Check if any questions were asked **out of order** (of questions that were asked) ** ECCS: Beginning __________ End __________

CHIEF COMPLAINT SELECTION

Chief Complaint Protocol selected: ________ ☐ Correct ☐ Incorrect Should have selected: ________

KEY QUESTIONS *(Secondary Survey)*

KQ asked?	Yes	Obvious	No	N/A	Insig	Asked incorrectly?
KQ ________	☐	☐	☐	☐	☐	☐
KQ ________	☐	☐	☐	☐	☐	☐
KQ ________	☐	☐	☐	☐	☐	☐
KQ ________	☐	☐	☐	☐	☐	☐
KQ ________	☐	☐	☐	☐	☐	☐
KQ ________	☐	☐	☐	☐	☐	☐
KQ ________	☐	☐	☐	☐	☐	☐

KQ asked?	Yes	Obvious	No	N/A	Insig	Asked incorrectly?
KQ ________	☐	☐	☐	☐	☐	☐
KQ ________	☐	☐	☐	☐	☐	☐
KQ ________	☐	☐	☐	☐	☐	☐

Category		All	Partial	None	Deduction
__________	Essential Info asked	☐	☐	☐	________
__________	Essential Info asked	☐	☐	☐	________

Number of freelance questions asked: ____________

☐ Check if any questions were asked **out of order** (of questions that were asked) ** ECCS: Beginning __________ End __________

DISPATCH LIFE SUPPORT INSTRUCTIONS *(Pre-Arrival & Post-Dispatch Instructions)*

	Yes	No	N/A
Appropriate to give Pre-Arrival Instructions?	☐	☐	
Possible to give Pre-Arrival Instructions?	☐	☐	☐
(If yes) Were PAIs/PDIs given?	☐	☐	☐

(If yes) Were they given correctly? **(C, M, D, J, A)** ________

[C]orrect **[M]**inor Mo**[D]**erate Ma**[J]**or **[A]**bsolute

	Yes	No	N/A
Appropriate to give Post-Dispatch Instructions?	☐	☐	
Possible to give Post-Dispatch Instructions?	☐	☐	☐
(If yes) Were PDIs given?	☐	☐	☐

(If yes) Were they given correctly? **(C, M, D, J, A)** ________

** ECCS: Beginning ____________ End ____________

FINAL CODING

Determinant Code selected: _____ - _____ - _____ - _____ Determinant Code as reviewed: _____ - _____ - _____ - _____

TOTAL COMPLIANCE SCORE

Case Entry ____________

Chief Complaint Selection ____________

Key Questions ____________

Dispatch Life Support Instructions ____________

Final Coding ____________

Subtotal ____________ ÷ 5 = **TOTAL COMPLIANCE SCORE =** ☐

MPDS v11.0, v11.1, v11.2, v11.3 • SS8 • NAE 070405

**CUSTOMER SERVICE SCORE

	N/A	Minor	Incorrect	Score
1. Displayed service attitude	–0	–3	–10	_______
2. Used correct volume/tone	–0	–3	–10	_______
3. Displayed compassion	–0	–3	–10	_______
4. Avoided gaps	–0	–3	–10	_______
5. Explained actions	–0	–3	–10	_______
6. Provided reassurance	–0	–3	–10	_______
7. Created expectations	–0		–10	_______
8. Used prohibited behavior	–0		–100	_______
9. Used calming techniques		N/A	No	
Case Entry		–0	–20	_______
Key Questions		–0	–20	_______
DLS Instructions		–0	–20	_______

TOTAL CUSTOMER SERVICE SCORE = [ ]

COMMENTS

If additional space is needed, attach a second sheet of paper.

Review date: ___________ Reviewer: ____________________

Manager/supervisor: ______________________________

Calltaker: ______________________________

SCORING CALCULATIONS

CASE ENTRY
100 points possible

25 points off if the address question was not asked
25 points off if the address was not verified
25 points off if the callback number question was not asked
25 points off if the callback number was not verified
33 points off if the age question was not asked
33 points off if the consciousness question was not asked
33 points off if the breathing question was not asked
20 points off if the age subquestion was not asked when appropriate
20 points off if the breathing subquestion was not asked when appropriate
20 points off for each question asked incorrectly
20 points off for each freelance question asked
10 points off if the questions were asked out of order (of questions that were asked)
10 points off if gender was not asked (if not obvious)

CHIEF COMPLAINT
100 points possible

33 points off if the complaint description question was not asked
20 points off if the complaint description question was asked incorrectly
10 points off for each appropriate subquestion (caller party, patient count, and choking) that was not asked
5 points off for each appropriate subquestion (caller party, patient count, and choking) that was asked incorrectly
67 points off if the calltaker chose an incorrect Chief Complaint Protocol

KEY QUESTIONS
100 points possible

Note: The value of each question is 100 points divided by the number of applicable questions.
Full value of the question off if the question was not asked at all
Half value of the question off if the question was asked incorrectly
10 points off if the questions were not asked in order (of questions that were asked)
20 points off for each freelance question asked
10 points off if some, but not all, required Essential Information was asked
20 points off if no required Essential Information was asked

DLS INSTRUCTIONS
100 points possible

Note: If PAIs are possible and appropriate, score PAIs and PDIs as a single DLS Instructions score and use the PAI section to score compliance. If PAIs are not possible, score only PDIs in the PDI section.
100 points off for **ABSOLUTE** deviation
50 points off for **MAJOR** deviation
25 points off for **MODERATE** deviation
10 points off for **MINOR** deviation
(See EMD-Q Scoring Standards for a complete description of DLS scoring calculations.)

FINAL CODING
100 points possible

100 points off if the calltaker should have shunted to another Chief Complaint Protocol, but did not
60 points off if the Determinant Level was incorrect
20 points off if the Determinant Descriptor was incorrect (the Chief Complaint and Determinant Level were both correct)
20 points off if a suffix was incorrect or was absent when appropriate

TOTAL COMPLIANCE SCORE

Total possible compliance score is 100%.
Add the points of all five scoring categories. Divide the sum by 5 to determine the total compliance score.

CUSTOMER SERVICE
100 points possible

For Customer Service Standards 1–7
10 points off if not applied
For Customer Service Standards 1–6
3 points off if applied with minor discrepancy
For Customer Service Standard 8
100 points off for use of any prohibited behavior

For Customer Service Standard 9 (Calming Techniques)

Case Entry	20 points off if not used and ECCS > 1
Key Questions	20 points off if not used and ECCS > 1
DLS Instructions	20 points off if not used and ECCS > 1

참고문헌

단행본

1. 「Principles of Emergency Medical Dispatch」 Jeff Clawson 외 2인 MPDS 12.0버젼 4판. 2008년
2. 「소방현장지휘 및 안전관리」서울소방학교. 2009년

소방방재청 용역 연구 논문

1. 「병원 전 119 응급의료시스템 선진화 기술연구」서울대학교 의과대학
   서울대학교 의과대학 서길준 외 6인. 2009년 1월
2. 「병원 전 응급의료체계 기반강화를 위한 연구」서울대학교 병원
   서울대학교 병원 신상도 외 24인. 2009년.
3. 「구급서비스 선진화 방안 연구」가천의대
   가천의대 이근 외 36인. 2010년 11월 28일.

잡지

1. JEMS(Journal of Emergency Medical Services) 2006년 5월 호. 98-112쪽
2. JEMS(Journal of Emergency Medical Services) 2011년 8월 호. 18, 20쪽

인터넷 사이트

1. www.emergencydispatch.org는 National Academies of Emergency Dispatch 홈페이지로 MPDS 와 EMD 관련 많은 자료가 공개되어 있다.
   아래에 언급한 인터넷 자료 대부분은 이 사이트에서 얻었음을 밝힌다.
2. www.prioritydispatch.net 역시 유용한 사이트이다.

인터넷 자료

1. 「Dispatch Priority Training: strengthening the weak link」 Jeff Clawson, MD JEMS 1981년 2월.
2. 「The Red-Light and Siren Response」Jeff Clawson, MD. JEMS 1981.
3. 「Medical Priority Dispatch - It Works!」Jeff Clawson, MD. JEMS 1983.
4. 「Medical Miranda-Extending Priority Dispatching」Jeff Clawson, MD. JEMS 1985.
5. 「The Hysteria Threshold: Gaining Control of the Emergency Caller」 Jeff Clawson, MD. JEMS 1986.
6. 「Quality Assurance: A Priority For Medical Dispatch」Jeff Clawson, MD. JEMS 1989. 8월.
7. 「Dispatch Life Support: Establishing Standards That Work」 Jeff Clawson, Hauert SA. JEMS 1990.
8. 「Triage by Emergency Medical Dispatchers」Samuel J. stratton, MD, FACEP. Prehospital and Disaster Medicine. 1992. 7-9월호.
9. 「Emergency Medical Dispatching: Rapid Identification and Treatment of Acute Myocardial

Infarction」National Institutes of Health. NIH Publications 1994.

10. 「Effect of a Comprehensive Quality Management Process on Compliance with Protocol in an Emergency Medical Dispatch Center」Jeff Clawson 외 3인
Annals of Emergency Medicine. 1998. 11.

11. 「The Emotional Content and Cooperation Score in Emergency Medical Dispatching」 Prehospital Emergency Care. 2000. Jeff Clawson, Sinclair R.

12. 「Does the use of the Advanced Medical Priority Dispatch System affect cardiac arrest detection?」A Heward 외 2인. Emerg Med 2004.

13. 「Criteria Based Dispatch sends the appropriate providers to the scene」 Linda Culley, BA 외 3인. EMERGENCY JULY 1993.

14. 「CBD Emergency Medical Dispatch Guidelines」2010 King County Emergency Medical Services Division. 2010. 6판